U0224198

华构重彩

纪念旧都文物整理委员会成立 80 周年
文化遗产保护理念与技术国际研讨会文集

中国文化遗产研究院 编

文物出版社

图书在版编目（CIP）数据

华构重彩：纪念旧都文物整理委员会成立80周年文化遗产保护理念与技术
国际研讨会文集 / 中国文化遗产研究院编. —北京：文物出版社，2016.4

ISBN 978-7-5010-4566-2

Ⅰ.①华… Ⅱ.①中… Ⅲ.①古建筑—文物保护—中国—文集 Ⅳ.①TU-87

中国版本图书馆CIP数据核字（2016）第068648号

华构重彩

——纪念旧都文物整理委员会成立80周年
　　文化遗产保护理念与技术国际研讨会文集

编　者　中国文化遗产研究院
责任编辑　宋　丹　王　戈
封面设计　程星涛
责任印制　张道奇
出版发行　文物出版社
地　址　北京市东直门内北小街2号楼

　　　　邮政编码100007
　　　　http://www.wenwu.com
　　　　web@wenwu.com

经　销　新华书店
印　刷　北京鹏润伟业印刷有限公司
开　本　889×1194　1/16
印　张　16
版　次　2016年4月第1版第1次印刷
书　号　ISBN 978-7-5010-4566-2
定　价　260.00元

序　言

　　80 年前，中国文化遗产研究院的前身——"旧都文物整理委员会"在战争阴云密布的紧张局势之下成立了。今天，我们在灿烂的阳光之下举办纪念活动。80 年间，中国的政治、经济、社会、文化翻天覆地的变化，又岂是一句"沧海桑田"的感慨所能概括？由大而小，我们在文物保护理念、保护制度、保护类型和范围、保护价值认知、技术干预手段和方法等方面发生的几次大的阶段性变化和调整，倒是可以从中国文化遗产研究院的发展历程，甚至前后 6 次机构名称的变更之中，得到生动而具体的反映。

　　作为新中国成立之后中央人民政府设置并管理的第一家文物保护机构，直至"文化大革命"之前，中国文化遗产研究院创建了我国古建筑和石窟调查、维修等业务工作的范式，首创山西永乐宫文物建筑群整体异地保护技术，承担了河北隆兴寺大型古建筑维修工程、云冈石窟抢险加固工程、河北安济桥修缮工程、敦煌莫高窟保护和壁画修复等一批国家重点文物保护工程，并举办系列全国古建筑培训班，为中

图 1　会议现场

图 2　会议现场

图 3　中国文化遗产研究院黄克忠发言

图 4　故宫博物院单霁翔发言

的文物保护培养了一大批干部。

改革开放之后，中国文化遗产研究院以国家重大文物保护工程为主，通过承担北京明十三陵——昭陵保护维修工程等深化实践文物保护领域的勘察、设计、施工一体化工作模式，主持了我国文物保护史上的工程规模和经费额度史无前例的西藏布达拉宫一期和二期保护维修工程。同时在国内率先拓展了壁画、彩绘、石质文物等科技保护空间和手段，对各类工程实践的技术需求把握更为准确，带动了中国文物保护在改革开放和现代科技背景下的重要实践。

近十年来，中国文化遗产研究院始终将文物保护科学研究作为立院之本。在国家文物局的领导和关怀下，坚持"实际需求导向、重点领域突破"的科研基本原则，

图 5 中国文化遗产研究院詹长法发言
图 6 中国社会科学院考古所白云翔发言
图 7 中国文化遗产研究院李黎发言

以解决文物保护与发展实践中遇到的现实问题为出发点，组织实施科研工作，探索和建立"以项目产生课题，以课题带动研究，结合文物工作和文物保护实际需求开展科研工作"的应用性科研模式，逐步形成文化遗产价值认知、文物保护技术研发与应用、技术培训与推广有机结合的公益性科研体系，培养造就了一批优秀科研人才和创新团队，逐步形成学术研究和工程实践一体化的应用创新型与综合性的科研机构特色。在中国世界文化遗产监测和申遗文本编制、大型线性文化遗产保护研究、大型古建筑结构监测、潮湿环境墓葬壁画保护、石质文物保护、南方潮湿环境贴金彩绘与岩画保护、海洋出水文物保护、遗址保护管理与展示等方向取得了一批开创性成果，形成了较为明显的领先优势，代表了当今我国在这些领域的先进水平。"十二五"期间，我们率先在文博系统整合文物政策与理论研究、考古等方面研究团队，以应用性、综合性的政策与理论研究为重点，完成了《中国文物法制研究报告》、《文物工作研究——聚焦 2012》、《大遗址保护行动跟踪研究》等具有一定学术质量的研究成果，文物政策与理论研究的智库作用初显。

展望明天，我们可以预见，面临研究对象日益丰富和复杂、社会的关注和期待更为迫切、大数据时代的海量信息源的应用、国内外产学研组织的大量涌入文化遗产领域等影响因素，将使我们的文物工作产生新的发展轨迹。首先，我们的文化遗产不仅仅是从文物本体和保护范围维度关注保护的有效性，更需要从保护与传承中华优秀传统文化的高度系统地研究文物及其历史地理人文环境载体中价值认知的真实性、完整性与科学性；其次，在社会大众高层次文化旅游和艺术品鉴赏需求快速提升以及社会信息化日趋高效便捷的背景下，需要我们提供具有历史厚重感、符合时代表达特色的工作方式和阐述展示方式；再者，面临具有专业和学科优势的国内外进入文化遗产领域，迫切需要我们搭建良好的合作平台，理顺工作关系和角色，形成合力，为提升了文化遗产领域的创新能力与核心竞争力夯实基础。

图 8　国际文化财产保护及修复研究中心 Stefano De Caro 发言
图 9　意大利国家研究委员会 Heleni Porfyriou 发言
图 10　日本国立东京文化财研究所冈田健发言

　　面对国家发展需求和国家文物工作大局，我们如何以发展的新理念，扩展新空间，释放新能量，提供更为优质的服务？我认为，深入理解需求内涵和创新驱动是战略决策的核心。首先，专业、学科的建设和完善是关键。面临国家文物工作的发展趋势，将更为迫切地需要我们做到规模与效率兼顾。中国文化遗产研究院一直是我国文化遗产领域探索新理念、新方法、新技术、新材料的先行者和引领者，在把握业务需求和技术需求层面较好地跟进了国家发展动态。今后，我们将重点做好业务和技术需求凝练为科研需求，进而转译为学科和专业需求工作，为与相关产学研组织有效分工合作和文化遗产学科建设奠定基础。同时，文化遗产作为一个开放体系，应用型科研创新战略应以集成创新为主。我们不仅仅是引进高精尖的科研理念、技术方法，更为重要的是工程实践中的系统集成性、可操作性，以及经济合理和社会可接受性，不仅关注科研成果的先进性和前沿性，更应关注科研成果的成熟度和应用效果。我们应做好各类型数据信息的获取、分析识别、应用，进而提升我们对文化遗产系统认知和定量分析能力。

　　创新的源泉来自于开放和交流，我希望读者从《纪念旧都文物整理委员会成立80周年——文化遗产保护理念与技术国际研讨会文集》之中，看到我院"勤谨求实，知行合一"的工作精神，看到我们与国内外热爱文化遗产的团体和个人的交流合作，看到我院努力成为国内一流、世界领先的文化遗产研究机构的追求。

刘曙光

2016 年 3 月 10 日

Preface

Eighty years ago, the Commission for the Preservation of Cultural Objects of the Old Capital, which the Chinese Academy of Cultural Heritage (CACH) was based on, was established under such a clouded and tense circumstance due to the war. Today, we are going to hold the commemorative activity under the bright sunshine. Eighty years have passed, and China has seen great changes in a variety of fields, including politics, economy, society and culture, which cannot be summarized with just an exclamation for the vicissitudes of time. We have several major changes and adjustments in cultural relic protection concepts, systems, types and scopes, concept and value recognition as well as technical intervention measures and methods, which can actually be vividly and specifically reflected in the history of the CACH and even in the six times of renaming of the institution.

As the first cultural relic protection institution set up and administrated by the central government of the new China, the CACH had made a great number of achievements before the Great Cultural Revolution. It established the demonstration mode for survey, maintenance and other operations concerning ancient architectures and grottoes. It created the relocation protection techniques for the Yongle Temple Ancient Architectural Complex. It launched a plenty of projects for the protection of state priority protected sites, such as the maintenance of the large-scale ancient architectures at the Longxing Temple (Hebei), the emergency reinforcement of the Yungang Grottoes, the repair and restoration of the Anji Bridge (Hebei), and the protection and mural restoration for the Mogao Grottoes in Dunhuang. It also held series of training activities on ancient Chinese architectures and cultivated a great number of cadres for the cultural relic protection of China.

Since the beginning of the reform and opening-up of China, the CACH has been mainly engaged in the projects for state priority protection sites, and has put the working mode featuring integration of survey, design and engineering for cultural relic protection into further practice by undertaking the protection and maintenance of the Zhaoling Mausoleum of Ming Tombs in Beijing and other projects. It took charged the Phase I and Phase II projects for the protection and maintenance of the Potala Palace in Tibet, which were projects that are unprecedentedly in China's cultural relic protection history whether in terms of scale or investment. Moreover, the CACH has taken a lead nationwide to expand the science and technology application for protection of murals, colored paintings and stone cultural relics by accurately meeting related technological requirements for various projects and practices. This has promoted significant practices of China's cultural relic protection under the background of reform and opening-up as well as modern science and technology development.

In recent ten years, the CACH has been setting the research on cultural relic protection as a fundamental task. Under the leadership and support of the State Administration of Cultural Heritage, it has been following the basic research principles of "meeting actual demands and making breakthroughs in major fields" to organize and carry out research activities and explore and establish the application-oriented research mode featuring "research led by subjects originated from projects and based on actual practices and demands for cultural relic protection" to fulfill the goal to solve problems encountered during the cultural relic protection and development practices. Step by step, it has established a public-benefit research system with effective combination of cultural relic value recognition, protection technology research, development and application, technical training and promotion. With that, it has trained a number of excellent professionals engaged in research and fostered an innovative team. Increasingly, it is becoming an application-based and innovative comprehensive research institution boasting integrated academic research and project implementation. the CACH has done a good pioneer job in a wide range of fields, including world cultural heritage monitoring and preparation of world heritage nomination documents, research on large-scale linear protection of cultural heritage, monitoring of large ancient architectures and structures, protection of murals in tombs under humid environment, stone cultural relic protection, protection of gilded colored paintings and rock arts under southern humid environment, protection of marine cultural relics and heritage site protection, management and presentation. These achievements enable the CACH to have obvious advantages and play a leading role in these fields. During the 12th Five-Year Plan period, the CACH took a lead to join the efforts of the cultural relic policy and theory research and archaeological research teams in the heritage and museum systems to carry out application-oriented comprehensive policy and theory studies, which have led to a variety of research results with high academic quality, such as the *Research Report on the Legal System for Cultural Relics*, the *Cultural Relic Protection Research: Focuses 2012* and the *Follow-Up Research on Large-scale Heritage Site Protection*. The role of the CACH as a think tank for research on cultural relic protection policies and theories has been embodied.

We can predict that, in the future, there will be a new track for our cultural relic protection following the joint effect of many influencing factors, such as the increasing enrichment and complexity of the research objects, more social attention and expectations, application of numerous information sources in the era of big data, and more domestic and international production, academic and research institutions entering the field of cultural heritage. To adapt to it, first, we should acknowledge that cultural heritage protection research is not only about whether the cultural relics themselves are being effectively protected or whether protection scope is properly defined, but also about how to make systematic research on the cultural relics and identify the authenticity, integrity and scientific nature of their values under the historical, geographical and cultural backgrounds with the aims to protect and inherit excellent traditional Chinese culture. Second, with fast raised demands of the public for high-level cultural travels and art appreciation and increasingly improved efficient and convenient ways for information access in the society, it is necessary to adopt working and presentation modes with profound interpretation of history and high consistency with modern expression characteristics. Third, concerning that many domestic and international institutions with specialized and disciplinary advantages will enter the field, it is an urgent need to establish good cooperation platforms and clarify the working relationships and roles so that joint efforts will be made to improve the innovation ability for cultural heritage protection and lay a solid foundation for improvement of core competitiveness.

Considering the national development requirements and the overall work of the State Administration of Cultural Heritage, what should we do to develop new concepts, expand new space, release new energy and provide more excellent services? Deep understanding of the connotations of the requirements and allowing innovation to be a driving force should be the key for strategic decision making. First, specialty and discipline introduction is very important. To follow the development trend of the national cultural relic programs, it is an urgent need to give equal consideration to scale and efficiency. The CACH has been a forerunner and leader in the development of new concepts, technologies and materials for cultural heritage protection. It has been closely following the national development trend based on a good understanding of the requirements for related operations and technologies. In the future, the CACH will lay the emphasis on transforming these requirements into requirements for research, which can be translated into requirements for specialties and disciplines, to effectively cooperate with related institutions and lay a good foundation for the development of the discipline of cultural heritage. What's more, cultural heritage is an open system. Therefore, the application-oriented research innovation strategy should focus on integrated innovation. What's more important than introduction of cutting-edge research concepts and technologies is to make research on the system integration, operability, economic rationality and social acceptability in practice. Attention should be paid not only to the advanced and cutting-edge position of the research findings but also to the maturity and application effects of the research findings. A good job should be done for availability, analysis, identification and application of various kinds of data to improve the understanding of the cultural heritage system and the quantitative analysis ability.

Innovation comes from opening-up and exchange. The readers are expected to, from the *Commemoration for the 80th Anniversary of the Establishment of the Commission for the Preservation of Cultural Objects of the Old Capital: Proceedings of International Seminar on*

Cultural Heritage Protection Concepts and Technologies, feel the CACH spirit pursuing for "diligence, prudence and practice as well as integration of research and practice", know more about the exchange and cooperation between the CACH and domestic and foreign groups and individuals concerning about cultural heritage, and see that the CACH has been working hard to become a national top-class and world leading cultural heritage research institution.

Liu Shuguang

March 10, 2016

目 录 | Contents

历程·启示
Development Course & Revelation

理念 · 思考
Concepts & Reflections

技术·实践
Technology & Practice

历程

启示

Development Course & Revelation

文化遗产保护理念与技术国际研讨会
暨纪念旧都文物整理委员会成立80年大会讲话

励小捷

（原文化部副部长、国家文物局局长）

在这激情如火的炎炎夏日，我们欢聚一堂，共同纪念和回顾中国文化遗产研究院的80年发展历史。这不仅是中国文化遗产研究院的一件盛事，也是中国文物界的一件大事。在此，我谨代表国家文物局，向中国文化遗产研究院全体职工表示热烈的祝贺！向为中国文物事业奉献毕生心力的老专家致以崇高的敬意！向莅临会议的各位嘉宾以及长期关心支持中国文化遗产研究院发展与文物保护事业的各界人士表示衷心的感谢！

80年前，为保护古都北平，避免承载中国优秀传统文化的文物古迹、建筑遭受战争涂炭，在北平市市长袁良的奔走呼吁之下，旧都文物整理委员会在北平成立。当年5月，"北平第一期文物整理工程"正式启动实施，开启了近代中国官方首次大规模古建筑修缮保护序幕。80年过去，"旧都整理委员会"已演变为今天的"中国文化遗产研究院"，工作职能也已由囿于北平"四九城"范围内的单一的古建筑修缮延伸至全国范围内的文物勘察、设计、规划、保护、施工等各个方面。同时，具备相应资质的古建维修设计单位已如雨后春笋、遍地开花，但旧都文物整理委员会在古建筑修缮领域的先行者地位已牢牢载入史册。

60年前，更名后的北京文物整理委员会受文化部文物事业管理局委托组织举办了第一期全国古建筑培训班，此后又陆续举办三期。正是这"黄埔"四期学员构成了中国文物及古建筑保护工作的骨干力量。时至今日，培训工作已经成为文研院的特色与优势。培训内容已由单一的古建筑扩展至包括出水文物保护、化学清洗、现代检测分析技术、壁画和泥塑文物保护、纸质文物保护、考古发掘以及文物行政管理等各个方面，文研院的学员遍天下，在文物保护、修复工作中发挥了重要作用。文研院已成为全国文物修复人才的重要培训基地。

40年前，文物保护科学技术研究所在"文革"晚期那个特殊背景下艰难恢复工作。以山西云冈石窟三年保护工程为契机，文研院逐步培育起了在石质文物保护、馆藏文物修复方面的优势地位。时至今日，文研院组织主持的应县木塔严重倾斜部位及严重残损构件加固、大足石刻千手观音造像维修、吉林集安高句丽墓葬壁画原址保护、山东定陶汉墓保护设施工程、广东"南海Ⅰ号"船体及出水文物的现场保护等都是技术难度高、社会关注度广泛、旷日持久的国家重点文物保护工程项目，体现了文化遗产保护国家队的担当、能力和勇气。

20年前，中国文物研究所走出国门，承接了中国政府第一次实施的文物援外工程——柬埔寨吴哥古迹周萨神庙保护修复工程。目前，由文研院承接的中国援柬二期工程——茶胶寺保护工程也已完成大部分工作任务，中国在柬埔寨暹粒的茶胶寺工地，已成为国际社会援助保护修复吴哥古迹行动中最活跃、最富有生气、成果最明显的工地。同时，文研院承接的中国政府援助乌兹别克斯坦花剌子模州历史文化遗产修复项目、援助蒙古国科伦巴尔古塔抢险维修工程项目都取得了实质性进展，展现了作为文物保护中国队的实力和精神风貌，为中国文物工作者赢得良好的国际声誉，不断扩大国际文化遗产保护领域的中国影响。

10年前，刚刚"改所建院"的中国文化遗产研究院在世界文化遗产领域失去先机的形势下奋起直追，全力完成了"中国大运河"、"云南哈尼梯田"申遗文本和管理规划的编制，不仅积累了较为丰富的申遗经验，更对中国世界文化遗产的价值内涵、管理机制、与利益相关者的关系等方面有了深刻思考与认识，形成了一支专业素质较高、年轻而富有实干精神的申遗团队，初步形成在世界遗产保护、研究、申报、管理、监测等方面的综合优势。更重要的是，作为"中国世界文化遗产监测中心"，完成了预警系统国家平台建设，为全国世界文化遗产管理、监测奠定了坚实基础。

5年前，中国文化遗产研究院着眼国家大局，以"担海内重任、作天下文章"的责任感和使命感为驱动，把国家水下文化遗产保护中心放在重点建设、优先发展的地位，排除种种干扰，克服重重困难，通过完善法规建设、开展重点区域水下考古调查、推进水下文化遗产保护科研与国际交流合作，初步探索建立起了水下文化遗产保护事业新格局。同时，培养建立起了一支讲政治、顾大局、守规矩、有纪律、团结一致、甘于奉献、勇挑重担、拼搏进取的专业工作队伍，并最终培育出了"国家文物局水下文化遗产保护中心"这个统领全国水下文化遗产保护工作的总平台，在文研院发展史上书写了浓墨重彩的篇章。

回顾过去的80年，从"旧都文物整理委员会"、"北京文物整理委员会"到"文物保护科学技术研究所"、"中国文物研究所"再到今天的"中国文化遗产研究院"，机构名称虽几经变迁，但以保护和传承国家文化遗产为己任的情怀始终如初，站立文化遗产行业发展潮头和领先者的地位未变。中国文化遗产研究院80年的发展历程，其实也是中国文化遗产保护事业发展的80年历程。

回顾过去是为了展望未来。当前，我国正处于全面建成小康社会、实现中华民族伟大复兴中国梦的重要阶段，文物事业发展面临着前所未有的难得机遇。希望中国文化遗产研究院秉承传统，继往开来，再铸辉煌。在此时机我提几点期望：

一是把握时代脉搏，深化改革成果。近年来，文研院以列入首批中央文化体制改革试点单位为契机，在"能升能降"的绩效工资考核分配制度改革、"能进能退"的岗位聘用制度改革，并顺应形势发展，敢为行业先，利用市场机制来整合资源和力量，组建了北京国文琰文物保护有限公司。但改革动力仍需强化，核心管理措施仍需完善，与时代要求尚有差距，应继续做好改革措施的深耕细做工作。

二是继续加强科研力量。近年来，文研院以"实际需求导向、重点领域突破"的科研基本原则和"以项目产生课题，以课题带动研究，结合文物工作和文物保护的实际需求开展科研工作"的应用性科研模式取得了一定成绩，但核心科研产品不突出，在发挥国家文化遗产政策理论研究领域"智库"的作用方面有提升空间。希望文研院在此方面能有所作为。

三是继续加强人才培养。文研院80年辉煌成就的取得离不开人才队伍的薪火相传。希望文研院在开拓人才引进渠道的同时，加强对学术带头人和青年学术骨干的培养，加强对优势领域专业创新团队建设，为人才成长、脱颖而出创造必要条件。同时，以文物行业指导委员会秘书处设立为契机，组建中国文化遗产研究院教育培训学院，为行业人才培养贡献力量。

衷心祝愿文研院更好地成长、进步，并迎来更加美好的明天。

纪念旧都文物整理委员会成立 80 周年大会发言

黄克忠

（中国文化遗产研究院）

80 年前成立的旧都文物整理委员会，在行业内多简称为"文整会"，作为当年国内古建筑保护领域最具影响的公立机构，从 1935 年成立到 1956 年期间，在当时的北平调查、测绘、修缮了大量重要的古建筑。尽管我在 1960 年来到古建所毕业实习时，文整会已在 4 年前改为古建所，但 50 多年前文整会给我留下的印象还是挺正面的。当时文整会的人员大部分还在，有完整的古建修缮队伍，包括设计、施工监理等人员，他们继承了古建修缮的效率高，质量好的传统。

在三位工程师的带领下奔赴全国各地重要的古建、石窟等不可移动文物进行普查。彩画室在金荣老先生带领下，像王仲杰等一批年轻人进行临摹、编辑了大量古建彩画，出版了《明清彩画图集》。模型室已制作了大批古建模型，资料室的档案规范完整，尤其当时的古建所在很短的时间内引进了十多位大学生，还有刚从波兰留学回来的两位专家，后又请来中科院中南化学所的研究人员一起工作，为了石窟的保护，还请了北京地质学院的教授、讲师进行调研，勘察。回忆那时确实是一派欣欣向荣的景象。

由于文整会的文整处聘请了营造学社的梁思成、刘敦桢教授为技术顾问，因此后来的古建所与梁先生的关系很密切。还记得梁先生来红楼所里演讲的情景，风趣幽默的他开口第一句话就是"我是无齿之徒"，引得哄堂大笑。还记得第一个文物科技保护规划，也是在红楼所内讨论制订的，当时像上海博物馆的沈之瑜馆长等各省文物部门的领导，都参加了认真的讨论。

1960 年正是经济困难时期，我们石窟、古建室的大批技术人员在云冈石窟做勘察、病害调查和保护试验工作。吃的柳树叶和小高粱，都拉不出来。工作到 11 月底，所里叫收队，由于下雪，没有公交车，便有当时还是小伙子的宋森才驾辕，将行李铺盖放在板车上，大家推着行走了三十二里地，才乘上火车。但当时的工作热情都很高涨。也没有耽误当时的小贾与小孔在西部窟群谈恋爱。

从文整会、古建所、文博所、文物保护科学技术研究所、文研所直到现在的文研院，经过 6 次名称的变更，却反映了我国文物科技保护事业发展历程的缩影。尽管其中经受过曲折、艰难的道路，但总的看她是在不断地成长、壮大，称得起是文物系统国家级的研究机构。我们看到现在的文研院业务已经扩展到世界遗产的保护、监测、申遗，具有挑战性的重点工程及援藏援疆的项目，大型文化遗产保护规划，培训工作，对外援助与交流以及刚刚分出去的水下文化遗产保护等内容。呈现出大量的研究成果和各种奖励，多种出版物，还承担了文物局下达的如经费预审等任务。我们预祝具有悠久历史的文研院继续保持国内丰富、广泛的实践经验和国际学术视野的优势，百尺竿头，争取更大的成就。

八十载沧桑巨变　文研人风雨兼程

——中国文化遗产研究院 80 年院庆发言

李黎

（中国文化遗产研究院）

在这个流金铄石的炎夏，我们迎来了中国文化遗产研究院 80 岁生日，即旧都文物整理委员会成立 80 周年纪念，请允许我代表我院的年轻一代，在这里向我们挚爱的文研院送出一份最衷心的祝贺和最真挚的祝福。同时也向前来出席会议的各位领导、各位前辈、各位来宾、各位同仁表示最热烈的欢迎和诚挚的敬意！

首先，今天能作为年轻代表发言我感到无比荣幸。中国文化遗产研究院的前身自 1935 年初创至今，历经 80 年的风雨坎坷才有今天的成就。回首先辈们的峥嵘岁月，不禁心潮澎湃，在国家政治风云变幻和社会经济兴衰起伏的过程中，一代代文化遗产保护人时刻以保护国家历史文化为己任，为我国文化事业的建设与发展做出了突出的贡献，并为我们后生铺路、引路，开创出今天良好的工作环境与基础。作为年轻人，我想说，我们是幸运的一代。

说起我个人的成长与从事这项工作颇有渊源，从小在博物馆长大，耳濡目染了许多与文物保护和博物馆领域相关的事物，选择这项事业，对于我个人来说，既是一种偶然，或许更是一种必然。至今记得儿时常常走进黄河古象展厅和放满各种器皿的实验室中，被眼前的神秘深深吸引，中学时代的一次沙漠绿洲之旅，第一次对石窟内的壁画故事所着迷。从那时起，我就对文物有了一些浅显的概念。后来，在成长的过程中，一次次见证或耳闻前辈们对丝绸之路遗址的保护所倾注的心血，感触最深的是，文物不可再生，文物保护使命更是神圣的，她是我们人类的遗产。一次偶然的机会，与一位前辈的交谈中，得知我国最早的国家文物保护机构便是"中国文物研究所"，并且了解到她前身的有关历史，那个时候我觉得她对于我来说是个遥远且不可触及的地方。

2006 年我从日本取得地球综合工学专业的博士学位，回国后在中国科学院地质与地球物理研究所做博士后研究工作，在这个工作的过程中，接触到若干个我国大型土遗址与石窟寺在保护过程中的地质工程问题，我的导师王思敬院士对我讲，"文物上的工程问题不同于一般的地质工程问题，它有特殊性，这是一个了不起的特殊专业，一般工程技术无法解决。过去的年代，条件不允许，人们的意识也有限，不太懂得保护它的意义和价值所在。就像我当年还在做中科院地质所所长的时候，有人曾建议过我研究文物上存在的地质工程问题，我却说，眼前国家建设中的地质资源、环境等问题都没有得到解决，怎么有精力去做这个领域的研究，何况经费也不允许的。由于当年经济条件的限制，使我做出了一个错误的判断。但是，今天不一样了，希望你们年轻人能够潜心研究，为我们国家的文化遗产保护做出一些成绩来，以弥补我当年的遗憾"。导师的话及多位前辈们对文物保护事业的执着、探索、研究和奉献，深深地影响了我，因此，完成三年的博士后工作以后，最终选择来到了我曾经向往的地方——中国文化遗产研究院。在这里，真正感受到了一个平台与团队工作的重要性，良好的研究环境以及充分的经费支撑给我们年轻一代提供了优良的科研平台及能够学以致用的工作环境。在这里，让我们有机会接触到了曾经想也没有想过的真正世界遗产地文物的保护工作，在前辈们的带领下，也积累了一些宝贵的工作经验。

当然，工作的这几年，我个人也经历了从一个纯粹的科研工作者向保护工程实施负责人角色的转换，从而真正体会到了科研与实践之间的复杂关系，他们之间是相辅相成，缺一不可，但又交叉融合。在这个特殊的行业，科研工作为保护施工提供的技术基础十分重要，但是如何很好地有机结合，的确是一项具有挑战性的工作。因此，在科研成果转换到实际工程的技术应用方面，我们年轻一代需要学习与探索的路依然很长。

从最初的耳濡目染，到求学时导师的告诫，从科研中的学习与摸索，再到保护项目的管理与积极实践，在文研院工作的这些年，对文化遗产的保护有了一些多方位的理解。目前，文化遗产的保护迎来了很好的发展机遇，文研院对年轻人的积极培养和引导，以及科研条件已非昨日可比，但是我们年轻人也应该有一些思考，对于文化遗产保护技术的拓展与研究还需要我们再深入地进行，要使"救命"工程经得住时间的考验与科学的验证，需要我们年轻一代，戒骄戒躁，静心，潜心，踏实地做好我们应该做的事情。无论是我的博士生导师谷本亲伯教授和香港科技大学的Charles 教授还是我国文保战线上的前辈们，他们严谨缜密的研究思路和认真负责的工作态度都对我产生了深远的影响，以至于在以后的工作中不能有丝毫的马虎和松懈。

作为我个人，虽然没有亲身经历文研院从艰难创业，到今天硕果累累的每一个春夏秋冬，没有饱尝过创业的艰辛，但是今天我却能有幸在这里分享她80 年来的成功喜悦，我深深地感到自豪。作为一个青年文物保护工作者，为文研院自豪的同时也深感责任重大。文物保护作为一个特殊的行业，她在不断地发展，但是不会取得一劳永逸的成果，我们只能延缓她的衰老。这项工作，会随着历史的发展，社会经济的发展不断地推进和演化，所以我们年轻人更应努力，"勤谨求实，知行合一"，这是前辈们在艰难创业时仍不忘传承的优良传统，更是对我们年轻人的警醒与教诲。只有深刻理解文物资源的价值，不断更新自己的知识理念，认真思考，踏实做事，才能适应这个特殊行业的发展需求。

在这里工作的几年间，我深感前辈们前沿而精髓的学术造诣和严谨勤奋的做事风格，近百年之基业，来之不易，为我们树立的优良传统和扎实的科研精神值得我们传承和学习，一切成就对于后人向来不是赠予，而是使命，需要我们学习与探索的路依然很长。回顾过去，我们历经坎坷却无比自豪，对于未来，我们年轻一代虽有惶恐但也有信心，在这特殊的日子里，让我们再次向热爱的文研院致以最诚挚的祝福；向为我们铺路，经历艰辛创业的前辈们深深鞠躬，以表达我们的敬意。

祝愿文研院充满生机，再创新辉煌！

文物保护理念与技术国际学术研讨会
暨纪念旧都文物整理委员会成立 80 年大会
总结发言

刘曙光

（中国文化遗产研究院）

首先，我代表中国文化遗产研究院对各位专家的发言表示感谢。各位专家涉及的专业方向很广，有的议题讨论的也非常深入，由于前面的发言过于精彩，容易留下狗尾续貂的印象。

我们这个会议名称是"文物保护理念与技术国际学术研讨会"，其设计初衷，就是要总结一下 10 年来文物保护理念技术的变化。对于中国的文物保护事业来说，过去 10 年的变化非常的丰富，非常的活跃，甚至是一种带有混乱的活跃，"不平衡"是特别突出的特点。

从文物保护理念上而言，10 年前，中国的文物保护工作者中能够讲国外文化遗产理念的也只有搞遗产保护或者研究的那么几个人；而现在，随着文化遗产保护成为社会热点话题，大学、科研单位已经涌现出了一批人或阐述或传播文化遗产保护理念。2010 年的曹操墓事件，搞历史、搞文学的，甚至看了一遍《三国演义》的人可以在各种不同场合对曹操墓事件做论述。今年，随着大足千手观音造像修复工程的完成，又形成了一股文物修复"修旧如旧"理念的热议。这些争议的出现总体是好的，但问题也很多。最为突出的就是，大部分人做这些文化遗产保护理论阐述的时候，中国化的东西太少了，生搬硬套、囫囵吞枣的东西太多。有一批"原教旨主义者"，对文物保护理念理解之狭隘，甚至比国外金发碧眼的人讲的还要严厉，这是一种现象。

从技术角度而言，10 年前，我们在修复文物的时候，能够选择的技术和材料还是非常有限的；而现在，有很多情况下是国际上有什么最先进的东西很可能最先出现在中国。去年，德国考古研究院的一个对各种先进仪器非常熟悉的专家来我院考察，当他看到我们院的仪器设备时非常吃惊，说有的设备在德国不过刚刚上市，在文研院竟然已经投入使用。这种情况，在国内其他科研院所也存在。因此，单就数字化、技术设备来讲，10 年前与今天已经完全不可同日而语。

从经费角度而言，10 年前，全国文物保护经费也不过几个亿；近几年已经突破一百亿。大量资金的涌入带来的并不全是工作的突飞猛进，还有各种不平衡。比如，有的地方每年拿出上千万乃至上亿资金投到了博物馆设施购置、库房改造、环境控制等方面，有的甚至为保护一块石碑，立起了十几个监测、监控的探头；而有的地方的全国重点文物保护单位的保护还要依赖传统的人防、犬防巡逻模式。但每年的预算执行仍有问题。究其根本原因，就在于我们的工作模式出了问题，原有的"保护为主，抢救第一"的抢救性工作方式已经难以适应目前的预防性保护需求越发突出的工作现状。原有的经费结构不合理，造成有的地方钱花不出去和乱花，而有的地方却在该投入的领域无钱可花。

以上几个方面的"不平衡"，是我认为这10年来在中国文物保护领域表现最突出的问题。但需要指出的是，这种"不平衡"是在发展中产生的，过去10年文物保护理念、技术、手段方面的进步是有目共睹的。作为中国文化遗产研究院来说，我们应该思考或者提醒大家注意的是什么呢？上午王旭东院长提醒我们，文研院应该更多关注战略问题，我是非常赞同的。其实不止文研院，我们的很多文物工作单位目前都需要做的就是要在这样一个风风火火的时代，保持一种心平气和、气定神闲，不要被各种各样的项目冲昏了头脑，要保持思想上的客观和冷静。现在，文物领域普遍性的问题是行动快于思考，即使有所思考，往往也是嘴比脑子快，面上的、物质层面的考虑多了点，而深层的、非物质的少了一些。关于大足千手观音的诸多争议和讨论，我对很多评论都是淡淡一笑，因为他们现在所提出的大部分问题我们事先都想到过。我觉得质疑者讲的很多道理我都同意，但是在目前情况下活只能这么干。我们的底气在于把千手观音真实丰富的历史信息比较完整地提取出来了，所以，我相信我们的团队。

当今中国转型时期的社会问题、文化问题、心理问题都在文物保护领域有所反映，文研院对此感同身受。中国文化遗产研究院虽然已经有了80年的历史，但在应对今天这个时代所要处理解决的很多文物保护理论和实践问题方面仍然是个小学生。我们的部门机构在不断扩大调整，每一次调整都意味着迈入一个新的领域，但这种经常性的架构变化，无论对一个人还是对一个单位来说都是不太健康的。我对文研院发展变化太快是担忧的，我希望文研院进入一个相对稳定的时期。就如已存在八百年的大足千手观音造像，在修复之后能够稳定一段，让我们更深入思考，更从容做一点事情，哪怕做少一点，但是能做的好一点。

这是我的总结发言，谢谢大家！

中国文化遗产研究院科学研究工作 10 年

丁 燕 党志刚

（中国文化遗产研究院）

摘 要：中国文化遗产研究院作为我国文化遗产保护领域唯一国家级公益类科研机构，文物保护科学研究是立院之本。特别是 2006～2015 年 10 年间，在建设创新型国家的目标驱动下，在国家文物局的领导和关怀下，我院科研经费逐年增多，基本科研条件逐步改善，为开展文物保护科学研究打造了坚实的基础和环境。10 年来，我院紧密围绕文物保护事业的发展需求，积极推动能力建设和科学研究工作，不断完善科研合作机制和评价体系，逐步形成文化遗产价值认知、文物保护技术研发与应用、技术培训与推广有机结合的公益性科研体系，培养造就了一批优秀科研人才和创新团队，逐步形成学术研究和工程实践一体化的应用创新型与综合性的科研机构特色。科研与工程结合力度、人才培养与团队建设、科研仪器设备购置与运行、科研管理能力和水平等功能愈加强化，关联更加紧密，有效地巩固拓展了重点研究领域，提升了创新能力与核心竞争力，为我院的可持续发展夯实了基础。

关键词：科学研究 创新团队 创新能力和核心竞争力

Abstracts: Chinese Academy of Cultural Heritage (CACH) is the only national non-profit scientific research institution in the field of cultural heritage protection of China. Scientific research on cultural relic protection is the fundamental task of CACH. Particularly, from 2006 to 2015, driven by the national objective to build an innovative country and under the support of the State Administration of Cultural Heritage and its top officials, CACH had been allocated with increasing funds for scientific research, which helped it improve the basic research conditions and lay a solid foundation and create a good environment for scientific research on cultural relic protection. During the decade, centering on the demands for the development of cultural relic protection programs, CACH had been highly motivated to promote capacity building and scientific research and improve the scientific research cooperation mechanism and evaluation system. So far, a non-profit scientific research system featuring integration of cultural heritage value acknowledgment, research, development and application of cultural relic protection technologies as well as technical training and technology extension has been taken shape. A number of excellent research staff members and innovation teams have been cultivated. CACH has been gradually developed into an innovative and comprehensive application-based scientific research institution featuring integration of academic research and engineering practice. The integration of scientific research and engineering, talent cultivation and team building, purchase and application of scientific research instruments and equipment as well as scientific research management ability have been continuously enhanced and further correlated. This has effectively consolidated and expanded the key research fields and improved the innovation ability and core competitiveness, laying a good foundation for a sustainable development of CACH.

Keywords: Scientific Research, Innovation Teams, Innovation Ability and Core Competitiveness

一 围绕文物保护事业发展战略需求，科研引领和示范效应显著

10 年来，我院坚持"实际需求导向，重点领域突破"的科研基本原则，以解决文物保护与发展实践中遇到的现实问题为抓手，组织实施科研工作，探索和建立并实施"以项目产生课题，以课题带动研究，结合文物工作和文物保护实际需求开展科研工作"的应用性科研模式。先后承担了《铁质文物综合保护技术研究》、《石窟岩体结构稳定性分析评价系统的研究》等 5 项国家科技支撑课题，其中《铁质文物综合保护技术研究》荣获"国家'十一五'国家科技计划执行优秀团队奖"；先后承担了《环境因素控制下的砂岩类文物材料性能失效分析研究》、《大遗址保护行动跟踪研究》等 6 项国家自然基金和社科基金项目，以及《濒危馆藏壁画抢救性保护工程——馆藏壁画保护综合研究》等近 200 项财政部专项、国家文物局课题（重点科研课题名单见表 1）。自 2007 年开始，我院持续获得财政部"中央级公益性科研院所基本科研业务费专项资金"（以下简称基本科研业务费）支持，围绕主要业务领域和重点任务，以资助 40 岁以下青年人员开展储备性、创新性、孵化性科研工作为出发点，自主设置科研课题。2007~2015 年，共设置基本科研业务费课题 113 项，经费达到 3304.5 万元。上述科研课题的实施，使我院在大型古建筑结构监测、潮湿环境墓葬壁画保护、南方潮湿环境贴金彩绘与岩画保护、出水文物保护、遗址保护管理与展示、大型线性文化遗产保护研究等方向取得了一批开创性成果，形成了较为明显的领先优势。10 年来，通过强化科研管理与积极开展科研实践，我院在以下方面逐步显现科研引领支撑和示范作用：

（一）文物政策与理论研究的智库作用初显

以应用性、综合性的政策与理论研究为重点，开展了国家文物博物馆事业发展"十二五"规划编制、大遗址保护行动跟踪研究、文物产权研究、《文物保护法》执行情况调研等专项研究工作，取得了《中国文物法制研究报告》、《文物工作研究——聚焦 2012》、《大遗址保护行动跟踪研究》等具有一定学术质量的研究成果，

为国家文物保护管理决策科学化提供了参考和咨询服务。

（二）文物保护修复科技平台作用显著提升

潜心于文物保护修复的科学技术研究工作，在金属文物、石质文物、陶瓷质文物、饱水木质文物等方向形成了一批针对性强的特色保护技术、方法和材料，获得国家授权专利9项。尤其是在国家科技支撑课题《铁质文物综合保护技术研究》的基础上，研发了一系列铁质文物除锈、脱盐、缓蚀和封护的材料及实施方法；针对沧州铁狮子、不同地区铁钟、铁炮等室内外铁质文物开展科技示范工作，获得了良好效果；同时在课题成果基础上成功申报国家自然基金课题《溶胶—凝胶法制备负载缓蚀剂的有机无机化涂层及其在铁质文物保护中的应用研究》，并承担完成国家文物局课题《博物馆铁质文物保护技术手册》编制工作。

（三）世界文化遗产保护、监测与研究总平台初步搭建

开展了世界文化遗产保护和管理体系及风险管理相关标准研究，初步搭建完成中国世界文化遗产监测预警总平台，持续开展了长城资源调查与研究工作，完成了哈尼梯田、大运河遗产地申遗文本编制并帮助其成功列入世界文化遗产。

（四）文物建筑保护研究不断开拓创新

文物建筑保护研究由以古建筑保护研究为主，逐渐拓展为包括工业遗产、传统民居和近现代文物建筑的保护与展示利用、文物建筑结构监测与安全性评估、灾后文物抢救保护等综合性保护研究，在继承以往研究成果的基础上，注重多学科融合、前期勘测和保护预研究，并加强对文物价值、保护理念及保护方式的研究，其中，应县木塔保护项目是10年来最具探索性和前沿性的代表项目之一。

（五）岩土文物保护研究取得新进展

重点围绕云冈石窟、龙门石窟、承德避暑山庄及周围寺庙等，在岩体结构稳定性分析评价方法、现场无损检测技术、岩石材料劣化特征与评价方法、保护修复材料与工艺研究等方面取得重要成果。编制了《石质文物保护工程勘察技术规范》，出版了《石窟岩体结构稳定性分析评价系统研究》、《石质文物岩石材料劣化特征及评价方法》、《中国古代石灰类材料研究》、《广西宁明花山岩画保护研究》等专著，为中国岩土文物保护提供了理论和技术支持，在凝灰岩、砂岩和碳酸盐等石质文物保护现场科技示范中取得了良好的效果。其中，水硬性石灰类修复材料从固化机理到应用效果的分析评价，为岩土文物保护修复工程开发了新型材料。

（六）壁画、彩画、彩绘泥塑、大型石刻贴金彩绘保护初步形成了系统性和综合性的保护修复技术体系

以高句丽墓葬壁画、西藏大昭寺和哲蚌寺建筑壁画、新疆龟兹石窟壁画以及馆

藏壁画为代表各类型壁画保护实践，在保护理念和技术手段方面均有所创新和突破；现场分析检测技术应用、彩画材料成分和油满分析等研究成果为建立彩绘泥塑、古建筑彩画科学保护提供了基本依据；通过"西南地区石刻贴金彩绘文物保存现状调查"、"重庆大足千手观音金箔合金破坏状况及其保护对策研究"、"千手观音加固、补形与彩绘修复"、"千手观音旧金箔回贴与封护"、"千手观音雕刻岩体内部结构状况调查"、"千手观音三维信息留取及虚拟修复"、"千手观音大悲阁微环境监测与预警"、"千手观音修复效果及本体跟踪监测"等研究，为编制大型石刻贴金彩绘保护设计方案、开展现场保护实践提供了有效的技术支撑；编辑出版了《馆藏壁画保护修复技术》、《高句丽墓葬壁画原址保护工程前期研究与调查》、《大足石刻千手观音造像抢救性保护工程前期研究》、《潼南大佛保护修复工程报告》等具有重要学术影响力的专著。

（七）海洋出水文物保护从无到有取得快速发展

自 2009 年以来，我院在海洋出水陶瓷、金属和木质文物的保护技术研发方向投入 370 万元基本科研业务费专项资金，成立出水文物保护实验室，购置专业科研仪器设备，开展出水文物病害分析和保护修复研究工作，逐步建立了一套较为完善的包括出水文物提取方法、病害分析、现场保护技术、脱盐保护与修复技术等应用技术体系，提供出水文物分析检测、保护工艺规范，并制定了文物在展陈和保存过程中的预防性保护措施。相关科研成果在"南海Ⅰ号"、"华光礁Ⅰ号"、"南澳Ⅰ号""小白礁Ⅰ号"等重大出水文物保护项目中充分发挥了科技引领与支撑作用。

二 人才培养与团队建设取得实质性进展，文化遗产教育培训基地作用日趋明显

为顺应时代发展需求，充分发挥我院的综合性、应用性、公益性国家科研事业单位属性，把我院建设成为文化遗产科学研究中心、长城保护中心、世界文化遗产监测中心、重大文物保护工程中心、文物修复中心、教育培训中心，10 年来，我院逐步建立完善人才队伍建设和培养机制，不断完善科研人员的激励和约束机制，注重发挥专业技术人员的主体作用，加强了学术带头人和青年学术骨干的培养与引进工作，不断打造具备竞争力和影响力的创新团队。2012 年，我院积极推动以事业单位绩效工资考核分配制度为核心的人事管理和分配制度改革，在"以院为先、以所为重、以人为本"的前提下，坚持按绩取酬、多劳多得、优劳优得、统筹平衡的原则，以专业技术岗副高七级为基准，向研究人员和一线工程技术人员倾斜，打破以往论资排辈和"大锅饭"现象，有效地激发了业务人员的积极性和创造力。

在充分激励现有业务人员的同时，我院先后招聘了一批具有硕、博士学位的学术素养较高的专业技术人才，逐步优化人才队伍结构。2015 年，我院硕士学位以

上人员占 61%，高级职称以上人员占 53%。文博领域人才成长周期相对较长，一般 10~15 年才能熏陶出具备较高专业素养的专家学者。为保质保量地完成重大应用性科研和工程任务，近年来，我院不断拓展人才引进渠道从全国引进高级人才，启动青年学术带头人计划，推动专业技术人员前往基层挂职锻炼机制，实施月度在职教育培训举措，为人才成长和脱颖而出创造必要条件。同时，为锻炼和培养年轻专业技术人员，我院在承担重大科研课题和工程项目与成果出版等方面予以优先安排，有计划地选派科研人员前往国外重要科研机构培训与交流，扩大我院在国内外的科研影响力，积极培养学术带头人和高素质的文化遗产研究、保护、修复、展示与培训等人才，形成了文化遗产研究、水下文化遗产保护、世界文化遗产保护与监测、大遗址保护展示、石质文物保护修复等专业化科研团队，提高了年轻科研团队解决实际问题的能力。我院还特别重视文博人才和专业技能的培训，建立了相对完善的多专业培训布局，为专业人员提供文物保护技术应用、行业标准示范、新技术新材料推广、现代保护理念探讨等提升平台，开创性地将重大工程实施与人才培养相结合，以实战为培养人才的课堂，较大程度缓解了重点研究领域主要科研人才匮乏的局面。

三　科研成果不断产出，应用性科研支撑作用不断提升

在应用性科研的导向下，我院始终注重发挥应用型科研成果对重大文物保护工程决策科学化的支撑与引领作用，显著提升了科研成果对重大与重要文物保护工程实践的支撑力度和国内外的学术与科研影响力，充分发挥了文研院在文物保护科技、保护规划、保护设计和施工中的示范作用。高句丽墓葬壁画原址保护、大足石刻千手观音造像保护、应县木塔稳定性监测与结构加固研究、定陶汉墓保护、援助柬埔寨吴哥古迹茶胶寺保护、西藏大昭寺和哲蚌寺壁画保护、承德避暑山庄及外八庙保护等一批保护技术难度高和社会关注度广泛的项目，均体现了我院作为文化遗产保护"国家队"的责任和担当。同时，潮湿墓葬壁画保护、南方贴金彩绘石质文物保护、海洋出水文物保护、碳酸盐石质文物表面脱落防治等科技成就，代表了当今我国在这些领域的先进水平。

我院将科技成果产出作为一项重要责任来落实。近年来，文研院在省部级以上刊物和会议论文上累计发表 500 多篇，其中核心期刊论文 300 多篇（见表 2），出版基本科研业务费论文专辑系列、《中国古代建筑——蓟县独乐寺》、《中国文物保护与修复技术》、《文物科技研究》等具有较高学术水平和示范作用的著作近 100 部（见表 3），其中《中国文物保护与修复技术》、《艺术品中的铜和青铜：腐蚀产物，颜料，保护》两部图书分别获得"2009 年度全国文化遗产优秀图书"奖和"2009 年度全国文化遗产最佳译著"奖。我院积极跟踪学术前沿和国际动态，收集、研究、翻译国外文化遗产最新成果约 120 万字，出版或印行《古代和历史时期金属制品金相学与显微结构》、《国外文物保护科技编译参考》、《国外文物保护机构介绍》等。同时，进一步加强了《中国文物科学研究》、《出土文献研究》等学术书刊的编辑工作。

四　科研管理工作逐步成熟规范，管理水平显著提高

文物保护工作是一项跨学科、跨领域和跨行业的综合性工作。10 年来，在经历了不同阶段的发展困境后，经过不断探索，我院的科研管理工作逐步成熟并步入正轨。我院不断强化科研方向总体布局，通过开放合作，坚持应用技术研发和文物保护实际需求相一致的发展方向，通过规范、科学的管理和服务，严格科研质量监控，全面提高了科研工作的质量和效率，初步实现了出人才、出成果的目标。主要体现在以下几个方面：

（一）颁布以《中国文化遗产研究院基本科研业务费课题管理办法实施细则》为代表的科研管理办法 10 余项，完善科研课题与财政项目管理、成果认定与评选、成果出版等科研管理制度体系建设工作。2010 年以来，不断加强和完善各项规章制度建设，先后颁布了《专业技术三级岗位聘用暂行规定》、《青年学术带头人管理办法》、《学术著作资助出版暂行规定》等制度，为专业人才发展提供制度保障。

（二）紧密围绕院重点方向和主要任务，强化课题总体布局设计，狠抓课题立项阶段的可行性论证、中期阶段的评估与调整工作，大力推进结项科研成果的出版。

（三）完善了技术文件审核管理制度和技术规范，实施科研及技术成果奖励机制，推进了项目绩效评价管理。

（四）2012 年以来，逐步实现科研管理工作信息化，先后启用了公文管理系统、工程项目管理系统、科研课题管理系统和财政项目管理系统以及图书资料查询平台等，对科研课题和工程项目各环节实时跟进，提高了信息化管理与共享水平，提高了课题流转、信息留存、课题档案管理的效率。

五　国际科研合作与学术交流日益频繁，国际影响力进一步提升

10 年来，我院不断优化国际科研合作与交流的广度与形式，全面拓展国际合作空间，先后与意大利、德国、法国、美国、英国、瑞士等 30 多个国家的相关研究机构开展了广泛的合作与交流。2006~2014 年，我院共接待境外来访近百人次，出访 280 人次。2010 年以来，在国家文物局的指导和支持下，我院强化应用性科研导向，以国际学术会议和文化交流成果展为平台，不断创新国际合作交流形式，先后与国际相关机构举办了"往昔世界——虚拟重生"国际学术研讨会、"中意文化遗产保护的共同使命与经验交流"、纪念《威尼斯宪章》发布五十周年学术研讨会、"文化遗产保护理念与技术国际研讨会暨纪念旧都文物整理委员会成立 80 年"等具有一定影响力的系列国际会议，以及"高棉的微笑——柬埔寨吴哥文物与艺术展"、"中国文化遗产研究院十年成果展（2005~2015）"等重要展览，有力地促进了国际科研合作和学术交流工作，增强了国际文化遗产保护领域的话语权和影响力。

我院先后与一批国外文化遗产领域具有影响力的科研机构签署战略合作协议，

通过联合科研、引进国外专家等优质智力资源、派员赴国外开展从事科研与学术交流等方式，吸收国外相对先进的保护理念和成熟技术，并将合作研究成果应用于重大文物保护项目，培养了一批具备专业知识、国内实践经验以及国际学术视野的业务骨干。以文物保护为关注点，深入推进文物修复、展示利用、前沿科技手段应用等理念、方法、技术方面持续稳定的国际合作，有力地促进了科研业务能力和水平的提升。

10年来，我院还积极主动地服务于国家外交大局，承担了中国政府援助柬埔寨吴哥古迹保护修复工程、援助乌兹别克斯坦花剌子模州历史文化遗迹修复项目、援助尼泊尔加德满都杜巴广场九层神庙修复项目、援助蒙古国抢救科伦巴尔古塔保护工程等重大援外工程，为实现国家的外交战略部署贡献力量，并通过成功的工程实践，展示了"中国文物保护"的形象和风采。

六 "十三五"时期我院科学研究工作发展趋势

"十三五"时期是国家全面深化改革的关键时期。为配合国家事业单位分类改革，我院将根据国家文化遗产事业改革和发展的需求，坚持"努力把文研院建设成为集文化遗产科学研究，文物保护修复技术和材料研发，文物保护工程设计和实施，文化遗产教育培训于一体的应用型、研究型、学习型、创新型的现代综合性科研机构"的总目标，有针对性地开展文化遗产基础研究、应用研究和保护实践，强化学科建设和院学术委员会咨询与评估作用，充分发挥在文化遗产领域的骨干引领作用，通过组织、实施好文化遗产重大课题、项目及工程，努力提高研究、保护、修复和培训成果质量，增强协调、管理和服务能力，提高科研管理规范化和信息化程度。重点做到"六个坚持"：

（一）坚持公益属性，全面履行文研院的使命与职责，面向国家文化遗产事业发展需求，服务国家经济、社会发展大局。

（二）坚持深化改革，发挥好公益类事业单位的灵活性和适应性，面向社会、面向市场、面向国际、面向未来。

（三）坚持应用型科研导向，进一步主动融入国内外文物保护实际需求，充分发挥专业性和综合性优势。

（四）坚持"开门办院"宗旨，充分利用多领域、多学科、多技术的集成互补优势，提升开放合作创新能力。

（五）坚持科技创新，进一步完善创新激励机制，加强创新成果的推广和应用，有效激发科研人员的创新积极性，提高"中国文物保护"的品牌影响力。

（六）坚持"人才强院"策略，以培养应用型科研人才、领军人才为重点，继续打造具有攻坚能力的科研创新团队，全面提高科研成果的质量与水平，实现可持续发展。

表1　　　　　　　　　　　　　　　重点科研课题汇总表

序号	课题名称	批准单位	课题来源	课题负责人	执行周期	经费（万元）
1	濒危馆藏壁画抢救工程——馆藏壁画保护综合研究	财政部	专项	马清林 郭　宏	2006.8~2009.8	200
2	南方地区贴金彩绘石刻保护修复关键技术研究——以大足石刻千手观音造像抢救保护为例	财政部	专项	詹长法 王金华	2008.8~2010.6	182
3	中央级公益性科研院所基本科研业务费专项资金	财政部	专项	丁　燕	2007~2015	3304.5
4	铁质文物综合保护技术研究	科技部	国家科技支撑课题	马清林	2006.12~2009.6	700
5	空间信息技术在大遗址保护中的应用研究（以京杭大运河为例）	科技部	国家科技支撑课题	孟宪民	2006.12~2010.6	236
6	石窟岩体结构稳定性分析评价系统的研究	科技部	国家科技支撑课题	王金华	2009.9~2011.12	218
7	无损或微损检测技术在石窟保护中的应用研究	科技部	国家科技支撑课题	高　峰	2009.9~2011.12	198
8	南京报恩寺地宫出土文物保护关键技术研究	科技部	国家科技支撑课题	马清林	2009.9~2011.12	125
9	环境因素控制下的砂岩类文物材料性能失效分析研究	国家自然科学基金	面上项目	李宏松	2008.1~2010.12	30
10	溶胶—凝胶法制备负载缓蚀剂的有机无机化涂层及其在铁质文物保护中的应用研究	国家自然科学基金	青年基金	沈大娲	2010.1~2012.12	20
11	大遗址保护行动跟踪研究	国家社科基金	重大项目	柴晓明	2011.12~2014.12	80
12	文化遗产领域公共文化服务体系研究	国家社科基金	艺术学	彭跃辉	2010.9~2012.12	10
13	文化遗产领域社会组织作用机理研究	国家社科基金	青年项目	刘爱河	2011~2014	15
14	新疆于阗古国山普拉墓地出土玻璃器产地与工艺的科学研究	国家社科基金	青年项目	成　倩	2011~2014	15
15	碳酸盐石质文物劣化定量分析与评价系统研究	国家文物局	申报课题	李宏松	2006.1~2008.1	10
16	文化遗产资源特性研究	国家文物局	申报课题	于　冰	2008.1~2009.6	10
17	大运河遗产保护规划编制第一阶段要求研究	国家文物局	申报课题	侯卫东	2008.3~2008.7	30

序号	课题名称	批准单位	课题来源	课题负责人	执行周期	经费（万元）
18	中国传统碳酸盐石灰材料在潮湿环境壁画地仗层加固中的应用研究	国家文物局	申报课题	李　黎	2012.4~2014.4	30
19	主动式红外热像技术在石质文物保护中的应用研究	国家文物局	申报课题	周　霄	2012.4~2014.4	28
20	成立国际标准组织文化遗产保护技术委员会的可行性研究	国家文物局	委托课题	范佳翎	2008.10~2009.4	10
21	馆藏铁质文物保护技术手册研究	国家文物局	委托课题	马清林	2009.3~2009.8	25
22	《中华人民共和国文物保护法》实施情况调查研究	国家文物局	委托课题	彭跃辉	2009.12~2010.12	30
23	《国家文物博物馆事业十二五规划》编制研究	国家文物局	委托课题	柴晓明 彭跃辉	2010.1~2010.12	66
24	中国的世界文化遗产保护管理问题研究	国家文物局	委托课题	彭跃辉	2010.4~2011.3	25
25	工业遗产保护和利用导则	国家文物局	委托课题	乔云飞	2013.4~2014.4	48
26	中国文化景观类文化遗产阐释与展示研究	国家文物局	委托课题	赵　云	2013.12~2015.7	9.8
27	海洋出水木质文物硫铁化合物脱除方法研究	国家文物局	文物保护科技优秀青年研究计划	沈大娲	2014.10~2017.9	60
28	文物保护有机高分子材料生物老化性研究	国家文物局	文物保护科技优秀青年研究计划	葛琴雅	2014.10~2019.9	108

表 2　　　　　　　　　　　　　　重点期刊论文题目汇总表

序号	期刊论文名称	作者	刊物名称、期号	备注
1	陶寺陶器彩绘颜料的光谱分析	李乃胜	光谱学与光谱分析，2008 年第 2 期	SCI
2	天津大沽海字炮台和威字炮台"三合土"研究	李乃胜、张治国、王德发	文物保护与考古科学，2008 年第 2 期	CSSCI
3	硅酸盐缓蚀剂的研究及其在铁质文物保护中的应用	沈大娲、马清林	腐蚀科学与防护技术，2008 年第 4 期	CSCD
4	甘肃崇信于家湾西周墓出土青铜器的金相与成分分析	张治国、马清林	文物保护与考古科学，2008 年第 1 期	CSSCI
5	钼酸盐与钨酸盐缓蚀体系在钢铁及铁质文物上的应用进展	张治国、马清林、梅建军	腐蚀与防护，2008 年第 11 期	EI

序号	期刊论文名称	作者	刊物名称、期号	备注
6	天津大沽口炮台遗址铁炮病害研究	张治国、刘鸿亮、马清林	文物科技研究，第六辑	
7	Chiral ketone- or chiral amine-catalyzed asymmetric epoxidation of cis-1-propenyl phosphonic acid using hydrogen peroxide as oxidant	Zhiguo Zhang, Jie Tang, Xinyan Wang, Hongchang Shi	Journal of Molecular Catalysis A: Chemical. 2008, 285: 68-71.	SCI
8	中国洛阳战国墓出土八棱柱中的中国蓝和中国紫研究	马清林、张治国、高西省	文物，2008 年第 8 期	CSSCI
9	有机缓蚀剂和无机阴离子的缓蚀协同效应和在铁质文物保护中的应用研究	田兴玲、马清林	全面腐蚀控制，2008 年第 6 期	
10	无损检测技术在文物保护领域中的应用	田兴玲、周霄、高峰	无损检测，2008 年第 3 期	中文核心期刊
11	内蒙古馆藏大召经堂壁画制作材料和工艺研究	宋燕	文物科技研究，第六辑	
12	石质文物病害机理研究	张金风	文物保护与考古科学，2008 年第 2 期	CSSCI
13	《絵画空間に展開する二重の空間の構築について──東アジアにおける画中屏風絵を通して》	王元林	（日本）美术史论集第八号	
14	《20 世纪中国现代建筑史论研究导论》	崔勇	华中建筑，2008 年第 6 期	中文核心期刊
15	Preservation of Earth Heritage Site on Ancient Silk Road, Northwest China to Resisting the Environmental Impact	李黎（第一作者）	Environmental Earth Sciences，2011-Vol.64	SCI
16	Science investigation on the materials in a Chinese Ming dynasty wall painting	马清林（与 Shuya Wei, Manfred Schreiner, Hong Guo 合著）	International Journal of Conservation Science, 2010	SCI
17	Study of sticky rice-lime mortar technology for the restoration of historical masonry construction	马清林（与 Fuwei Yang、Bingjian Zhang 合著）	Accounts of Chemical Research, 2010	SCI
18	三江平原北部女真陶器的编年研究	乔梁	北方文物，2010 年第 1 期	
19	中国古代金箔在贴金技术中的应用研究	田兴玲等	材料导报，2010-1，Vol.24	CSCD
20	古代铸铁模拟样品的缓蚀保护及效果评估	李乃胜、马清林	腐蚀科学与防护技术 2010-3 VOL.22	CSCD
21	山东青州西汉彩绘陶俑人造硅酸铜钡颜料研究	张治国、马清林、Heinz	文物，2010 年第 9 期	CSSCI

序号	期刊论文名称	作者	刊物名称、期号	备注
22	沧州铁狮子结构现状数值模拟分析	永昕群	同济大学学报，2010 年第 10 期	EI
23	河南洛阳龙门石窟潜溪寺岩体构造特征分析研究	张兵峰	文物保护与考古科学，2010 年第 4 期	CSSCI
24	Preservation of Heritage Adobe sites on the Silk Road Northwest China from the Impact of the Environmental	李黎	Environmental Earth Sciences ENGE-D-09-00173.2	SCI
25	工业遗产坦佩雷——2010 国际工业遗产联合会议及坦佩雷城市工业遗产描述	王晶	建筑学报，2010 年 12 期	北京大学中文核心期刊
26	Preservation of Earth Heritage Site on Ancient Silk Road,Northwest China to Resisting the Environmental Impact	李黎（第一作者）	EnvironmentalEarth Sciences，2011-Vol.64	SCI
27	我国古代建筑中两种传统硅酸盐材料的物理力学特性研究	李黎	岩石力学与工程学报，2011 年第 10 期	EI
28	新石器时期人造石灰的判别方法研究	李乃胜（第一作者）	光谱学与光谱分析，2011 年第 31 卷第 3 期	CSCD
29	广西花山岩画颜料脱落和褪色原因分析	孙延忠（第一作者）	文物保护与考古科学，2011 年第 2 期	CSSCI
30	两种不同环境控制下砂岩类文物岩石材料剥落特征及形成机制差异性研究	李宏松	文物保护与考古科学，2011 年第 4 期	CSSCI
31	三维激光扫描技术在岩土文物保护中的应用	吴育华（第一作者）	文物保护与考古科学，2011 年第 4 期	CSSCI
32	前凉道符考释	王元林	文物，2011 年第 5 期	CSSCI
33	柬埔寨吴哥石窟建筑结构形式及其破坏特征分析	王林安（第一作者）侯卫东（第五作者）	文物保护与考古科学，2012 年第 3 期	CSSCI
34	壁画菌害主要种群之分子生物学技术检测	葛琴雅（第一作者）	文物保护与考古科学，2012 年第 2 期	CSSCI
35	Deterioration Mechanisms of Building Materials of Jiaohe Ruins in China Multispectroscopic Studies for the Identification of Archaeological	邵明申、李黎	Journal of Cultural Heritage，2012, Online Publication	SCI
36	潼南大佛保护与修复研究	詹长法、张可、王方	中国文物科学研究，2012 年第 4 期	
37	葡萄糖酸钠、苯甲酸钠与锌盐、镧盐对 Z30 铸铁片的缓蚀协同研究	李乃胜、马清林	腐蚀科学与防护技术，2012 年第 4 期	CSCD

序号	期刊论文名称	作者	刊物名称、期号	备注
38	VIS/NIR 高光谱成像在中国云冈石窟砂岩风化状况分布研究中的进展	周霄、高峰	光谱学与光谱分析，2012 年第 3 期	SCI
39	镀膜厚度对派拉纶耐蚀性影响的研究	田兴玲、李乃胜、张治国、冯跃川	材料保护，2013 年第 2 期	CSCD
40	The Effect of Parylene Coating for Restoration of Gold Foil on Dazu Grottoes	田兴玲、李乃胜、张治国	Anti-corrosionMethods and Materials，Issue 5，2013 年	SCI
41	从泉州到锡兰山：明代中国与斯里兰卡的交往	姜波	学术月刊，2013 年第 7 期	CSSCI
42	东亚地区墓葬壁画十二辰图像的起源与流变	王元林	考古学报，2013 年第 5 期	CSSCI
43	黑龙江汉晋时期遗存的分布及体现的文化格局	乔梁	边疆考古研究，2013 年第 1 期	CSSCI
44	海洋出水木质文物保护中的硫铁化合物问题	沈大娲、葛琴雅、杨淼、马清林	文物保护与考古科学，2013 年 1 期	CSSCI
45	激光清洗技术在一件鎏金青铜文物保护修复中的应用	张晓彤（第一作者）	文物保护与考古科学，2013 年第 3 期	CSSCI
46	早期失效保护修复材料对壁画的影响	成倩、赵丹丹、郭宏	文物保护与考古科学，2013 年 5 期	CSSCI
47	世界遗产视野下的哈尼梯田人居环境科学特性研究	赵云（第一作者）	国际城市规划，2013 年第 1 期	中文核心期刊
48	我国宗教文物保护的特殊性初探	詹长法	中国文物科学研究，2013 年第 3 期	
49	"吴哥保护国际行动"二十年和《吴哥宪章》	侯卫东	中国文物报，2013 年 2 月 22 日	
50	应县木塔保护的世纪之争	侯卫东	世界建筑，2014 年第 12 期	建筑科学类核心期刊
51	Gold Leaf Corrosion in Moisture Acid Atmosphere at Ambient Temperature	田兴玲、马清林	Rare Metal Materials and Engineering，2014. Vol 43，No.11	SCI
52	大遗址概念的由来与发展	柴晓明	中国文物科学研究，2014 年第 4 期	
53	大遗址历史文化内涵的展示和阐释	刘爱河	中国文物科学研究，2014 年第 1 期	
54	宁波"小白礁 I 号"清代木质沉船中硫铁化合物脱除技术研究	张治国、李乃胜、田兴玲、刘婕、沈大娲	文物保护与考古科学，2014 年第 12 期	CSSCI
55	高棉古国吴哥圣境吴哥古迹历史文化背景概说	侯卫东	世界遗产，2015 年 3 月	

表3 　　　　　　　　　　　　重点专著汇总表

序号	专著名称	作者	出版社	出版年份
1	蓟县独乐寺	杨新	文物出版社	2007 年
2	世界遗产柬埔寨吴哥古迹——周萨神庙	中国文化遗产研究院	文物出版社	2007 年
3	文化遗产保护科技发展国际研讨会论文集	中国文化遗产研究院	科学出版社	2007 年
4	传承与展望：《威尼斯宪章》发布五十周年学术研讨会论文集	中国文化遗产研究院	文物出版社	2014 年
5	中国文物保护与修复技术	中国文化遗产研究院	科学出版社	2009 年
6	文物保护与修复的问题（1~4 卷）	马里奥·米凯利、詹长法	文物出版社科学出版社	2005 年
7	大足石刻保护	王金华	文物出版社	2009 年
8	馆藏壁画保护技术	郭宏、马清林	科学出版社	2011 年
9	中国文化遗产研究院藏西域文献遗珍	中国文化遗产研究院	中华书局	2011 年
10	博物馆铁质文物保护技术手册	国家文物局博物馆与社会文物司（本册主编：马清林、张治国）	文物出版社	2011 年
11	肩水金关汉简	刘绍刚	中西书局	2011 年
12	大运河清口枢纽工程遗产调查与研究	淮安运河遗产本体调查方法研究课题组	文物出版社	2012 年
13	大遗址保护理论与实践	孟宪民、于冰、丁见祥、李宏松、乔梁	科学出版社	2012 年
14	中国文物法制研究报告	彭跃辉	文物出版社	2012 年
15	明长城	国家文物局编（中国文化遗产研究院长城项目组）	文物出版社	2012 年
16	长城资源调查工作文集	国家文物局编（中国文化遗产研究院长城项目组）	文物出版社	2013 年
17	水下文化遗产行动手册	中国文化遗产研究院（国家文物局水下文化遗产保护中心）	文物出版社	2013 年
18	石窟岩体结构稳定性分析评价系统研究	王金华	中国地质大学出版社有限责任公司	2013 年
19	茶胶寺庙山建筑研究	温玉清	文物出版社	2013 年
20	新疆博物馆新获文书研究	刘绍刚、侯世新	中华书局	2013 年
21	文物保护科技专辑 I（金属·陶瓷·颜料）	中国文化遗产研究院	文物出版社	2013 年
22	文物保护科技专辑 II（岩土·文物·岩画·彩画）	中国文化遗产研究院	文物出版社	2013 年

序号	专著名称	作者	出版社	出版年份
23	文物保护科技专辑Ⅲ（高句丽墓葬壁画原址保护前期调查与研究）	中国文化遗产研究院	文物出版社	2014 年
24	文物保护科技专辑Ⅳ（金属·陶瓷·岩土·木器·彩绘）	中国文化遗产研究院	文物出版社	2015 年
25	社会科学专辑Ⅰ（考古调查与文献研究）	中国文化遗产研究院	文物出版社	2013 年
26	社会科学专辑Ⅱ（政策法规与综合研究）	中国文化遗产研究院	文物出版社	2013 年
27	文物保护工程与规划专辑Ⅰ（体系与方法）	中国文化遗产研究院	文物出版社	2013 年
28	文物保护工程与规划专辑Ⅱ（技术与工程实例）	中国文化遗产研究院	文物出版社	2013 年
29	古代鎏金银器、玻璃器、香料保护技术——南京阿育王塔及出土文物保护技术研究	张治国、宋燕、沈大娲、马清林	科学出版社	2014 年
30	石质文物岩石材料劣化特征及评价方法	李宏松	文物出版社	2014 年
31	工业遗产保护更新研究：新型文化遗产资源的整体创造	王晶	文物出版社	2014 年
32	中国文化遗产研究院 2005~2015	中国文化遗产研究院	文物出版社	2015 年
33	中国文化遗产研究院优秀文物保护项目成果集（2011~2013）	中国文化遗产研究院	文物出版社	2015 年
34	大足石刻千手观音造像抢救性保护工程前期研究（上、下册）	大足石刻研究院、中国文化遗产研究院	文物出版社	2015 年
35	潼南大佛保护修复工程报告	詹长法	文物出版社	2015 年
36	柬埔寨吴哥古迹茶胶寺考古报告	中国文化遗产研究院	文物出版社	2015 年
37	茶胶寺修复工程研究报告	许言	文物出版社	2015 年
38	文物工作研究——聚焦 2012	刘曙光、柴晓明	文物出版社	2015 年
39	北平研究院——北平庙宇调查资源汇编（内一区卷）	本书编委会	文物出版社	2015 年
40	中国古代石灰类材料研究	李黎、赵林毅	文物出版社	2015 年
41	广西宁明花山岩画保护研究	王金华、严绍军、李黎	中国地质大学出版社	2015 年
42	应县木塔保护研究	侯卫东等	文物出版社	2015 年
43	艺术品中的铜和青铜：腐蚀产物、颜料、保护	大卫·斯考特著；马清林潘路译	科学出版社	2009 年
44	古代和历史时期金属制品金相学与显微结构	David Scott 著；田兴玲、马清林译	科学出版社	2012 年
45	博物馆藏品保护与展览：包装、运输、存储及环境考量	斯托洛（Nathan Stolow）著；宋燕、卢燕玲、黄晓宏等译	科学出版社	2010 年

理念 思考 Concepts & Reflections

"中国大运河"遗产的前世与今生

—— 从迷茫走向辉煌

侯卫东

（中国文化遗产研究院）

　　摘　要：由于形制上的独特性、长度维数上的大体量及所孕育的文化内涵，大运河成为一种特殊形式的文化遗产。本文根据运河的独特性，界定了概念内涵及遗产类型，论证了运河的真实性与完整性，探讨了中国大运河的智慧、中国大运河的历史跨度及中国大运河的活态与标本，对于用与废弃等保护与利用的相关问题，也提出了大运河后续研究的思路。

　　关键词：大运河　真实性　完整性

Abstract: Due to its uniqueness, its great length and its cultural connotation, the Grand Canal of China has become a cultural heritage with a special form. This paper, based on the uniqueness of the canal, defines the concept connotation and heritage type, demonstrates the authenticity and integrity of the canal, discusses the wisdom connotation, historical span, active state and samples, use and disuse, and other related issues about the Grand Canal. It also brings forwards the ideas on the follow-up researches on the Grand Canal.

Keywords: The Grand Canal of China, Authenticity, Integrity

　　运河是中国历史上的一段不可或缺的章节，它曾融入了很多鲜活生动的历史，在北方生活的皇帝，要下江南考察和显示皇权，沿运河留下许多脍炙人口的故事；南方的才子要北上考取功名，乘船沿槽（是否应当是漕运之"漕"）而上，晓行夜宿，沿途寻访寺庙，游玩街肆留下多少风流篇章。在封建时期的大背景下，甚至国势兴衰，人民贫富，都在运河上能看出端倪。因此运河兴则国兴，运河衰则国衰。只是由于近代西方文化和科学技术的引入，才终结了这一古老的中国规则。

　　自20世纪初至20世纪末运河被逐渐废弃以来，南北运河快速分化。北段运河由于陆路交通崛起，很快被替代，河道淤塞，水工设施也遭遗弃。加上北方水资源本身短缺，北段运河很快就销声匿迹（图1）。南方运河则由于地理与水资源的便利，被重新发掘和利用，成为南方便捷、低成本运输体系中的一支（图2）。时至今日，运河河道依然繁忙。

那时候的运河不论是已被淤塞还是另起炉灶，都与封建时期中国大运河的"形与意"去之甚远。

尽管大运河在中国的历史文化中有着浓墨重彩的一笔，然而，当我们按照文物古迹的角度去审视它时，却发觉有着一定的困难。在文物保护单位的类型中，没有运河专项，那么当时的运河形态是什么？是古建筑还是古遗址？按照工程分类，运河的一些设施及河道也可以当作一种人工建筑，只是很难在当时找到和其他古建筑相似又时代很明确的工程设施。大运河也有遗址（图3、4），只是运河太大，按照考古的审视规则，年代又不是很晚，形态也不太需要通过发掘或者考古调查来确认，估计到现场比画一下就能找到。再则大运河的本体也很难明确，在用的河道及水工设施往往经过多次的改造升级，难以找到一成不变的东西，而那些已经废弃淤积的河道等水工设施，一般情况下其轮廓也不易界定，再加上废弃后的管理缺失，往往状况欠佳，保存情况令人失望。

在近10年开始关注运河遗产时，发现被纳入各级文物保护单位名单的运河遗存少之又少，2006年京杭大运河以古建筑类型被纳入第六批全国重点文物保护单位，2013年第七批全国重点文物保护单位名单公布时尽管中国大运河正如火如荼地进行着申报世界遗产的准备工作（图5），但第七批的名单上，依然没有以中国大运河命名的文物古迹，只是有一些运河的文物点。

概括说，运河作为文物古迹还只停留在人们的记忆当中，其真实和完整的面孔并未示人。在大运河申遗的大背景下，经过十余年对中国大运河建立遗产概念，进行调查记录，进行分析研究和甄别，编制保护规划，实施保护行动，启动宣传和展

图1　南旺枢纽遗址（北方遗址）

图 2　无锡大运河

图 3　商丘南关码头遗址

图 4　柳孜码头遗址

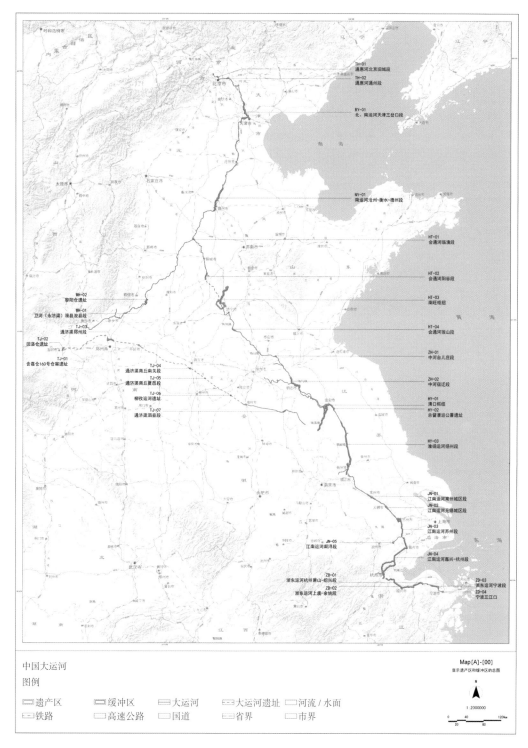

中国大运河

图例

遗产区　　　缓冲区　　　大运河　　　大运河遗址　　　河流／水面
铁路　　　　高速公路　　　国道　　　　省界　　　　　市界

Map[A]-[00]
显示遗产区和缓冲区的总图

N
1:2000000
0　20　40　80　120km

图5　大运河申遗点段构成图

示及其配套服务设施。现在的中国大运河，不仅仅是被列入了世界遗产，从本质上来说，是通过一场革命性的运动发掘和再现了一处不可再生的、规模大、价值高、形制独特的珍贵遗产。

　　经过梳理保护的大运河遗产已经有了完整的框架体系，既可彰显其在人类历史上的普世和杰出价值，也成为看得见、摸得着的文物古迹实体。在总长 3000 余公里、跨越五大江河水系的空间里，一条连绵不断而又各具特色的运河线路成为了一处人类的文化景观。在五个省区，有十个段落、七十余处文物点被列入世界遗产名录，佐证了这条历史长河的存在。

回顾中国大运河的前世和今生，这期间的发掘价值，构建体系，梳理思路，廓清理念，拨除迷雾，是一个值得反思的过程，以下从几个角度做一些探讨：

一　中国大运河的遗产类型讨论

1. 线性遗产说

如果一处遗产在形态上呈现线性形状，长度较大且连续不断，就可以称其为线性遗产。如一条铁路，一条公路。大运河绵延几千公里连续不断，而且以河道为主，呈明显的线性，因此中国大运河显然是一处线性遗产。存在的争议是这条线已有多处断开，在局部地域不连续。当然运河由于自然环境和各地条件的不同，这条线也不是宽窄相同的或者形状相同，但这并不影响它呈现一处线性遗产的主要形态。

2. 文化线路说

大运河在上千年的变迁与发展过程中，不仅仅创立了一种独特的交通模式，而且影响了运河沿线的文明形态，运河带来的沿线文化的交流、贸易的繁荣，甚至是生活方式的变化，使它具备文化线路的所有因素，因此说它是文化线路遗产也实至名归。

3. 文化景观说

大运河是在中国南北几千公里风貌截然不同的区域建造和使用的人类工程。经过上千年与自然的冲突与融合、运河已成为一种特有的标志。广润平原上曲曲弯弯

图 6　大运河德州段谢家坝弯曲河段

的古河道上（图6），乘舟南下北上，两岸庙宇、码头林立，河道两岸同样无声峭立的民居，河道上船只如梭，岸上游人如织的市井喧闹，无不成为人与自然相互作用的景观，因此运河是当之无愧的文化景观。

4. 工程遗产说

中国大运河是汇集了人类的聪明才智、耗费了巨额的生产力和生产资料而建造的产品。运河沿线各类闸坝数以千百计，在那个以农业为主的时代，大运河就是一项设计严密、施工科学、运转良好的工程设施。

5. 运河遗产说

分析中国大运河遗产的特点，可以认为它具备以上各类文物古迹的特性，因此可以说是一种具备多维度价值的遗产。查询世界文化遗产的类型，将运河列为专门的一类，即称为"运河遗产"。世界遗产名录中的运河遗产，目前已有五处，但和中国大运河比较，都没有可比性。因此，中国大运河属于世界遗产的运河遗产类属，但是最独特的一类。

二　中国大运河的真实性与完整性讨论

中国大运河历经几千年的岁月变化，什么是它的真实性，这个也曾经是关于大运河遗产分析研究的焦点之一，如果按照一般对遗产真实性的理解，遗产应在形制、材料、工艺、功能、形态等方面是历史的真实。那么对照运河，发现这样的鉴别具有一定的模糊性。从形制的角度讲，大运河并没有特定不变的形制，它的主体是人工挖掘的河道，也包括与河道相关的各类辅助设施，河道的真实性就很难判定，历史上由于各种各样的原因，河道的走向，宽度，深度都会有所变动。首先，河道取决于水源，河道会随水源有所迁徙；其次，河道由于淤积、冲刷等原因，不会没有改变，也许河道的废弃和新开是周期性的必然，所以在很多地方，河道不是唯一的一条，而可能是一片。因此，河道的真实性不拘泥于完全不变的形制和形态。至于材料、工艺，对大运河要容易鉴别一些，几千年的中国大运河基本是农耕时期人工开挖的，并无大的改变。因此大运河水利工程的真实性，可以体现在一个大的区域，包括流向，功能的延续等因素。在运河系列遗产的类型中，唯独河道水工体系具有这样的特点（图7），其他相关和附属遗产则应与一般文物的真实性要求一致。

作为遗产，我们也要求大运河遗产具有完整性。大运河的完整性如何体现，首先，它应该有完整的体系，如它应该有作为核心的水利工程体系，应该有与之配套的附属设施，也应该有丰富的相关遗产。这些因素，大运河都是具备的，从大的框架看，大运河的各项遗产内容涵盖了水工设施、附属设施及相关遗产。但由于中国大运河是一个空间很大的体系，又可按照不同区域分为不同的点段。要求这些不同点段相对独立的部分做到完整则很难办到。以水利水工遗产为例，它的河道部分现状就很难齐全，基本是断断续续，这种中断有的是废弃和功能的中断。如北部地区由于运河废弃，很多河道淤积填埋，以至于失去运河的形态。南方地区则是另外一种情况，

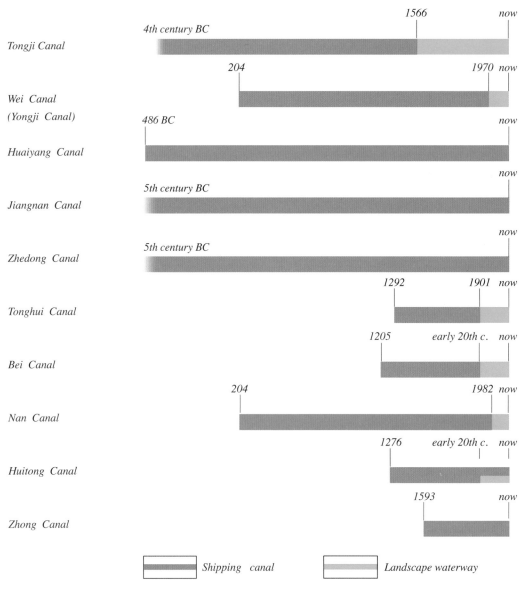

图 7　大运河十大河段延续性示意图

尽管运河的交通是联通的，但由于新旧河道巨大的差异，有些部分的河道在历史意义上已经不是我们所说的中国大运河，而是现代航道，这也打断了传统运河的连续性。另一个角度，中国大运河巨大的历史跨度，也不可能做到完整，因此，对中国大运河的完整性，我们需要从跨越历史，跨越区域的角度去理解。由于中国大运河的历史悠久，我们完全可以将其体系比喻成一具恐龙骨架，陈列在展览馆中的恐龙骨架为我们展示了恐龙作为一种生物的主要特质。它的规格体量，它的骨骼体系可以反映出很多生物的特性。但我们并不能看到一个毛皮完整、器官齐全的动物。这也许就是这类史前生物展现在世人面前的唯一方式。我们同样可以将现今的运河遗存与之相比。运河太长太久远，很多部位已不可避免地消失了，但它的走向和基本结构仍清晰可见。在大比例尺的图幅中，我们仍能准确判断运河的框架，尽管不连续，但结构清晰，所以这并不妨碍我们了解大运河的结构。

三　中国大运河工程智慧反映在哪里

如果说像西方的米迪运河应用了当时最先进的工业技术，如钢筋砼与钢铁的制造以及机械驱动，它是 17 世纪西方工业革命的代表（图 8）。那么在中国当时农业社会的背景下，人们如何解决水利工程问题，如挖掘河道、开辟水源、解决高差、穿越自然河流，使用什么样的运输工具等（运河水工及运输本体）。要保证这样一条运输动脉畅通需要什么样的常理与运行体系？还有就是由于这条宏大的国家工程的实施和运行（管理与配套体系），给当时的社会及自然生态带来怎样的影响（相关遗产）？这样就为我们描绘出一个清晰的遗产运河框架。

作为一个农业文明的产物，中国大运河在当时的历史阶段，有没有留下值得记载的科学和技术记忆。由于上千年的变迁，当年一些具代表性的遗迹不一定都能完好无损地流下来，这给我们进行加鉴别和研究带来了困难。水利工程的特点在于要解决水的流动，高程，水量，流向，流速等问题，这些都需要借助工程手段来完成，如西方近代的一些运河，就借助了工业革命的成功，使得对水利设施的调控借助机械手段。而在中国当时的社会生产力条件下，这些都是无法实现的，那么中国大运河要解决的问题有哪些，是如何做到的，这些，都是这处遗产的价值所在。

一个区域有一个区域的特色，中国有句古话叫 " 一方水土养一方人 "。中国的整个地理特点是西北高而东南低。西北面是蒙古高原，东南则是大海。因此中国的河流大都由西北流向东南。中国两大河流黄河、长江都是"一江春水向东流"，但

图 8　法国米迪运河

图 9   大运河总督漕运公署遗址（管理设施）

中国的资源则因南北气候的不同而不同。南方土壤肥沃，水源充足，自唐代以来即成为中国的产粮中心，而北方则是中央政权逐鹿中原的主要战场。因此资源与消耗成两极背向，而两极之间需要可靠的经济连接，当时条件下，陆路交通完全靠人力和畜力，实践证明经济效率低下，难以为继。而水运交通被证明是经济和安全的，当然水路的基本背景是稳固和统一的政权。这两者后来互为印证，统一的政权保障水运安全，水运的通畅同样又维系着政权的稳固（图 9）。

水运的主要构成是水道。而水道取决于水源和流向，借用自然的河通长途、运输不行，其一是方向不对，其二是自然河道不易掌控，风险很大。所以只好用人工来按需要的方向开挖河道，虽然人可以规划河道方向，却不能规划水的流向，水只会按自然规律向低处流。而中国大运河从南往北并不是一马平川，而是经过不同的高程。跨过五大水系及不可胜数的河流，显而易见，要想让水沿着划定的路线走，主要的问题是解决高差问题。理想的水道是什么样的？应该是适当的宽度、稳定的深度和平稳的流速。水道宽度取决于水的丰裕程度，南方较宽而北方较窄。解决高差问题的是水闸技术，即通过逐级抬高水面的方法解决较大的落差，在坡降较大地区如山东，就有连续几十座水闸接力抬升或降低水面的做法。除了利用水闸，也有巧妙利用地形引导水势的做法，如弯道等。除了地势、高程的问题，中国大运河还有诸如河道淤积、汛期洪水、旱季缺水等问题，解决这些问题都依赖于古人掌握的科学技术，例如利用蓄水增势冲刷淤积河道（图 10），利用一系列的减河减退洪水威胁，利用各种河湖、水泊，为水柜、为河道储存水源等，这一系列的遗迹旧址被发掘出了一些遗址，足可佐证运河的科学技术价值。

四 中国大运河考虑什么样的历史跨度

运河在中国可谓源远流长，最早有战国时吴越的邗沟，秦始皇统一岭南而修灵渠，汉代运河已有多处分支，最重要当属汉长安的漕渠。隋唐时期迎来运河的第一次全国性高峰，永济渠和通济渠连通东西南北，元明以后就是大家熟知的京杭大运河。

作为一项文化遗产，其历史的跨度也是其特色之一。同样认定为中国大运河，应具备两个条件，其一，应该是国家层面的运河，也就是当时中央政权的行为，是为保障国家当时主要的任务，粮食漕运，也称漕粮。专指由其他产粮区供给京畿、宫廷等对象的粮食。这经历了汉代初创、隋唐成熟、元代调整、明清复兴的历史过程。除汉的漕运由于年代久远难以追溯外，隋唐运河和元明清的"京杭运河"都符合这一点。其次，应当是其基本形态世代相传，都是以一定的方式，按照基本不变的尺度规模进行扩展和维护，河道、水柜、泄河、闸关等都是前后自然交替，后世在其原址不断改造。各代的运河形貌，基本上未有大的改变。一千多年的中国大运河遗产的主要构成要素，在年代上并无十分清晰的区别。如扬州的运河邗沟段，在隋唐及京杭运河中皆续用，但其最早可追溯到春秋战国时期。以此推论，中国大运河最早的河段与最晚开挖的河段、可能相差两千多年，但他们都属于大运河系列。

毕竟由于年代差别过大，遗产的类型必然不完全相同，早期的大部分都是遗址，如河道遗址、仓窖遗址，而后期的京杭运河则大多反映出在用或废弃的水工遗存。

五 中国大运河的活态与标本、在用与废弃

将中国大运河作为文化遗产来对待，困惑管理者的主要问题是如何解决其在用区段的问题。中国大运河的遗产基本按照地域和时代分为两类，位于南方且至今在用的京杭大运河是主体的部分，而位于北方以及年代较早的运河遗迹，基本是处于功能废弃的状态。对于这些废弃的文物古迹，我们完全可以将其按照文物的标本来保护，这是一般的规律。主要的争议是南部那些尚在使用的大运河部分（图11）。这些运河在用有几方面的理解，其一是功能的延续及改变，如延续基本的运输及输水功能，但运输的对象已经无所不包，既有货物，也有人员，既有小吨位的民间运输，也有大吨位的行业物流转移。其二是指必要的改造和升级，河道由于交通的需求会拓宽，设施会因为各种原因更新换代，甚至河道本身也需要经常清淤疏浚。这些人为的干预对于一般的历史文物来说都是很难接受的，但作为使用中的运河，我们不得不面对它仍在使用的现实问题。

对于中国大运河的附属设施及相关遗产来说，也有类似的问题。附属遗产与历史上的运河同呼吸共命运。随着中国传统大运河功能的衰亡，这些附属设施也终结了其原有的使命，成为一种遗迹，如那些钞关、衙署、寺庙等（图12）。它们和废弃的河道遗址一样，成为一种文物的标本。但运河遗产的另外一类相关遗产中，仍

图 10　清口枢纽鸟瞰

图 11　淮扬运河宝应段在用运河

图 12　临清钞关

图 13　南浔历史文化街区

有一些有着生命力，如运河聚落，它们依然扮演着与历史上几乎相同的角色。沿河的民居、街市还维持着生活的节奏。这也是一类活态的遗产，我们还是要按照这类遗产的自身规律去管理。当然我们借鉴了历史文化街区、古村落的保护经验，让这些与运河相关的历史场景仍然能够鲜活地延续下去（图13）。

在管理上，对于其在用特性所需要的一些工程干预，我们也灵活地给予意见和建议。比如拓宽河道，我们可以做到维持原有走向和位置，并尽可能维持传统堤岸。对于需升级的工程设施，可以在保留原有的基础上翻新。

水利、交通及其他行业可能关注的是运河的形态、水利工程的体系、效益，交通的运量与经济性，但作为遗产运河，我们应该更多关注运河在人类历史发展中所具有的意义和启迪。

六　中国大运河的后续研究与发现

尽管中国大运河已列入世界遗产名录，已经具备了基本的框架，在很多地方已经有了非常丰富的运河文化氛围，但运河仍有很多新的期待。运河全段仍有很多断点，这些地点需要继续给予调查和考古研究，从而使运河可以完整地呈现。

运河的营建和运行曾依赖于许多高难度的工程技术难题解决，这些都有着文献记载和实物遗存为依据，但详细的技术细节仍需不断地推敲和模拟。相关工作虽已在进行，如南旺的水利枢纽就有一处用于展示和模拟的模型，但这类研究尚需完善。

跟随中国大运河流淌的还有反映那个时代文化、风俗、经济、政治和科学技术的丰富非物质遗产，运河的研究将会为我们讲述一幕幕人类文明的精彩故事。运河已经成为世界遗产，但要成为人们心中不变的记忆，仍需不断努力。

（注：本文图片选自中国文化遗产研究院《中国大运河申遗文本》）

古代世界的海上交流

—— 全球视野下的海上丝绸之路

中国文化遗产研究院　国家文物局水下文化遗产保护中心联合项目组

（执笔：燕海鸣　朱　伟　聂　政　赵哲昊）

　　摘　要：海上丝绸之路是古代人们主要借助季风与洋流等自然条件，利用传统航海技术开展东西方交流的海路网络，也是一条东、西方不同文明板块之间经济、文化、科技相互传输的纽带。它自公元前 1 世纪形成，经历四个主要阶段，结束于 19 世纪中后期。这是一个由东亚、东南亚、南亚、西亚、埃及—地中海、东非六大板块，在跨板块的节点和板块内节点的连接作用下，在商贸、技术与人文领域互通有无、共建共荣的海洋交流体系。海上丝绸之路文化遗产既具有多元的地域特征，又反映出跨地域、跨文化的交流与融合，其应当被纳入到世界遗产的体系内加以保护和阐释。传承与发扬其交流、包容、融合的精神，是沿线各国的共同使命。

　　关键词：海上丝绸之路　板块　节点　文化交流　申遗

　　Abstract: The Maritime Silk Road was the outgrowth of ancient peoples benefitting from monsoons and ocean currents as well as using traditional sailing techniques that opened up East-West transportation through maritime passages. It was also a way for different civilizations to communicate in the field of economy, culture, science and technology. Formed in 1 BCE, the Maritime Silk Road had experienced four phases before it ended in late 19th century. Along the road, there were six zones, East Asia, Southeast Asia, South Asia, West Asia, Egypt-Mediterranean and East Africa. Inter-connected by inter-zone nodes and intra-zone nodes, peoples of the zones played particular roles, co-developed a maritime interchange system of commerce, technology and culture. Cultural heritage of the Maritime Silk Road, as fruit of cross-cultural interchange, should be protected and promoted to be World Heritage. It is a common mission of the States Parties of UNESCO to inherit and promote the Maritime Silk Road's spirit of interchange and inclusiveness.

　　Keywords: The Maritime Silk Road, Zone, Nodes, Cultural Interchange, World Heritage Nomination

一　研究背景与目标

"海上丝绸之路"承载着古代人类航海交流的珍贵记忆，对人类的现在和未来均具有普遍的重要意义。本研究试图以宏观的视野，回顾人类不同文明间相互吸引，并依托海洋走向整体的演进历程。通过对"海上丝绸之路"整体性的讨论，建构一个动态、开放的主题框架，以期为联合国教科文组织《保护世界文化和自然遗产公约》缔约国共同保护人类航海交流史迹及相关文化表现形式，提供一种可借鉴的操作模式。

本研究致力于：① 解析海上丝绸之路的历史与现实，厘清海上丝绸之路各组成部分的地位与作用；② 探讨海上丝绸之路遗产的分布规律与多维特征，理解并阐释海上丝绸之路的价值体系；③ 建构海上丝绸之路"共同价值框架"，为海上丝绸之路沿线国家和地区相关遗产地申报世界遗产提供基础支撑；④ 提炼一种可行的海洋贸易网络研究与保护路径，为古代世界海洋贸易体系的宏观研究与整体保护提供参照。

二　"海上丝绸之路"的概念与时空框架

（一）概念

"丝绸之路"的表述始见于 19 世纪德国地理学家李希·霍芬（Ferdinand von Richthofen）的《中国——亲身旅行和据此所作研究的成果》第一卷（1877）[1]。20世纪初，法国学者沙畹（Emmanuel-èdouard Chavannes）将概念进行了扩展，指出"丝路有陆、海两道"[2]。20 世纪 60 年代，日本学界对以中国为产品输出地的海上陶瓷贸易的系列研究催生了"海上丝绸之路"名称的产生[3]。1974 年，中国学者饶宗颐在其《蜀布与 Cinapatta——论早期中、印、缅之交通》的附论中以"海道之丝路"的名义论述了中国丝绸的外运的路线。80 年代，陈炎则明确以"海上丝绸之路"为对象系统论述了不同时期中国丝制品通过海路外传的路线[4]。随着研究的深入与拓展，"海上丝绸之路"作为"丝绸之路"衍生概念逐渐明晰起来。其与陆上丝绸之路的差异也因比较研究而获得确认。

在遗产类型上，有别于陆上丝绸之路以道路及沿线城镇、关卡、驿站等作为基

---

〔1〕　Ferdinand Freiherrn von Richthofen, China: Ergebnisse eigner Reisen und darauf gegründeter Studien, Erster Band, Berlin: Verlag von Dietrich Reimer, 1877.

〔2〕　沙畹 Emmanuel-èdouard Chavannes，冯承钧译，《西突厥史料》（Documents Sur les Tou-kiue occidentaux），中华书局，2004 年。

〔3〕　三杉隆敏《海のシルクロードを求めて——東西やきもの交渉史》（《探寻海上丝绸之路——东西陶瓷交流史》），创元社，1968 年。周长山《日本学界的南方海上丝绸之路研究》，《海交史研究》，2012 年第2 期，一文对日本学者海上丝绸之路的探讨历程进行了系统性的回顾。

〔4〕　陈炎《略论海上"丝绸之路"》，《历史研究》，1982 年第 3 期。

本要素，海上丝绸之路因航海活动的特性而形成了码头、航标等标志性遗存。且由于海洋环境的不确定性，海上丝绸之路沿线又诞生了独特的海事祭祀活动——如妈祖崇拜、祭海、祈风等。此外，船舶运力远大于陆地交通工具的事实，也导致了海上贸易的货物类型与陆路货物的显著差异，如中国的外销瓷需经海船大批量外运，由此也关联了以瓷窑遗址为代表的生产性场所。

海上丝绸之路的形成与变迁，在很大程度上源自人类航海知识和技术的发展与交流，诸如季风规律的发现、造船技术的改进、地文与天文导航技术的应用。可以说，人类对航海知识与技术的探索为比陆路更为艰险的海上航行提供了基本保证。

为全面理解海上丝绸之路的线路及其价值，1988~1997 年，联合国教科文组织发起了"丝绸之路整体研究：对话之路"（Integral Study of the Silk Roads Roads of Dialogue）项目，实地考察五条与"丝绸之路"主题相关的线路[5]，其中"从威尼斯到大阪的海上线路"考察活动串联了今天一般认为的"海上丝绸之路"分布区域。这次考察促使"海上丝绸之路"成为一个具有国际性的学术命题，并为今天在世界遗产语境下讨论海上丝绸之路奠定了具有共识性的基础

基于已有的学术研究和保护实践，我们试图提出海上丝绸之路的基本定义：这是一个古代人们主要借助季风与洋流等自然条件，利用传统航海技术开展东西方交流的海路网络，也是一条东、西方不同文明板块之间经济、文化、科技相互传输的纽带。在长达两千年的漫长时段里，"海上丝绸之路"建构起了古代世界海洋贸易与人文交流体系的主体，其形成与变迁源自世界各地区、各民族古代先民的共同努力，并与世界历史的演进相伴随。

（二）空间范围

在长期的历史过程中，海上丝绸之路始终是一个以海洋为纽带的世界性体系。这个体系由不同文明板块构成，这些板块包括：东亚、东南亚、南亚、西亚、埃及—地中海、东非。每个板块之间及板块内部，都存在一些以港口片区为基本空间形态的节点。

东亚板块，包括中国沿海地区、日本及朝鲜半岛。其中，中国东海与南海沿岸的港口，是东南亚板块进入东亚板块的主要枢纽。

东南亚板块，包括中南半岛和海岛东南亚地区。其中，马六甲海峡一带是东亚板块和南亚板块航路之间的必经之路。

南亚板块，包括南亚次大陆、斯里兰卡及周边海域。其中，南亚次大陆南部的科罗曼德尔海岸、马拉巴尔海岸和斯里兰卡是海上丝绸之路整体的地理中心。

西亚板块，包括阿拉伯半岛，以及阿拉伯海（阿曼湾）、亚丁湾和红海波斯湾

---

〔5〕　五条考察线路包括：中国西安到喀什的沙漠路线（The Desert Route from Xian to Kashgar in China）、威尼斯到大阪的海上路线（The Maritime Route from Venice to Osaka）、中亚的草原路线（The Steppe Route in Central Asia）、蒙古的游牧路线（The Nomads' Route in Mongolia）、尼泊尔段佛教路线（The Buddhist Route, Part I-Nepal）。

等海域。其中，波斯湾和红海两个区域，是其他板块经西亚连接地中海板块的枢纽。

埃及—地中海板块，包括地中海及围绕其周边的陆地、岛屿地区。其中，苏伊士地峡和土耳其是这一板块与西亚从海路和陆路连接的节点。

东非板块，包括今天索马里、肯尼亚、坦桑尼亚、莫桑比克的沿海地区及近海岛屿，以及科摩罗群岛和马达加斯加。其中，北部以摩加迪沙、基尔瓦和蒙巴萨为代表的港口片区，是西亚板块和南亚板块进入东非的结点。

在海上丝绸之路的海路网络中，从来没有一条完整的跨越所有板块的连贯航线，其整体性主要建立在相邻板块之间的跨板块航线之上。进一步而言，板块因跨板块航线的关联组合建构起了"海上丝绸之路"体系。

回顾整个海上丝绸之路的演进历程，占据区位优势的重要港口作为航线起始节点、贸易集散中心、人文交流前沿，历来扮演着关键角色。尽管在不同阶段，这些港口的地位与发挥的作用有所不同，但它们都是海上丝绸之路集中的例证。其中最具代表性的跨板块节点的地理位置和标志性港口城市主要包括：

板块	跨板块节点
东亚	中国的东南沿海：广州、泉州
东南亚	马六甲海峡一带：马六甲、巨港
南亚	南亚次大陆南部和斯里兰卡：卡里库特、科钦、曼泰、坦贾武尔
西亚	波斯湾和红海：霍尔木兹、亚丁
东非	北部港口片区：摩加迪沙、基尔瓦、蒙巴萨
埃及—地中海	苏伊士地峡和土耳其沿海：亚历山大、贝鲁特、伊斯坦布尔

（三）时间跨度

依据古代世界海上交流的演进历程，我们基本确定了海上丝绸之路的时间跨度：上限为公元前 1 世纪，下限为 19 世纪中后期。

公元前 1 世纪之前，各个板块内部及一些相邻板块之间已经形成了一定规模的海上贸易交往。到公元前 1 世纪左右，随着各条线路的发展，商业规模的扩大，活跃在大洋上的各条线路逐步建立起了稳定的联系，形成了一个由海上交通线路构建的海上贸易体系。

在时间轴上，海上丝绸之路又可以分为四个主要时期[6]。

---

〔6〕 本文对海上丝绸之路四个阶段的划分，参照了 Beaujard 和 Fee 对世界体系历史阶段划分的研究：Beaujard, Philippe and S. Fee, 2005, "The Indian Ocean in Eurasian and African World-Systems before the Sixteenth Century", Journal of World History, Vol. 16, No. 4: 421

第一个时期，公元前 1～6 世纪末，西端的罗马帝国凭借大量的金银货币购买来自沿线各地的货物，东端的汉朝向西出口丝绸，并吸收来自南亚的佛教。在罗马帝国衰亡后，南亚的商人转向东南亚，与东方建立起了更为紧密的联系。佛教和印度教在南亚、东南亚以及中国传播。

第二个时期，7 世纪初～10 世纪末，是伊斯兰文明和中华文明都相对稳定的一个时期。穆斯林商人遍布世界，建立了大量的沿岸穆斯林社区和清真寺。中国福建和广东的海上贸易也进一步繁荣。

第三个时期，11 世纪初～15 世纪中期，多元文化繁荣，伊斯兰教进一步扩张，东非、东南亚伊斯兰化。中国执行强劲的海外贸易政策，中国商人活跃在东南亚，郑和七次下西洋。这一时期，南亚诞生了朱罗王朝海上帝国，印度教的商人和水手在强大的朱罗海军的保护下，在东印度洋地区留下了印度教的宗教与建筑遗迹。

第四个时期，是 15 世纪中期～19 世纪中后期。这一时期以地理大发现和大帆船贸易的开始为起点，以蒸汽轮船的广泛应用为终点。欧洲人开始遍布海上丝绸之路沿线，并开启了从美洲跨越太平洋的新航线，天主教随着欧洲殖民者的扩张迅速传播。

19 世纪中后期以后，蒸汽轮船取代木帆船成为海上贸易的主要交通工具，一批欧洲殖民者主导下的新港口兴起——如孟买、马德拉斯、加尔各答、吉大港、仰光、新加坡和雅加达等，传统的海上丝绸之路体系消亡。

三　贸易交流

（一）货物类型的互补

"如果没有贸易，人类交往的范围将受到很大限制，同样也难有促进许多辉煌文化繁荣的思想的相互交流"[7]。海上丝绸之路之所以形成和发展，其根本动力是不同区域之间的货物交换。在此基础上，产生了人员、技术、文化、宗教等一系列的交流模式。

这些区域之间通过海上丝绸之路构建起了一个货物往来的网络，贸易品可分为三大类。第一类是品质较高的手工艺产品，比如中国的丝绸和瓷器、南亚的棉纺织品、波斯—阿拉伯的羊毛制品、地中海金银器皿等；第二类是独特的原材料加工品，比如东南亚的香料、南亚的胡椒、波斯—阿拉伯的乳香和没药、东非的象牙等；第三类是具有货币价值的黄金和白银，分布于地中海、东非和东南亚。这三类贸易品之间形成一套关联体系，推动了海上丝绸之路贸易的形成和维系，也造就了不同板块在整个体系中所扮演的不同角色。

地中海以具有货币价值的黄金为主要输出品。东亚板块以品质较高手工艺品为主要输出货物。东南亚和东非的输出品以货币金属和原材料加工品两类物品为

---

[7]　肯尼斯·麦克弗森著，耿引曾等译，《印度洋史》，商务印书馆，2015 年，第 13 页。

主。西亚和南亚则以品质较高的手工艺品和原材料加工品为主。因此，从贸易品本身而言，海上丝绸之路不同板块之间互相依赖，形成了资源互补、货物共享的格局。

（二）贸易交流与管理

海上贸易交流主要有两类，一类是私人的商团贸易，一类是国家主导的贸易。商人和国家的关系虽充满矛盾、冲突，但是也彼此融合调节[8]。

一方面，国家严格管控着贸易活动的各方面，典型者如中国。在隋唐时期，政府便设有专门的机构管理沿海港口的贸易，隋朝不但在沿边设"交市监"，而且在隋炀帝时还"置四方馆于建国门外，以等四方使者……掌方国及互市事"[9]；唐代设立市舶司。到了宋代，贸易管理体系进一步成熟，市舶司制度发展为由完整的管理机构和系统的制度条文构成的贸易管理体系。尽管朝代更迭，名称和具体职责有所变化，但设立专门机构以管理沿海贸易，则是中国历朝历代的传统。

另一方面，国家为了分享商贸利益，还会出台政策保护商贸活动的安全，并赋予商业行会一定的自治权。10~13世纪，朱罗王朝控制了印度南部、斯里兰卡以及东南亚部分地区，形成一个庞大的海上帝国。王朝大力扶持商人社团的发展，南亚因此产生了许多具有重要影响力的商团。商人和手工业的行会形成重要力量，严密管辖市场以保证度量衡统一，以严格的规范管理货币的质量和含量[10]。政权对商团虽然鼓励，但也保持一定的控制，商团的对外贸易必须要经过国王的批准，并获得海关颁发的证件方可进行[11]。当某些港口的市场对统治阶级重要时，政府往往采取相当的手段保护商人利益。来自外国的商人集团通常被允许按照他们自己的传统来管理自己。

另外，海上丝绸之路还贯穿着外交形式的交往。南亚的统治者会派遣使节前往罗马和波斯萨珊的宫廷；中国和东南亚邦国之间长时期存在一种朝贡式的外交往来；伊斯兰世界的旅行家们时常肩负着外交使命活跃在海上线路上。准确来说，这类团体的主要目的并不是经商，而是政治活动，但也间接地推动了贸易的往来[12]。

海上丝绸之路的贸易交流之所以长期繁荣，与各地政府的鼓励和管理密不可分。依靠开放的态度和完善的制度，国家政权通过贸易交流得到了加强，商人团体通过贸易交流获得了利益，从而实现了资源的互通有无，造就了共生共荣的海洋贸易体系。

---

〔8〕 Beaujard, Philippe and S. Fee, 2005, "The Indian Ocean in Eurasian and African World-Systems before the Sixteenth Century", Journal of World History, Vol. 16, No. 4: 457.

〔9〕 《隋书·百官志》。

〔10〕 肯尼斯·麦克弗森著，耿引曾等译，《印度洋史》，商务印书馆，2015年，第35页。

〔11〕 Barnett, Lionel David, 1914, Antiquities of India: An Account of the History and Culture of Ancient Hindustan, G.P.Putnam's sons, p 216.

〔12〕 肯尼斯·麦克弗森著，耿引曾等译，《印度洋史》，商务印书馆，2015年，第102页。

四　人文交流

伴随着商贸活动而逐步繁盛的人文交流，是海上丝绸之路对人类历史产生深远影响的重要表现形式。贸易产生的遗迹可能已经不复存在，但文明交流的影响却深入人心。在长途贸易联系下，港口城市成为人们的聚居地和中转站，贸易的开展、文化的交流主要依靠的是这些港口城市，它们成为海上贸易线路上的节点[13]。同时，文化交流的遗迹，也可能出现在港口城市影响的腹地。正是这些节点及其关联的区域共同构成了海上丝绸之路文化遗产体系基本层次。

（一）宗教的传播

自 7 世纪以来到地理大发现之前，海上丝绸之路历史的最重要的特征之一，是伊斯兰宗教与文化的传播交流。随着阿拉伯伊斯兰帝国的建立，沿线活跃的商人逐步伊斯兰化。710 年，阿拉伯人征服了信德地区，穆斯林贸易群体在印度西海岸和锡兰的港口城市建立。伊本·白图泰访问印度西海岸时，亲眼所见了古吉拉特地区大量的穆斯林居住地。到 11 世纪，印度南部在海上贸易的轴心作用愈发明显，马拉巴尔和科罗曼德尔海岸的穆斯林商人和水手逐步与当地人融合。13 世纪，东南亚海岛地区开始伊斯兰化，马六甲成为东南亚最大的港口。几乎是同时期，很早便有伊斯兰教出现的东非板块也基本完成了伊斯兰化。在中国，伊斯兰教出现得很早，7 世纪的广州就出现了外来商人组成的穆斯林社团，现存有怀圣寺及光塔，以及先贤宛葛素的墓葬。

印度教和佛教[14]诞生于南亚。公元之初，印度教的婆罗门僧侣、佛教僧侣、建筑师、工匠等出现在整个东南亚。印度教在中国也有遗存，元代的泉州有许多信奉印度教的南亚商人，建有印度教寺庙，这些寺庙的一些建筑构件至今仍保存在泉州。佛教在东南亚的最早见证物，是位于马来西亚的布央谷（Bujang Valley）考古遗迹，这里在 110 年时，已经是被印度文化影响的印度教—佛教政权[15]。在中国，佛教至今仍是最主要的信仰之一，在中国与本土文化结合，对日本、朝鲜半岛产生了深远影响。

（二）文化的交融

海上丝绸之路沿线以宗教为主要内容的文化传播，引发了各方面的文化交流与融合。在沿线各地，尤其是跨板块的节点区域，大量地域特色鲜明且反映交流历程

---

[13]　Beaujard, Philippe and S. Fee, 2005, "The Indian Ocean in Eurasian and African World-Systems before the Sixteenth Century", Journal of World History, Vol. 16, No. 4: 414

[14]　印度教和佛教虽然教义方面有差异，但作为一个文明系统的产物，我们倾向将两者在海丝沿线的传播与影响放置在一个框架下进行表述。两者在东南亚的早期传播很难剥离开来，印度教更偏向上层人士，佛教则影响人群更广，但其传播与本土化进程基本上是互相重合的。

[15]　http://www.malaysiasite.nl/bujangeng.html

的文化遗存，见证了人类海洋命运共同体的演进历程。

整体来看，文化交融的一个特征是，处于东方的文明几乎吸收了所有来自西方的文化要素。因其自身独特的包容性，使得东亚板块，尤其是处于跨板块节点的中国东南沿海的港口片区，吸收了来自其他板块的基督教、伊斯兰教、佛教，乃至摩尼教等元素，并与儒家文化进行融合。比如，伊斯兰教原本并不重视墓葬，但伊斯兰先贤在中国的墓葬却与中国儒家文化中的丧葬习俗结合，成为一种独特的穆斯林墓葬形式。另外，在斯里兰卡科伦坡国家博物馆藏有据闻是郑和第三次下西洋之前在南京刻造的"布施锡兰山碑"，记录了郑和及其船队分别向佛祖释迦牟尼、印度教主神毗湿奴和伊斯兰教真主阿拉祈愿、布施的情况，一块石碑、三种宗教，反映出郑和本人及其航海团队宗教信仰的多元性，体现出外来宗教在中国的融合。在今天的中国，我们很容易能够找到基督教、伊斯兰教、佛教、印度教等各种元素及其与中国本土文化融合的产物。从这个意义上来说，中国浓缩了海上丝绸之路文化交融的历史，并呈现为一个多元文化交融的资源库。

五　共建的历史，共赢的申遗

海上丝绸之路是古代人类利用海洋沟通互联的纽带，时空范围广阔，不同地区的资源和文化各具特色、互为补充，各自扮演了独特的角色，共同构成了一个完整的海洋交流体系。海上丝绸之路上的航海运输、商贸往来、文化传播，搭建起了不同板块之间相互认知、理解、和平交往的平台。

作为古代跨越文明板块的交流通道，海上丝绸之路的贯通一方面依靠航行技术的进步，另一方面也要依靠各板块内的一些重要港口，为跨板块的航行提供自然、物资、技术、人口、购买力等方面的保障。正是这些支撑跨板块航行的港口及其周边区域，作为海路网络最重要的节点，凸显其整体性。而在跨板块节点的基础上，各板块又包括众多的沟通板块内部海上交通的港口，它们作为各板块的内部节点，将海上丝绸之路拓展到板块内部更为广阔的地方。

在沿线各地，尤其是跨板块的节点区域留下了大量文化遗产，这些遗产既具有地域特征，更是跨地域、跨文化交流与融合的丰硕果实，是人类海洋命运共同体形成与发展的物质见证。海上丝绸之路文化遗产，应当被纳入到世界遗产体系内加以保护和阐释。传播与发扬海上丝绸之路交流、包容、融合的精神，有助于今天国际社会的和平发展，是沿线各国的共同使命。

为此，我们提出旨在促进海上丝绸之路整体保护的建议：① 逐步建立、完善海上丝绸之路遗产数据库，在线共享研究、保护、展示、旅游等信息；② 围绕海上丝绸之路遗产研究与保护，在考古、保护、监测、文化旅游等方面开展国际合作；③ 在 ICOMOS 等国际咨询机构的协助下，积极探索海上丝绸之路申报世界遗产的策略，尽快启动第一批申报，带动国际海上丝绸之路研究与保护工作。

在具体申报策略上，由于海上丝绸之路更多呈现出"点"的特性，可以由这些重要节点所在的国家根据各自的保护管理需求和工作进度，进行单独申报或联合申报。所申报的遗产应包含如下主要类型：① 海上航行所需的各类设施（如码头、航标、船厂、仓库、管理设施、祭祀遗存等）；② 为海上贸易提供产品和交换的生产场所（如窑址）和贸易场所（如集市）；③ 政治、宗教、文化等各方面的交流产生的相关遗产（如寺庙、名人墓葬等）。申报对象可为主题研究中确定的连接板块内外的重要节点，也可为各自板块内的重要节点。申报应尽可能多的包括与"海丝"相关的各种遗产类型，体现海上丝绸之路各阶段特征，以完整呈现其演进历程。

过去一个多世纪，世界格局在机械引擎的轰鸣中加速变动，多元文明互动的背景下，地区争端与文化冲突时刻警示着我们和平与发展的可贵。在呼唤文明对话的当下，我们重新聚焦这个星球的底色，回溯祖先们曾经乘帆远航的海路，希望以"人类共同文化遗产"的名义保护那些伟大的航海史迹，以寻求关于文明对话、互联互通、发展共赢的古老智慧。

海上丝绸之路的内涵与时空框架[1]

姜 波[1] 赵 云[2] 丁见祥[1]

（1. 国家文物局水下文化遗产保护中心；2. 中国文化遗产研究院）

摘 要：海上丝绸之路是古代人们借助季风与洋流，利用传统航海技术开展东西方交流的海上通道，也是东、西方不同文明板块之间经济、文化、科技、宗教和思想相互传输的纽带。参与海上丝绸之路贸易活动的族群主要有：古代中国人、波斯—阿拉伯人、印度人、马来人以及大航海时代以后的西方殖民贸易者。

关键词：海上丝绸之路 季风 洋流

Abstract: The Maritime Silk Route (MSR) was the outgrowth of ancient peoples benefitting from monsoons and ocean currents as well as using traditional sailing techniques that opened up East-West transportation through maritime passages. It was also a way for different civilizations to communicate in the field of economy, culture, science and technology, religions, and ideology. Ethnic groups who participated in trade activities of the MSR mainly included the ancient Chinese, Persians, Arabians, Indians, Malaysians, and later on, colonial European merchants.

Key words: Maritime Silk Route, Monsoon, Ocean Currents

一 海上丝绸之路的内涵

海上丝绸之路是古代人们借助季风与洋流，利用传统航海技术开展东西方交流的海上通道，也是东、西方不同文明板块之间经济、文化、科技、宗教和思想相互传输的纽带。简言之，海上丝绸之路就是古代风帆贸易的海上交通线路。参与海上丝绸之路贸易活动的族群主要有：古代中国人、波斯—阿拉伯人、印度人、马来人以及大航海时代以后的西方殖民贸易者。

以古代中国为视角，海上丝绸之路形成于秦汉时期，成熟于隋唐五代，兴盛于宋元明时期，衰落于清代中晚期。海上丝绸之路既包括国家管控的官方贸易，也涵

---

〔1〕 本文是"海上丝绸之路申遗文本编制项目"主题研究成果的一部分，该项目由中国文化遗产研究院和国家文物局水下文化遗产保护中心共同承担。本文由项目组成员姜波、赵云、丁见祥执笔完成。

盖民间自发的贸易形态。官方贸易以郑和下西洋（1405~1433）为巅峰，民间贸易则以明代"隆庆开海"（1567）为标志，曾一度达到极度繁盛的状态。

从世界范围内来看，以风帆贸易为主要特征的海上丝绸之路，其时代下限应以蒸汽轮船的出现为标志。风帆贸易的显著特点是：① 借助季风与洋流，故航线是由地理环境因素决定的；② 以帆船为运载工具；③ 导航技术上借助罗盘或天文导航（"牵星过洋"）；④ 参与贸易活动的主要是古代中国人、印度人、波斯—阿拉伯人；⑤ 贸易品主要是地域特产或传统手工作坊产品。进入蒸汽轮船时代以后，海洋贸易发生了显著变化：① 动力系统不再依赖季风与洋流，航线可以有较大的人为选择；② 轮船取代传统的木质帆船；③ 由于海洋测绘技术的发展，具有经纬度的海图结合罗盘成为主要的导航手段；④ 西方殖民贸易者成为海洋贸易的主角；⑤ 蒸汽机是工业革命的标志，近现代工业产品逐渐成为海洋贸易品的主流。

还有一点值得提出的是，从中国的角度来看，进入蒸汽轮船时代以后，中国海洋贸易的管理机制也发生了重大改变。自唐代以来，中国封建王朝为了管理海外贸易，开始在海港城市设立"市舶司"一类的管理机构，其功能类似于今天的海关。这种体制下的贸易，历经宋、元、明，一直延续至清代广州港的"十三行"而不变。清末由于《辛丑条约》的签订，中国彻底丧失关税自主权（赔款以海关税和盐税作为担保，使得中国海关被西方国家完全控制），东方国家传统意义上的海上丝绸之路贸易彻底沦为殖民贸易，在海洋贸易性质上是一个重大转变。

海上丝绸之路反映了古代不同文明板块之间及其内部的文化交流。从很早的时候，就形成了相对独立的贸易圈，如东北亚贸易圈、环南海贸易圈、孟加拉湾贸易圈、波斯湾—阿拉伯海—红海—东非贸易圈和地中海贸易圈，由此而对应形成了古代东亚儒家文明圈、印度文明圈、波斯—阿拉伯文明圈和地中海文明圈[2]。

由不同族群主导的海上贸易活动形成了各自的贸易线路与网络，古代中国人的海上贸易线路，以郑和航海时代为例，其主要的海上航线为：南京—泉州—越南占城—印尼巨港—斯里兰卡"锡兰山"（加勒港）—印度古里（卡利卡特）—波斯湾忽鲁谟斯（霍尔木兹）。这条航线将环南海贸易圈、印度—斯里兰卡贸易圈和波斯—阿拉伯贸易圈连贯成一条国际性的海上贸易网络，并进而延展至东非和地中海世界。进入地理大发现和大航海时代以后，西方殖民贸易者建立了有别于古代波斯—阿拉伯、印度人和中国人的贸易航线，如葡萄牙人的贸易线路为：里斯本—开普敦—霍尔木兹—果阿—马六甲—澳门—长崎；西班牙人的贸易线路为菲律宾马尼拉港—墨西哥阿卡普尔科港—秘鲁。澳门—马尼拉则是对接葡萄牙人贸易网络与西班牙人贸易网络的航线。

从地域上来看，海上丝绸之路文化遗产以沿海的泉州、广州、宁波、南京等海港遗址为代表，包括漫长海岸线上遗留的古代港口遗迹、导航设施、海洋贸易设施、

---

〔2〕 关于这一点，法国年鉴学派学者对地中海贸易圈的研究堪称经典，参阅：费尔南·布罗代尔（Fernand Braudel）著，唐家龙等译，《地中海与菲利普二世时代的地中海世界》，商务印书馆，2013年。

祭祀遗迹、船厂与沉船遗址、生产设施等。

港口遗址是海上丝绸之路文化遗产的代表性遗存。中国境内的主要海港遗址有广州港、泉州港、福州港、漳州港、宁波港、南京港、扬州港、合浦港、登州港等。海外的港口，主要有越南的占城、印度尼西亚的巨港（旧港）、马来西亚的满剌加（马六甲）、斯里兰卡的加勒港、印度的古里（卡利卡特）、波斯湾口的忽鲁谟斯（霍尔木兹）等。西方殖民贸易时期形成的港口则主要有里斯本、开普敦、霍尔木兹、果阿、马六甲、巴达维亚、马尼拉、澳门、长崎等。

由于海上丝绸之路的发展，形成了诸如广州、泉州、马六甲、古里等著名国际海洋贸易集散港口，同时还形成了诸如斯里兰卡、琉球、马尔代夫这样的贸易枢纽。而在古代中国，由于面向东南亚和东北亚海外贸易的发展，分别形成了广东上下川岛和浙江舟山群岛两个"放洋之地"（即"出海口"）。

二 季风与洋流：作为风帆贸易的海上丝绸之路

海上丝绸之路是人类交通文明的智慧结晶，它的形成经历了漫长的历史进程，季风与洋流则是影响海上航行最重要的自然因素。

无论是古代中国、印度、波斯—阿拉伯还是地中海世界，人们很早就不约而同地发现了季风的规律。以中国东南沿海与东南亚地区为例，每年的冬季，盛行东北季风，风向从中国东南沿海吹向东南亚；每年的夏季，盛行西南季风，风向从东南亚的印度尼西亚、马来亚半岛一带刮向中国东南沿海。正因南海海域的季风存在这样明确而守时的规律，古代中国航海家称之为"信风"。居住"季风吹拂下的土地"上的人们，天才地利用季风规律，开展往返于中国东南沿海与东南亚地区之间的海洋贸易，冬去夏回，年复一年[3]。

作为连接太平洋与印度洋的马六甲海峡，正好位于季风贸易的十字路口，古代船队到达这里的港口以后，需要停泊一段时间，等候风向转换，再继续航行，由此形成了印尼的巨港和马来西亚的满剌加两大海港。中国雷州半岛的徐闻、印度西南岸的古里，也是季风转换的节点，所以很早就成为海洋贸易的港口。

风帆贸易的传统，使得"祈风"成为一种重要的海洋祭祀活动。泉州九日山的祈风石刻，便是这种祭祀传统留下的珍贵遗产（图1）。祈风石刻位于福建省南安县晋江北岸的九日山上，现存北宋至清代摩崖石刻75方，其中航海祈风石刻13方，记载自北宋崇宁三年（1104）至南宋咸淳二年（1266）泉州市舶司及郡守等地方官员祈风的史实，堪称研究宋代泉州港海上丝绸之路的珍贵史迹[4]。

洋流也是影响海上航行的重要因素。例如太平洋西岸的黑潮，是流速、流量都十分强劲的洋流，对古代福建、台湾海域的航行有重要影响。横跨太平洋的"大帆

---

〔3〕 参阅安东尼·瑞德著，吴小安、孙来臣译，《东南亚的贸易时代》，商务印书馆，2010年。

〔4〕 参阅黄柏龄《九日山志》（修订本），上海辞书出版社，2006年。

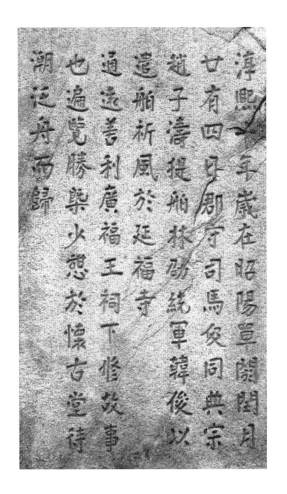

图 1　泉州九日山祈风石刻（姜波摄）

船贸易"（1565~1815），正是因为西班牙人发现了北太平洋洋流规律（即北赤道暖流—黑潮—北太平洋暖流—加利福尼亚寒流的洋流圈），才得以实现菲律宾马尼拉—墨西哥阿卡普尔科港之间的航行。

　　自然因素影响下的风帆贸易，决定了海上丝绸之路航运特征。首先，由于季风的转向与反复，使得双向交流互动成为可能。其次，季风的季节性和周期性，使海洋贸易也具备了周期性的特征，如从中国东南沿海去东南亚，冬去夏归，一年一个周期；如从中国去往印度洋，则需在马六甲等候风向转换，再加一个年度周期完成在印度洋海域的航行，故郑和前往波斯湾等西洋地区，至少要以两年为一个贸易周期。最后，由于季风与洋流的影响，使海上丝绸之路具有港口转口贸易的明显特征，即中国航海文献所称"梯航万国"，像阶梯一样一站一站地实现货物的转运，同时也使海洋贸易达到前所未有的规模与广度。

三　板块与传统：海上丝绸之路的人文因素

　　海上丝绸之路是不同文明板块之间交流的海上通道。由于自然资源与人文传统的不同，基于各自的地理单元，旧大陆形成了不同体系的文明板块，各板块的资源、产品、科技、宗教与思想存在自身的独特性，使交易与交流成为可能。

图 2　韩国新安沉船出水龙泉窑荷叶盖罐（姜波摄）

　　以中国为核心的东亚板块，参与海上丝绸之路的贸易品主要有丝绸、瓷器、茶叶、铁器、铜钱等；东南亚板块则有名贵木材、香料等；印度—斯里兰卡板块则有宝石、棉布等；波斯—阿拉伯板块则有香料、宝石、玻璃器、伊斯兰陶器等；地中海板块有金银器、玻璃等；东非板块则有象牙、犀牛角等（殖民贸易时代甚至"黑奴"也成为贸易品）。大航海时代以后，美洲的白银、欧洲的羊毛制品等也成为重要的贸易货物。

　　从考古实证来看，海上丝绸之路已经使古代世界形成国际性的贸易网络，我们不妨以中国龙泉窑的一种产品——龙泉窑荷叶盖罐为例，来解读日本学者三上次男先生所谓的"陶瓷之路"（图 2）。在龙泉窑大窑枫洞窑址上发现了荷叶盖罐的残件，确证这种产品的主要烧造地点就在浙江龙泉窑。在宁波港"下番滩"码头和泉州港宋代沉船上均发现了荷叶盖罐，结合文献记载，证明宁波港、泉州港是此类瓷器集散和装运出海的港口所在。韩国新安沉船是元"至治三年"（1323）宁波港始发的一条商船，船上发现的荷叶盖罐可以看作是此类陶瓷产品装运出海的考古实证[5]。翻检海上丝绸之路各沿线港口遗址考古材料，可以看到荷叶盖罐在东南亚、日本、琉球、印尼、波斯湾、东非、土耳其等地均有发现，"窥一斑而知全豹"，由此可以看出中国外销瓷从窑址到港口到海外终端市场的贸易网络。

---

〔5〕　沈琼华《大元帆影：韩国新安沉船出水文物精华》，文物出版社，2012 年。

图3　明代梁庄王墓出土的"西洋金锭"（采自《梁庄王墓》）

　　再如古代从海外输入中国的宝石，源出于印度、斯里兰卡等地，却在中国明代墓葬中大量发现，尤以北京发掘的明定陵（万历皇帝朱翊钧与孝端、孝靖皇后合葬墓，下葬年代1620年）和湖北钟祥发掘的明梁庄王墓（梁庄王朱瞻垍与夫人魏氏的合葬墓，下葬年代1451年）为著[6]。明墓发现的宝石，品种主要有红宝石、蓝宝石、猫眼石、祖母绿等（世界五大品类的宝石唯有钻石尚未发现，但文献记载有海外采购之举）。郑和航海文献，详细记述了郑和船队在海外采购宝石的史实，如巩珍《西洋番国志》载"（忽鲁谟斯）其处诸番宝物皆有。如红鸦鹘（红宝石）、剌石（玫瑰色宝石）、祖把碧（绿宝石）、祖母绿（绿宝石）、猫睛石、金刚钻、大颗珍珠……"云云，特别是书中记述的宝石名字，还是按波斯语中的称呼来记载的。与梁庄王墓宝石一同出土的还有郑和下西洋带回的"西洋金锭"（图3），生动佐证了这些宝石应该是从印度、斯里兰卡等产地或满剌加、忽鲁谟斯等交易市场购入的[7]。

四　海上丝绸之路的文化遗产与历史价值

　　海上丝绸之路留下的珍贵遗产生动展示了各文明板块之间的文化交流，使我们可以通过解读港口、沉船和贸易品等考古遗迹，探究海上丝绸之路上古代族群、语

---

〔6〕　姜波《"海上丝绸之路"上的宝石贸易：以明定陵和梁庄王墓的发现为例》，载宁波市文物考古研究所等《新技术·新方法·新思路——首届"水下考古·宁波论坛"文集》，科学出版社，2015年。

〔7〕　湖北省文物考古研究所、钟祥市博物馆《梁庄王墓》（上、下册），文物出版社，2007年。

言和宗教的交流史实。

海上贸易与族群之间的交流，首先需要解决语言交流的问题。泉州出土的多种语言碑刻，展示了作为国际性海港城市族群与语言的多样性。例如，泉州发现的元代至治二年（1322）"阿含抹"墓碑，用汉文与波斯文书写（阿含抹本人是一名波斯与汉人混血儿），说明当时的泉州有波斯语族群。波斯语是当时海洋贸易的国际通用语言，正因如此，郑和下西洋时曾专程前往泉州，在泉州招聘翻译，史称"通事"。《星槎胜览》和《瀛涯胜览》的作者费信与马欢，就是当年郑和在泉州招聘的两位"通事"，其传世之作成为研究郑和航海的珍贵史料。

海上贸易活动，需要有通用的货币与度量衡，以方便实现价值交换。中国铜钱，以其轻重适宜、币值稳定且携带方便成为东北亚、东南亚海上贸易的流通货币，甚至成为了周边国家的流通货币。由于货币外流过甚，以至于宋元明清政府不得不颁布限制铜钱出口的政令，以遏制铜钱外流造成的国内货币短缺。韩国新安沉船出水中国宋元铜钱28吨，总数高达800万枚之多，由此可见中国铜钱外流之严重，也印证了中国铜钱在东亚国际贸易中的重要地位。与此相对应，在阿拉伯海—印度洋海域，金银币成为海洋贸易的流通货币，而这一现象，竟被中国古代文献记载下来，《后汉书·西域传》载："（大秦）以金银为钱，银钱十当金钱一。与安息、天竺交市于海中，利有十倍。"与货币一样，海上贸易也促使不同地区在度量衡制度方面的交流，这些既有文献依据也有考古实证，比如印度的杆秤与中国的天平，学界早有讨论。有意思的是，韩国新安沉船上出水了中国宁波港商人携带的秤砣——"庆元路"铁权，堪称海上贸易在度量衡交流方面的实证。

作为海上丝绸之路的运输工具——帆船，也存在着造船工艺的交流。中国帆船（以福船为代表）、阿拉伯帆船和西班牙大帆船是历史上有名的海船类型。以宋代海船为例，著名者有"泉州湾宋代沉船"、"南海Ⅰ号"、"华光礁Ⅰ号"等，均系福船类型的代表之作。印度尼西亚海域发现的印旦沉船、井里汶沉船、勿里洞沉船等，虽然船货以中国瓷器为大宗，但船型均属阿拉伯帆船。菲律宾海域发现的"圣迭戈"号沉船，则是西班牙大帆船的代表。现存英国国家航海博物馆的"CuttySark"号茶叶贸易船，则可以看作是殖民贸易时代晚期快速帆船的典型代表。这里要特别提到的是，由于海上丝绸之路上的交流，造船工艺也出现了中西交流的现象，宁波发现的"小白礁Ⅰ号"可以看作是一个典型的例子。这艘清代道光年间的沉船（发现了越南和日本钱币），造船工艺方面既采用了中国传统的水密隔舱和舱料捻缝工艺，也采用了密集肋骨、防渗层等外来造船工艺[8]。又，据学者研究，横跨太平洋贸易的西班牙大帆船，也有不少是福建工匠在马尼拉修造的。

不但造船工艺存在中外技术交流，导航技术也有技术交流的史实。一般认为，以马六甲海峡为界，以东的南海海域，主要采用中国古代的罗盘导航技术，形成"针

〔8〕 顿贺、林国聪《"小白礁Ⅰ号"古船研究》，载宁波市文物考古研究所等《新技术·新方法·新思路——首届"水下考古·宁波论坛"文集》，科学出版社，2015年。

图 4　泉州清净寺遗迹（始建于 1009 年，姜波摄）

路"航线；以西的印度洋海域，主要采用阿拉伯的天文导航技术，即文献中的"牵星过洋"。令人称奇的是，反映郑和航海线路的"郑和航海图"，既准确绘出了南海海域的"针路"，同时在海图的末端，即波斯湾附近，画出了北极星，正是阿拉伯"牵星过洋"的印迹[9]。作为海上丝绸之路晚期导航所用的海图，也出现了中、西绘图技术的交融，如牛津大学包德林图书馆所藏"东西洋航海图"（17 世纪早期海图），既可以看出中国传统山水地图的影子，也可以看出西方正投影海图的绘图方法。

　　海上丝绸之路反映了不同族群、语言与宗教之间的交流，突出体现了文明交流与对话的遗产价值。泉州港的开元寺（佛教）、真武庙（道教）、天后宫（妈祖）、清净寺（图 4）、摩尼寺以及印度教、景教遗迹，生动展示了国际海港宗教文化的多样性。斯里兰卡加勒港出土的"郑和布施锡兰山碑"，是郑和在永乐七年（1409）树立的一块石碑，碑文用汉文、波斯文、泰米尔文三种文字书写，分别记述了中国皇帝向佛教、伊斯兰教和印度教主神供奉的辞文，堪称反映海上丝绸之路上不同族群、语言和宗教相互交流的代表之作[10]。

〔9〕　向达校注，《两种海道针经》，中华书局，1961 年。
〔10〕　参阅姜波《从泉州到锡兰山：明代中国与斯里兰卡的交往》，《学术月刊》，2013 年第 7 期。

"文化景观"遗产的有关问题

—— 兼论历史城镇和传统村落的保护

孙　华[1]　杨爱英[2]

（1. 北京大学文化遗产保护研究中心；2. 故宫博物院研究室）

摘　要："文化景观"作为世界遗产的一种特殊类型，从它提出起就存在着概念不清晰、目的不明确、外延多交叉等问题。我们认为，文化景观则是介于人类行为过程遗产和人类行为结果遗产之间"混合"的文化遗产。它是一定空间范围内的被认为有独特价值、值得有意加以维持以延续其固有价值的、包括人们自身在内的人类行为及其创造物的综合体。文化景观类型遗产可以分为乡村文化景观、牧场文化景观、工业文化景观、水工文化景观、宗教文化景观、城镇文化景观诸类型。保护文化景观不仅要保存遗产的现有状态，而且要保持遗产的持续发展动力；不仅要保护历史上人类行为的物质产物，还要保护创造这些物质遗产的人们社会机制、行为模式和生存技能。

关键词：文化景观　文化遗产　保护

Abstract: Being a special type of world heritage, the concept of cultural landscape suffers various problems such as ambiguous identification, unclear purpose, and overlapping applications. We believe cultural landscape is a mixed cultural heritage that sits in between of tangible cultural heritage and intangible cultural heritage. Cultural landscape is a combined system of human behavior and its creation, with unique and inherent value that is worth keeping and passing on. There are several types under cultural landscape, village cultural landscape, meadow cultural landscape, industrial cultural landscape, irrigation cultural landscape, religion cultural landscape, city and town cultural landscape, etc. Preservation of cultural landscape requires not only preserving their current state, but also maintaining their substantial development momentum. Moreover, we need to not only preserve the tangible products of human activities throughout the history, but also preserve the social mechanism, behavior model and surviving skills that created these tangible heritage.

Keyword: Landscape, Cultural Heritage, Conservation

文化景观类型遗产的概念早在 1984 年即提出讨论，并于 1992 年正式纳入世界遗产范畴，世界许多国家和地区也已经将文化景观作为本国和本地区遗产的重要类型，国内外已经有不少关于文化景观定义、特点、价值、分类、保护和管理的介绍和讨论。不过，在世界遗产保护与管理领域内，尽管文化景观这一概念已经提出了三十多年，尽管在世界遗产的申报等实践中已将一些具有突出普遍价值的遗产归入了文化景观的范畴。但是，由于文化景观的一些最基本的问题，如文化景观作为遗产类型概念的定义、文化景观所能包含的遗产类型、文化景观与其他类型遗产的关系、文化景观的保护和管理特点等问题，现在并没有解决。因此，有必要对文化景观这些基本问题进行探讨，以求使这类文化遗产的保护研究一开始就建立在比较坚实的基础上。

一 "文化景观"的概念分析

"文化景观是景观整体含义中的一个支系"，与"历史景观"、"人为景观"或"人文景观"具有词义等同性[1]。这个在 20 世纪初期由地理学家提出的地理景象的类型概念，到了 20 世纪末期被引入到遗产保护学界，逐渐成为文化遗产的一个特殊且相当热门的类型。将"文化景观"作为世界遗产一个新类型的动议肇始于 1992 年。这年在美国圣菲（Santa Fe）召开了联合国教科文组织世界遗产委员会第 16 届大会，与会专家提出，将具有突出普遍价值的文化景观纳入《世界遗产名录》。从此，文化景观正式成为世界遗产的一个特殊类型在世界各国得到普遍的应用，现已提名了不少被归类为"文化景观"的世界遗产，世界遗产中的文化景观类型的数量和比重正在迅速增加[2]。受世界遗产类型的影响，不少国家和地区在进行遗产分类时，也都将文化景观作为文化遗产的重要类型之一。不过，尽管世界遗产中文化景观的概念已经提出近 30 年，正式将文化景观作为世界遗产类型之一的"申遗"实践也经历了 20 个年头，但由于世界遗产委员会《实施〈世界遗产公约〉操作指南》（以下简称《操作指南》）对这一概念阐释不够确切，文化景观这一遗产类型与既有遗产类型（以及后来提出的新遗产类型）的阶元关系不太清晰，使得包括我国在内的不少国家的文化遗产保护和管理界人士对于文化景观的理解出现了不少问题，需要加以讨论。

文化景观这个概念自从被引入遗产学界作为文化遗产的重要类型以来，关于文化景观的概念，包括这个名称及其蕴含的意义，它与文化遗产其他类型的关系，以及先前人们使用过的文化与自然混合遗产之间的关系，就不是那么清晰和明确。《操作指南》认为"文化景观属于文化财产，代表着'自然与人联合的工程'，它们反映了因物质条件的限制和／或自然环境带来的机遇。在一系列社会、经济和文化因

---

[1] 关于文化景观，参看汤茂林《文化景观的内涵及其研究进展》，《地理科学进展》，2003 年，第 19 卷第 1 期；胡海胜、唐代剑《文化景观研究回顾与展望》，《地理与地理信息科学》，2006 年，第 22 卷第 5 期。

[2] 截至 2014 年，以文化景观类型列入《世界遗产名录》的遗产"已有 88 项文化遗产和 4 项跨境遗产（1 项被取消的遗产）"，见 UNESCO 官方网站 http://whc.unesco.org/en/culturallandscape/。

素的内外作用下，人类社会和定居地的历史沿革。"〔3〕这个文化景观的定义，主要强调了两点，一是这类遗产是人类与自然相互作用的作品，二是这类遗产是人类具有历史演进过程的"人类社会"和居住区域。第一点是所有文化遗产共有的特点，只有第二点实际上才是《操作指南》所说的文化景观自身的特点，因为所有文化遗产都是人类与自然相互作用的产物，对照着《保护世界文化与自然遗产公约》（以下简称《世界遗产公约》）对文化遗产三个类型的定义，就连"遗址"也是"人类工程或自然与人联合工程以及考古地址等地方"。如果按照第二点，文化景观的范围就较窄，就只应当被限定在有"人类社会"并还在延续的人类居住场所，即有社区存在的历史城镇和传统村落。这样，就与目前世界遗产委员会所认定的一些文化景观不合，现在遗产学界实际运用的文化景观的概念，要比这个定义宽泛得多。举例来说，中国最早以"文化景观"类型列入《世界遗产名录》的庐山是既具有地质地貌、自然风光性质一类自然遗产因素，又有一些寺庙宫观、书院古迹一类文化遗产因素，刚开始申报时采用的是自然与文化的混合遗产类型，后来列入《世界遗产名录》时才改为文化景观。如果庐山是文化景观，为什么先前的泰山和黄山却是自然与文化混合遗产，以后的嵩山又是文化遗产的建筑群（与嵩山一样以古建筑著称的五台山又被归入文化景观）〔4〕。同样性质的名山被归入不同类型的世界遗产，可见《操作指南》遗产分类的不合理和文化景观概念解释的不确切，这不仅使从事遗产申报的遗产所在地相关部门无所适从，同时也会使从事申遗文本编制和"申遗"审查的专家们莫衷一是。

大概有感于《操作指南》文化景观的定义存在问题，因而在联合国教科文组织2005年在越南会安通过的《会安草案——亚洲最佳保护范例》（以下简称《会安草案》）中，世界遗产委员会又对文化景观重新进行了定义。按照这个定义，"文化景观是指与历史事件、活动、人物相关或展示出了其他的文化或美学价值的地理区域，包括其中的文化和自然资源以及野生动物或家禽家畜"。这个解释的确大大拓宽了文化景观的外延，按照文化景观的这个定义，一些历史上发生了重大历史事件的地域，如著名战役发生的战场、著名人物活动过的纪念地、有审美价值的自然景观等，就不再属于文化遗产和自然遗产中的相关类型，而是属于文化景观了。在《会安草案》的第九章第1–2"框架性概念"一条中，世界遗产委员会的专家又强调，"文化景观产生于人与自然环境长期持续的相互作用"；文化景观是动态的，"保护文化景观的目的，并不是要保护其现有状态"，而是要"了解和管理形成这些文化景观的动态演变过程"；"亚洲的文化景观受到了各种价值系统和各种抽象性框架理念以及各种传统、技术和经济系统的影响与感染"〔5〕。在这些对文化景观概念的补

---

〔3〕 参考联合国教科文组织世界遗产中心网站：http://whc.unesco.org/en/culturallandscape/，中文翻译采用国际古迹遗址理事会国际保护中心《国际文化遗产保护文件选编》，文物出版社，2007年，并与2015年7月8日版的《操作指南》进行了对照。

〔4〕 按照我们对"文化景观"类型遗产的理解，包括泰山、嵩山在内的"五岳"，包括五台山、峨眉山在内的佛教"三山"或"四山"，都属于仍然在延续的其宗教和象征意义的"圣山"，都属于宗教文化景观的范畴。

〔5〕 国际古迹遗址理事会国际保护中心《国际文化遗产保护文件选编》，文物出版社，2007年，第273页。

充解释中，实际上对于理解文化景观有帮助的也是最重要的是第二点，也就是文化景观类型遗产不是静态的，而是不断发生变化的。那么什么样的文化遗产才是不断变化的？这就只要是有人在其中活动的有"人类社会"的遗产。这个遗产可以是乡村，也可以是城镇，还可以是其他一切有人生产或生活（包括物质的和精神的）的场所。我个人以为，正是这一点，才是正确理解和认识文化景观，且可以把文化景观与其他类型的文化遗产区别开来的关键。

我们知道，"文化景观"是来自地理学的概念，地理学的"景观"一词是指地球表面各种地理现象的综合体。由于地球表面的这种现象自人类产生后就出现了人类创造的景观，因此，地理景观也就被分为两大类：一类是自然现象构成的自然景观，另一类是人文现象构成的人文景观。今天地球表面上绝大多数自然现象的综合体都或多或少地受到了一定的人为作用的影响，纯粹自然现象的综合体已经罕见。绝大部分地理景观都是利用自然界所提供的材料，在自然景观的基础上，叠加上自己所创造的文化产品[6]。正是受到了地理学景观这个概念的影响，再加上《操作指南》一开始就强调文化景观"代表着'自然与人联合的工程'"，不少从事遗产研究的学者和管理的官员，都把"人与自然环境之间长期持续的相互作用"作为文化景观的基本特点，而忽略了文化景观其他方面更主要的因素，从而导致了学术界对于文化景观认识的模糊。例如，福勒（P. J. Fowler）在《文化景观世界遗产：1992~2002》[7]一文就这样写到，文化与自然长期以来都是两个相对的、几近敌对的概念，自然遗产强调越少人为干预越好，文化遗产则强调人类的刻意创造，使得文化遗产成为包括纪念物、构造物、建筑物及遗迹等孤立现象，较少思考整体结构与景观本身。进入20世纪80年代，虽然世界遗产登录工作仍持续进行，但许多专家及世界遗产委员会逐渐意识到原先的定义方式已经无法应用于文化遗产的整体区域与多样化类型。因此，"文化景观"作为一种新增的处理机制于1992年被世界遗产委员会有意识地创造出来[8]。按照福勒的解释，文化景观就是文化遗产再叠加上遗产所处的自然环境，那么我们就可以用文化景观的概念来取代文化遗产的概念（但福勒同时也认为，文化景观的提出并非在观念上或方法上取代既有的模式），这样的文化景观也就是一种文化与自然的混合遗产，这显然又与《操作指南》对文化景观的解释以及世界遗产委员会的专家提出文化景观的初衷并不相符。文化景观这一概念，还需要更准确的重新定义。

由于《操作指南》等文件对文化景观遗产的定义含混不清，因而遗产保护学界的一些专家只有出来撰文进行解读。这种解读又因为受到原有定义的制约，有时候越解释越不清晰。有学者认为，"文化景观的提出似乎弥合了世界遗产操作指南中

---

〔6〕 王恩涌、赵荣、张小林《人文地理学》，高等教育出版社，2001年，第43页。

〔7〕 福勒（P. J. Fowler）《文化景观世界遗产1992~2002（World Heritage Cultural Landscapes 1992~2002 ）》，巴黎：联合国教科文组织世界遗产专文6（UNESCO Heritage Paper 6），2005年，http://whc.unesco.org/en/culturallandscape/.

〔8〕 同〔7〕。

自然和人文之间的裂痕，使得任何人类遗产都可以找到对应的归宿"；"换句话说，在我国已被确认为文化遗产或双重遗产的，其实均属文化景观范畴"；如果再加上《操作指南》中的"有机进化的景观"，也就是"自然、文化遗产之后的第三类遗产类型——社会遗产"，就可以概括所有文化景观的类型[9]。一些学者已经注意到文化景观原有定义存在的问题，也注意到了学界有无限扩大文化景观外延的趋势，为了限制这种文化景观的不断泛化，一些学者从不同角度提出了对文化景观概念的新的解读。这种限制性解读朝向"文化"和"景观"两个方向，前者如王林在分析龙脊梯田时对文化景观含义的解释，他认为文化景观类型遗产的景观"不仅仅是个生态环境和视觉欣赏意义上的场所或自然栖息地"，而应该被看作"古代佚失作品的来源"，"包括古人的文化、劳作方式、生产方式、生产资料、气候等等"[10]；后者如侯卫东，他正确指出，所有文化遗产都具备"人类与自然联合的工程"的条件，因而他认为文化景观遗产的核心应该是"遗产所能体现出的足以打动人类情感的物质文化形态之美"[11]。然而，这种具有一定主观性的形态之美，正是一些学者解读文化景观这一遗产类型概念时，要努力予以淡化甚至剥离的。邹怡情就指出，"文化景观虽带有景观一词，但它的自然价值并不仅限于遗产地的景观价值和美学价值。考察文化景观类型遗产地可以发现，当人们生产生活活动顺应自然环境条件时，遗产地的景观必然是和谐美好"。因此，我们对文化景观这一概念还需要重新定义。

在给文化景观这个概念下定义前，我们需要先对当前遗产学界存在分歧的几个问题再作一点简单的讨论。

首先，我们看文化景观与自然遗产的关系，即是否应当把自然遗产的因素作为文化景观的基本特点之一，是否可以用文化景观的概念来取代自然与文化混合遗产的问题。我们认为，文化景观既然冠以"文化"的形容词或限制词，就应当属于人类社会演进的产物。"文化"一词，尽管非常宽泛，作为不同学科的术语有不同的内涵和外延，但文化是人类在一定社会机制制约下的行为、观念以及由此而产生的作品，文化遗产必须与人的社会关系、行为及其结果相关，这是可以肯定的。因此，文化景观尽管与自然环境密切相关，它与所有文化遗产一样，都是人与自然相互作用（无论是直接的还是间接的）的产物，但从该类遗产的本质特征上来说，从该类遗产与其他遗产类型的基本差异上来说，却不宜将自然与人类的相互作用作为文化景观的基本特征，也不应将停止了发展演变的自然演进的产物（如化石埋藏地），以及与人类行为和社会机制等文化要素没有关联的野生动物纳入文化景观的范畴。

〔9〕 秦岩、王衍用《如何认识世界遗产中的文化景观》，《中国旅游报》，2012 年 5 月 14 日。
〔10〕 王林《文化景观遗产及其构成要素探析——以广西龙脊梯田为例》，《广西民族研究》，2009 年第 1 期。近似的看法还有一些，如邹怡情就认为，"文化景观的文化价值强调了景观的历史可识别性（historical identity）和它保持著作为一种可持续的记忆的属性。文化景观可能与当地居民的活态传统（living tradition）直接联系，也可能存于人类的记忆和想象中，并与场所名称、宗教和民俗等密切相关。文化景观的自然价值在于它的保护有利于传统土地利用方式的可持续发展，可以保持或增强遗产的自然价值；并且遗产地所延续的传统土地利用方式可以保护生物的多样性。"（邹怡情《文化景观：在争议中影响人类实践的遗产认知》，《中国文化遗产》，2012 年第 2 期。
〔11〕 侯卫东《从遗产中的文化景观到文化景观遗产》，《中国文物报》，2010 年 5 月 7 日。

其次，我们看 "文化景观" 概念中 "景观" 一词的含义，也就是作为遗产学的文化景观与地理学、景观学的 "景观" 之间的关系。由于文化景观这个概念来自于地理学而非人类学和社会学，这个概念也就很容易把人类行为与人类行为的结果给分离开来。例如，中国台湾地区的《文化资产保存法》第 3 条就认为，文化景观是指神话、传说、事迹、历史事件、社群生活或仪式行为所定着之空间及相关联之环境，而排除了在这个空间环境中活动的人及其行为[12]。一旦排除了人及其活动，人类及其行为所创造的物质存在，无论它是处在毁坏状态还是基本完好的状态，无论它是置于独特的自然环境中还是普遍的自然环境中，它都不可避免地会与文化遗产中的遗址、建筑和具有纪念性的文物发生混淆。严格地说，文化景观这个概念，尤其是 "景观" 一词，带有太多的外在形态的东西，容易遮掩 "文化" 一词所具有的更重要内涵，并不是一个最好的遗产学术语[13]。如果要使用这个概念，必须要重新对这个概念进行限制，使它的含义更加清晰和明确。

其三，我们看文化景观与其他类型遗产的关系问题。在《操作指南》第二章第 1 节的 "世界遗产的定义" 中，"文化景观" 是与 "文化和自然的遗产" 和 "可移动遗产" 并列，属于同一分类层级；在《操作指南》附件三中，"文化景观" 是与 "历史城镇和城镇中心"、"遗产运河"、"遗产线路" 并列的 "几种特殊的文化与自然遗产类型"；在《会安草案》第九章 "亚洲遗产地保护的特定方法" 中，"文化景观" 又是与 "考古遗址"、"水下遗产"、"历史城区和遗产群落"、"纪念物、建筑物与构造物" 并列，这五类遗产又成为同一层级[14]。这些遗产类型关系的处置都不很妥当，而这种不当就会影响文化景观的外延，从而发生不同遗产类型的交叉和混淆。《操作指南》已经指出，"文化景观属于文化遗产"（附件三第 6 条），它不能游离在文化遗产之外独立存在，更不能游离在自然与文化遗产之外独立存在。《会安草案》将文化景观作为文化遗产下与物质文化诸类型并列的类型，肯定是不妥当的。试问，具有 "动态演变过程" 并 "受到了各种价值系统和各种抽象性框架理念以及各种传统、技术和经济系统的影响与感染" 的文化景观，怎么可能与水下遗产、遗址、建筑物和构筑物等全都没有生命的遗产多类遗产在同一类型层级呢？《操作指南》将文化景观所在的遗产类型层级定得偏高，《会安草案》又把文化景观所在类型层级定得偏低，文化景观应当处在两者之间的一个层级更为合适。

---

[12] 中国台湾地区《文化资产保存法施行细则》对文化景观概念的解释，更清晰地表述了这种认识。该《施行细则》第 4 条说，文化景观包括神话传说之场所、历史文化路径、宗教景观、历史名园、历史事件场所、农林渔牧景观、工业地景、交通地景、水利设施及其他人与自然互动而形成之景观。

[13] 在非物质文化遗产的类型中，有 "文化空间" 或 "文化场所"（Culture Place）一类，该类型是非物质文化遗产的一种特殊类型，它是与非物质其他类型相关的看空间场所（联合国教科文组织的《保护非物质文化遗产公约》）。文化空间是传统的口头文学、音乐舞蹈、神话传说、礼仪习惯、传统工艺等赖以存在的空间背景，是介于物质和非物质文化遗产之间的特殊类型。这个文化空间，不外乎是历史城镇（包括街区）、传统村落、手工作坊、宗教圣地之类，这与 "文化景观" 是 "人类社会和定居地的历史沿革" 相吻合。与其用 "文化景观" 这个概念，还不如用 "文化空间" 这个概念，尽管这个概念的物质含义过于明显。

[14] 《会安草案》在遗产分类里加入了 "水下遗产"，与 "考古遗址" 等同级，这很成问题。无论在水下埋藏还是陆地埋藏，都属于人类毁弃的遗存，都应当归入 "遗址" 的范畴。正确的处理方式是，遗址包括了两个埋藏类型，一为陆上遗址，一为水下遗址。

前面已经指出，在《操作指南》和《会安草案》对文化景观的定义中，最值得注意的《会安草案》的第九章第1-2"框架性概念"中所强调的，文化景观是动态的，"保护文化景观的目的，并不是要保护其现有状态"；文化景观不单纯是物质的，它还包括了"各种价值系统和各种抽象性框架理念以及各种传统、技术和经济系统"。换句话说，文化景观具有两个方面的最重要的特征，一是这种文化遗产中现今还有人在居住、生产和生活，因而这种遗产不是静止的，而是随着时间的推移在不断发生变化；二是这种文化遗产不仅是人类创造的有形的物质作品，同时包括了人们的观念和行为等无形的或动态的，非物质的东西。

我们这样来界定文化景观这类文化遗产，不仅仅是基于《操作指南》的文字阐述，同时也是通过考察文化景观这遗产类型产生背景所得到的判断。关于文化景观类型遗产提出的背景，也就是世界遗产委员会为何要推出文化景观这个新遗产概念的问题，有的世界遗产专家认为，这是由于文化与自然长期以来都是两个相对立的概念，自然遗产强调越少人为干预越好，文化遗产则强调人类的刻意创造，使得文化遗产只是包括纪念物、构造物、建筑物及遗迹等孤立现象，较少思考整体结构与景观本身。鉴于原先的定义方式已经无法应用于文化遗产的整体区域与多样化类型，"文化景观"作为一种新增处理机制于1992年被世界遗产委员会有意识地创造出来[15]。这种原因分析是不确切的。因为任何文化遗产，都离不开产生的自然环境，尤其是建筑群一类文化遗产，有不少都是巧妙利用环境景观的杰作。遗产分类的顶级概念有两个，即自然遗产和文化遗产，这两个概念的分类标准是其创造者的不同，前者的创造者是人类，后者的创造者是自然，两者之间的复合类型就是文化与自然混合遗产。从这个角度来说，原来的世界遗产分类体系是完整并符合逻辑的，在世界遗产已有的分类体系中，究竟还存在什么缺失需要弥补？我们认为，这个缺失就是在遗产第二层级的概念中，文化遗产有物质文化遗产和非物质文化遗产的分别，却缺少了既具有物质文化遗产又具有非物质文化遗产的中间类型，文化景观这个地理学的概念于是乎被借用过来作为这个遗产类型的名称，尽管这个名称并不怎么贴切。

通过上面的分析，我们可以给文化景观重新下一个定义：文化景观是介于非物质文化遗产（更准确的表述是"人类行为过程的遗产"）和物质文化遗产（更准确的表述应是"人类行为结果的遗产"）之间的遗产类型。作为文化遗产的一种"混合"类型，它是一定空间范围内的被认为有独特价值、值得有意加以维持以延续其固有价值的、包括人们自身在内的人类行为及其创造物的综合体。至今还被人们使用，其生活方式、产业模式、工艺传统、艺术传统和宗教传统没有中断并继续保持和发展的城镇、乡村、工矿、牧场、寺庙和圣山等，都应当属于文化景观类型遗产的范畴。文化景观是介于"物质（有形）文化遗产"和"非物质（无形）文化遗产"之间的遗产类型，兼具这两种文化遗产的特征。

---

〔15〕 同〔7〕。

二 文化景观遗产的分类

文化景观既然是物质文化遗产与非物质文化遗产的综合体，是具有延续性和变异性的特定文化遗产，它的类型自然也就比其他种类的文化遗产复杂，需要对该类文化遗产进行分类。按照《操作指南》附件Ⅲ《〈世界遗产名录〉中特殊类型的遗产申报指南》（Guidelines on the inscription of specific types of properties on the World Heritage List）[16]中对文化景观遗产的阐释，文化景观可分为三种类型：

一是由人类有意设计创造建筑的景观（Clearly Defined Landscape）。包括出于美学原因建造的园林和公园景观，它们经常（但并不总是）与宗教或其他纪念性建筑物或建筑群相联系。

二是有机进化而来的景观（Organically Evolved Landscape）。它产生于最初始的一种社会、经济、行政以及宗教需要，并通过与周围自然环境的相联系或相适应而发展到目前的形式。这一类以其形式和组成要素的特征反映出进化的过程，它又包括两种次类别：① 残遗物或化石景观（Relict or Fosscil Landscape），代表一种过去某段时间已经完结的进化过程，不管是突发的或是渐进的；② 延续性景观（Continuing Landscape），它在当今与传统生活方式相联系的社会中，保持一种积极的社会作用，而且其自身演变过程仍在进行之中，同时又展示出历史上其演变发展的物证。

三是关联性文化景观（Associative Cultural Landscape）。这类景观列入《世界遗产名录》，以与自然因素、强烈的宗教、艺术或文化相联系为特征，而不是以文化物证为特征[17]。

世界遗产中心的专家对于文化景观类型的划分，其各类型的特征不明确，外延相互交叉，并与世界遗产的既有类型也多有重叠。在文化景观所划分的三个类型中，缺乏统一的分类标准，其中第二类的第二小类还具有整个文化景观的核心含义，是文化景观类型遗产的最主要类型，将这样的类型作为一个次级的小类型，这无论如何也是不合适的。

我们首先看《操作指南》的第一类文化景观。人类处于审美和休憩的目的而有意设计和创造的私家园林和公共园林等景观，它本来就与自然环境等自然因素具有密切的关联，设计者在设计和建造时要充分考虑与环境景观的协调和联系，需要考虑如何调动赞助者和公众的情感共鸣（例如中国古典园林的借景、引景等手法，需要构成某种诗情画意的艺术境界），即使这些景观本身不具有宗教含义和纪念性质，但它们与《操作指南》第三类的所谓关联性文化景观中的自然因素、文化和艺术肯定有关联。事实上，将是否"有意设计和创造"作为区分文化景观类型遗产的标准，存在着三方面的问题：① 某种文化遗产是"有意设计"还是"无意生成"，在多数

---

[16]　《操作指南》（2005）附件Ⅲ，《〈世界遗产名录〉中特殊类型的遗产申报指南》。

[17]　《会安草案》中文化景观的三种类型，与《操作指南》相同，但认为"这三种类型可能彼此重合"。

情况下是难以分辨的，这除了包括文化景观在内的大多数文化遗产没有留下"设计"的信息外，更主要的是，文化遗产的创造大都是"有意设计创造"的，只有漫无目的的人类足迹或遗弃物等可以算是无意的，"有意设计创造"不宜作为文化景观类型遗产不同小类型的分类标准。② 即使我们将"有意设计创造"限制在那些由某个或某些设计师设计的作品，"有意"和"无意"也是相对的，以东亚历史城市为例，多数城市自上而下的规划和营建都是只到城市的某个层面为止（如街区层面），下层层面都是由居民"自组织"完成；传统村落更是如此，通常村落只是最初的核心区有一定的规划设计，以后随着人口的繁衍，就以先前的核心区逐渐扩展开来；越是规模宏阔，空间巨大的文化景观，越可能呈现自然天成、有意设计和无意遗留的综合体。③ 所有当初"有意设计"或"无意生成"的文化景观，随着历史的演进，都可能发生遗产形态上的改变，当初规划的人们居住的城市和村落，满足人们物质需求和精神需求工矿和寺庙，提供给人们休憩游览的公园或私园等，都可能发生功能上的转移，有的甚至成为废墟遗址——"残遗物或化石景观"，这就容易与第二类文化景观发生混淆，也容易与遗址、建筑群和纪念碑等发生混淆。

我们接着看《操作指南》的第二类文化景观。《操作指南》对这类文化景观的总定义既然说"它产生于最初始的一种社会、经济、行政以及宗教需要，并通过与周围自然环境的相联系或相适应而发展到目前的形式"，就不应该将已经在历史上终结了发展进程的"残遗物（或化石）景观"作为该类文化景观的一个小类型。化石既包括人类遗骸形成的化石，也包括其他在人类产生以前就已有的动物遗骸的化石，后者不属于人类社会的遗存，与人类创造的文化遗产没有关系。而人类化石往往出土于人类集中居住或活动的洞穴或旷野，其化石本身连同其遗留的遗迹和遗物，以及这些古人类当初居住和生活的自然环境，构成了旧石器时代的遗址，应当属于文化遗产中遗址（Sites）的一个类型[18]，不应当归入文化景观的范畴。同样，晚于旧石器时代的其他人类社会的遗存，包括遗物（Relict）在内，都应当归入到文化遗产的遗址类型中去，将其放在文化景观类型遗产中，不仅会给文化景观的定义和内涵带来混乱，还将使本来就已经不甚清晰的《世界遗产公约》中文化遗产的定义和分类更加混乱[19]。换句话说，文化景观类型遗产不能包括"代表一种过去某段时间已经完结的进化过程"的遗物或化石（Relict or fosscil）。即便我们将"残遗物（化石）景观"理解为某种象征意义的化石，而非石化的那些古生物或古人类骨骸，那些"代表一种过去某段时间已经完结的进化过程"，已经早就终止了继续进化和发展的"残遗物景观"，如古代城镇、村落、工矿、寺庙的废墟，实际上就是遗址等其他类型的文化遗产，将其作为文化景观的一个类型，既不符合文化景观的定义，也与其他遗产类型相混淆，完全没

〔18〕 《保护文化与自然遗产公约》第一条将文化遗产分为三类：遗址（sites）类文化遗产是"从历史、审美、人种学或人类学角度看具有突出的普遍价值的人类工程或自然与人联合工程以及考古地址等地方"。

〔19〕 Sun Hua, World Heritage Classification and Related Issues-A Case Study of the "Convention Concerning the Protection of the World Cultural and Natural Heritage, 北京大学北京论坛编辑委员会《文明的和谐与共同繁荣——人类文明的多元发展模式, 北京论坛（2007）论文选集》, 北京大学出版社, 2008 年, 294~306 页。

有必要。至于该类文化景观的第二小类，"在当今与传统生活方式相联系的社会中，保持一种积极的社会作用，而且其自身演变过程仍在进行之中"的文化遗产，属于这类遗产的不外乎传统社区仍存、历史文脉未断、社会需求尚有的历史城镇、传统乡村、手工作坊、宗教场所等。这是文化景观类型的主体，《操作指南》对第二类的第二小类文化景观的诠释，可以作为所有文化景观这类遗产的定义。

最后来看《操作指南》的第三类文化景观。这类文化景观既然是与"强烈的宗教、艺术或文化相联系"、"不是以文化物证为特征"的遗产类型，那么，这种文化遗产与联合国教科文组织 2003 年通过的《保护非物质文化遗产条约》（以下简称为《非物质条约》）中的"非物质文化遗产"就非常相似。按照《非物质条约》的定义，非物质文化遗产是"指被各群体、团体、有时为个人视为其文化遗产的各种实践、表演、表现形式、知识和技能及其有关的工具、实物、工艺品和文化场所"[20]。因此，被《操作指南》归入文化景观第三类的遗产实际上就是非物质文化遗产，尽管非物质文化遗产这个名称也未见最为准确。

由于《操作指南》对世界各国处理文化景观类型遗产有着巨大的影响，许多国家基本上都是按照《操作指南》的分类框架来处理文化景观的类型问题。以美国国家公园署的文化景观分类为例，我们可以清晰地看出《操作指南》的影子[21]。不过，已经有学者指出《操作指南》的分类欠妥，并基于文化多样性和亚洲文化景观的特点，提出了不同的分类框架。毛翔等就把文化景观视为"文化生态系统"，并将文化景观遗产划分成人类长时间居住地，宗教、历史、园林建筑（群），农业、工业遗迹和人类迁徙、贸易等活动路线四种类型，尽管这种划分与文化景观的内涵和外延也尽吻合[22]；李和平等则认为不同文化传统的地域有不同类型的文化景观，因而将中国的文化景观划分为设计景观、遗址景观、场所景观、聚落景观和区域景观五类，其中区域景观又分为名胜区、文化线路、遗产区域三小类，这种文化景观的分类当然也有泛化之嫌[23]。不过，大多数研究者还是拘泥于《操作指南》的分类，在原有的三种四类中来处理中国特有的文化景观。如易红就将中国私家园林、皇家园林、寺庙、

---

〔20〕 严格地说，《保护非物质文化遗产公约》总则第二条第 1 款中把"工具、实物、工艺品和文化场所"作为非物质文化遗产的内容，这并不恰当。事实上，该公约第二条第 2 则在所罗列的"非物质文化遗产"的五个方面，并不包括定义中的上述内容。

〔21〕 美国国家公园管理署将文化景观分为人种史景观（Ethnographic Landscape）、历史设计的景观（Historic Designed Landscape）、历史乡土景观（Historic Vernacular Landscape）、历史场所（Historic Site）四大类。对比《操作指南》，二者不仅分类相近，而且每一类的描述语言也非常接近。美国国家公园署的"历史设计的景观"，是指由有关专业人员专门规划和设计的公私园林，这与《操作指南》上的"由人类有意设计的景观"完全相同；美国国家公园署的"人种史景观"指"与人类有关可以被定义为遗产资源的自然与文化资源"，如当代聚落、宗教圣地与大型地质结构，这大致相当于《操作指南》第二大类第一小类的"遗物及化石的景观"；美国国家公园署的"历史的乡土景观"是"一处由于人类活动或占有演化而形成的景观……包括了农村、工业复合建筑与农业景观"，其表述虽与《操作指南》不同，但其主要内容与所谓的"延续性景观"有共同之处；美国国家公园署的"历史场所"是"与某一历史事件、活动或人物有重要关系的景观"，也就是《操作指南》第三类"关联性景观"的范畴。转引自周年兴、俞孔坚、黄震方《关注遗产保护的新动向：文化景观》，《人文地理》，2006 年第 5 期。

〔22〕 毛翔、李江海、高危言《世界遗产文化景观现状、保护与发展》，《五台山研究》，2010 年总 103 期。

〔23〕 李和平、肖竞《我国文化景观的类型及其构成要素分析》，《中国园林》，2009 年第 2 期。

历史风景点等归属于人类有意设计和建筑的景观，将大遗址归属于有机进化之残遗物（化石）景观，将历史文化名村、名镇等归属于有机进化之持续性景观，并将风景名胜区中的自然资源环境部分归属于联想性文化景观[24]。不止一个学者强调过文化景观的地域差异性，不容否认，作为文化多样性体现的多个不同文化区的文化景观千差万别，但作为一种具有世界范围的遗产类型，文化景观自身的分类应该能够概括世界范围的各种类别，否则就是不合理或难以令人满意的分类。

既然《操作指南》对于文化景观类型遗产的分类并不恰当，基于我们上面论述的，应该是更为准确的文化景观定义，根据文化景观类型遗产不同的传统和景观特点，尤其是这些文化景观的功能差异，我们认为，文化景观可根据其功能划分为以下几大类型：

① 农业文化景观[25]。人类主要以人工开垦土地为基本的生产资料、以人工栽培的植物果实为主要生活资料、以定居聚落为主要社会组织和生活方式，且这种生产和生活方式是一直在持续和发展的文化景观。人类对土地的耕作利用体现了农村社会及族群所拥有的多样的生存智慧，折射了人类和自然之间的内在联系，是农业文明的结晶。农业文化景观类型遗产又可以作物种植模式及其形成的景观分为两个小的类型，前者就是建立在传统农业基础上的村落文化景观，后者是建立在近代农业基础上的农场文化景观。传统的村落文化景观因为自然和传统的区隔，其形态的多样性尤为显著，是农业文化景观类型遗产的主体。

② 牧业文化景观。人类利用天然的草场规模化饲养驯化动物的区域所形成的居住方式、生产方式、生活方式及其由此产生的文化事项的总称。其基本特点是季节性追逐水草放牧羊、牛、马，以这些牲畜及草场作为主要的生产资料，以这些牲畜提供的奶和肉作为最主要的生活资料，以分散的可拆卸组装的简易房屋作为住所，并由此形成了不同于农业区域的生产方式、生活习惯、社会组织和文化传统。牧业是与农业同时产生和长期并行的人类最重要的产业模式和文化传统，其实体存在构成了牧业文化景观。

③ 工业文化景观。工业是人们组织起来采集原料，并把它们加工成可供销售产品的工作和过程，它是社会分工发展的产物。仍然有原料开采和生产储运活动，且组织管理、技术工艺、生产流程和产品种类一直保留和发展，可以作为工业革命以来乃至于前工业时代某种专门产业的物质和非物质的见证，这种具有独特价值的工业遗产可以视为工业文化景观。严格的工业文化景观是工业革命时代以后在原料开采、产品制造和产品运输方面的工业活动一直延续的矿山、工厂、车站和港口等，

〔24〕 易红《中国文化景观遗产的保护研究》，西北农林科技大学硕士学位论文，2009 年。

〔25〕 在现有的世界遗产的分类框架中，没有农业遗产却有工业遗产，这是很大的疏漏。联合国粮食与农业组织（FAO）"有全球重要农业文化遗产（Globally Important Agricultural Heritage Systems，简称 GIAHS）"，其定义为："农村与其所处环境长期协同进化和动态适应下所形成的独特的土地利用系统和农业景观，这种系统与景观具有丰富的生物多样性，而且可以满足当地社会经济与文化发展的需要，有利于促进区域可持续发展。"这显然与我们所定义的"农业文化景观"类同。

广义的工业文化景观则可扩展至还在维持生产和经营的传统手工业作坊[26]。

④ 宗教文化景观。历史上某一团体或个人出于某种宗教信仰建筑的寺庙、寺庙群或具有宗教象征意义的圣山。这些宗教场所除了建筑物（构筑物）和雕塑一直保存外，其宗教教团和神职人员一直在使用这些宗教场所，宗教祭拜活动和神圣象征意义始终保持未中断，这种至今仍然延续的具有突出历史价值、艺术价值和精神情感价值的著名宗教场所和区域，都可归属于宗教文化景观的范畴。

⑤ 城镇文化景观。城镇是以非农业人口为主、具有一定规模工商业、人口相对集中的居民点，它是一定区域乡村的中心。城镇在产业结构上是以从事非农业活动为主，一般聚居有较多来自不同地方的没有血缘和亲缘关系的人口，其占地面积、人口密度、建筑密度、空间形态和文化景观上都不同于乡村。此外，城镇往往还是工厂、商贸、学校、医院和文化娱乐场所的集中地，是一定地域的政治、经济、文化的中心，人们的生活方式、价值观念、知识结构等都与乡村的人们有一定的差异（尽管这种差异随着社会的进步在逐渐缩小）。那些具有悠久历史、保留下大量历史建筑并且城市传统没有中断的具有突出价值的历史城镇，就是城镇文化景观。

除了以上五类文化景观外，在内部功能和外部形态上有别于上述诸类的文化景观还有渔业文化景观、商业文化景观、工程文化景观等。前者如渔村及其采用传统捕捞方式和生活习俗（这在我国可能已经不复存在），中者如某些传统的集中贸易的专门场所且该场所不是城市的组成部分，后者如仍然在使用且某些管理制度和传统习俗依旧沿袭古代水利工程设施，四川的都江堰水利枢纽工程就是这类文化景观的典型实例。只是这两类文化景观数量不多，这里就不赘述了。

三 文化景观遗产的保护

文化景观类型遗产是介于物质文化和非物质文化之间的遗产类型，它除了具有这两种文化因素都有的要素外，还具有两者复合所形成的一些新要素，从而使得文化景观成为最复杂的一类文化遗产。这类文化遗产的复杂性具有以下特点：

一是空间范围较大。通常给文化景观的定义都首先会提到它是"自然与人类相结合的作品"，这个关于文化景观的定义尽管不够准确，却也反映了文化景观这类遗产某方面的特点。由于文化景观主要指迄今仍然有人居住、生产、生活或从事专门活动的城镇、村落、工矿、寺庙等，这类遗产，除了个别范围较小外，普遍空间范围较大。历史城镇往往本身就规模宏大，传统村落周边还有田地和山林水泽，工厂矿场多涵盖原料采办至产品储运等不同场所，郊野寺庙往往也讲究山水环境。文化景观既然是一个有文化遗存又有自然资源的区域，其空间范围自然也会相对广阔。

---

［26］ 工业文化景观也是"工业遗产"（另一种文化遗产分类体系中的一个类型）的类型之一。从保存状态上来说，工业遗产有三种不同的性状——有的工业遗产已经完全毁弃，成为工业遗址；有的工业遗产已经停产、停业或转作他用，但厂矿站港和生产运输流程仍旧保存，成为工业遗留；有的工业遗产还在继续生产和使用，不仅厂矿站港和生产运输工艺依旧，而且生产技术和工艺一直保留和延续，就可以视为工业文化景观。

二是时间贯穿古今。文化景观的一个特点就是其传统从古至今，延绵不绝，是"活态"的文化遗产。这种文化遗产超越了"文物"的层面，它没有终止发展，不能完全采用保护文物的方法去保护文化景观。文物是前人行为的创造物，无论是基本完整保存至今的古建筑和古石刻，还是已经处在残破状态且多埋藏地下的古遗址和古墓葬，它们都已经是历史上的遗留，除了自然侵蚀和人为破坏外，不会再发生其他变化；而文化景观如城镇、村落等却因为有人居住、生产和生活，其物质文化形态和非物质文化要素都在不断变化。静与动、旧与新、传统与现代、保护与发展之间的冲突会始终存在。

三是文化结构复杂。在所有文化遗产中，文化景观包含了物质文化遗产和非物质文化遗产，包含了文化的表层、中层和深层三个层面的存在，其结构最为复杂多样。就拿相对简单的村落文化景观来说，一座传统村落既有村民居住的村落本身、村民赖以生存的周边田地以及田地周边的山林，还有村内活动的村民及其社群，有其信仰的神祇和英雄的坛庙，有各种各样非物质文化的事项。每个村落中的文化因素也远非单纯，本村、外村、本族、外族、传统、现代等因素交织在一起，需要辨识和分别进行保护。

文化景观既然如此复杂，保护文化景观就不能用对待古代遗址、建筑群、纪念碑那样的方法处理。有朋友告诉我这样一个事例，某省区有一个少数民族村寨以"某某寨古建筑"的名义被列入全国重点文物保护单位，需要编制保护规划。保护规划项目的委托方具有一定的文化景观的知识，知道要保护这个传统村寨必须树立整体保护意识，需要用发展的观点来看待村寨的保护，要将保护文化传统与改善村民生活品质结合起来。为此，他们特地委托具有乡村文化景观保护规划设计经验的某高校建筑学院某教授的团队来承担这个项目。该教授接受这个委托后，也全力以赴地投入到该村落的规划设计研究中。其规划文本不仅包括了村落本身的保护，还将保护范围扩展到村寨赖以存在的田地和山林；不仅包括了传统建筑的有机更新，还包括了产业结构的调整、生态农业的发展乃至于居民居家生活品质提升等方面的设计。然而这样一个传统村落的保护规划却没有能够通过文物专家的评审，专家们提出的修改意见是无须考虑那么多，只要选取其中的那些文物建筑，划定其保护范围和建设控制地带，针对存在问题制定出保护和管理的规定和措施就行了。这些文物专家的意见不能说错，因为他们是按照全国重点文物保护单位规划编制要求，保护村寨中的"古建筑"而非整个村寨；而当地文化行政管理部门和规划编制者希望保护的对象是村寨整体，包括物质文化和非物质文化遗产、村寨建筑及周边环境，此外还要兼顾保护遗产与提高村民生活品质。保护对象的不同，自然会产生对保护规划编制要求的不同。严格地说，作为一个文化遗产的村落，如果只保护其中几幢文物建筑，其价值就会大大降低。尤其是西南少数民族村寨，其阶级分化不明显，村民住宅的年代和建筑规模相差无几，除了"芦笙坪"或"月坪"之类的小广场外没有什么公共建筑，为何要保护这几幢村民的住宅而不保护其余村民住宅，本身就是一个问题。保护乡村、城镇等文化遗产，需要将其视为兼具物质文化遗产和非物质文化遗产的综合体，将其视为仍然在持续发展的"活态"文化遗产，不仅要保护其中的已终止发展的"文物"，还要保护其中的仍在继续发展演变的"传统"。只有做到这几点，才能够实现《操作指南》所说"保护文化景观有利于将可持续土地使用技术现代化或提升景观的自然价值"（附件三定义第 10 款），才符合《会安草案》所说，"保护文化景观的目的，并不是要保护其现有的状态，而更多的是要以一种负责任的、可持续的方式来识别、了解和管理形成这些文化景观的动态演变过程"[27]。

遗产保护学本来就是涉及很多学科和专业的交叉学科，文化景观又兼具物质与非物质两种遗产形态的复杂文化遗产。这种复杂性体现在这类遗产的文化结构上，就是既有文化表层物质层面的鲜明直观，也有文化中层非物质层面的变化多样，还有文化深层非物质层面的坚韧凝重。从文化的表层来看，不同文化景观的外部景观、内部形态、建筑风格、装饰服饰等均不相同，使得人们能够从外部识别不同文化景观的个体差异、类型差异和地域差异；从文化的中层来看，不同文化景观的生产技艺、生活方式、行为方式、风俗习惯、语言文字等也都有所不同，使得人们可以从内部认识不同文化景观的功能差异、性质差异和传统差异；从文化的深层来看，其他文化遗产难以准确把握的社区组织、思维定式和社会机制等，都可以从文化景观遗产中获取相应的信息。因而保护文化景观，既需要保护物质文化遗产的理念与技术，也需要保护和传承非物质文化遗产的方法与措施，还有两者交叉所形成的诸如"文化场所"之类相关领域所需要的理论与方法[28]。换句话说，保护文化景观类型的遗产，要充分考虑这类遗产的复合型和复杂性，要根据保护对象和保护主体，采取恰当的保护理论和方法，并根据这类遗产与其他遗产的异同，采取不同的评估标准，对文化景观保护的成效进行评价。

就保护对象而言，保护文化景观类型的遗产，需要树立整体保护和系统保护的思想，既要保护该遗产的物质和非物质的遗产本体及其所赖以存在和发展的载体和空间，还要保护和维持创造、使用和传承这些物质和非物质文化遗产的人们及其社群。这涉及时间、空间、文化结构几个方面：① 在时间方面，文化景观是从古延续至今且其遗产状态仍然在不断发生变化的"活态"的文化遗产，在确定保护对象时，不能忽视这类遗产贯穿古今的时间属性，不能仅满足于保持遗产的现状，否则将无法维持这类遗产继续发展的动力，从而失去文化景观类型遗产重要的价值属性——延续性。② 在空间方面，文化景观类型遗产大都空间范围较大，遗产的空间构成有核心、主体和外围区域的不同。以农业文化景观的传统乡村为例，其核心区域自然是村落，遗产主体是村落加周边田地，外围则是田地周边的山林水泽；就村落本身而言，它也是通过不断发展才形成今天的现状，村落中心的建筑年代较早，外侧的建筑通常较晚，形成诸如水涡一般的空间层次。如果只注重文化景观的核心区域而忽略其基本区域及外围区域，就可能导致遗产保护的片面性，从而影响文化遗产的另一重要

〔27〕 联合国教科文组织《会安草案——亚洲最佳保护范例（2005）》，《国际文化遗产保护文件选编》，文物出版社，2007 年，354~355 页。

〔28〕 周小棣、沈旸、肖凡《从对象到场域，一种文化景观的保护与整合策略》，《中国园林》，2011 年第 4 期。

的价值属性——完整性。③ 在文化结构方面，文化景观有物质的外壳、物质和非物质的主体以及非物质的内核，其中文化内核即决定人们行为方式和物质形态的社会组织和文化传统，是文化多样性的决定因素，也是文化景观类型遗产最为重要的价值要素。如果只关注保护文化景观的物质文化遗产部分，只注重城镇、街区、村落的空间格局，甚至只注重其中的部分代表性建筑物，而忽视其中的非物质文化遗产部分；或只关注保护文化景观的非物质文化遗产的行为层面，只注重记录这类遗产的口头传说、文化事项、传统工艺，只注重扶持这类遗产中非物质文化的个别代表性传承人，而忽视了人类社会最重要的社会关系范畴的保护，这些保护都可能会导致文化景观真实性和完整性的缺失。当一个文化景观类型遗产所赖以存在的社群及其社区被瓦解以后，文化景观类型遗产就会发生性质的转变，从复合遗产蜕变为单纯的物质文化遗产和个别的非物质文化遗产事项。

就保护主体而言，文化景观比自然遗产和物质文化遗产复杂[29]，其保护主体不单单是我们通常所说的共同拥有这些遗产的"全人类"，还包括了遗产本体的构成因素——人的个体和社群。我们知道，自然遗产的地质遗产、生物遗产和自然景观，其遗产本身不包括"人"在内，相对于遗产这一客体而言，保护主体也相对简单，主要是这些遗产所在国及其所属的各级政府机构和政府授权进行保护和管理的机构。文化遗产中的物质文化遗产，如遗址、建筑群、纪念碑之类，它们尽管是历史上人类所创造，但大多已经成为历史遗留的古迹，遗产中的人及其社区与遗产本身的联系已经不紧密，处于遗产的保护主体如国家的各级政府机构可以代行保护职责。而文化景观类型遗产中的城镇居民及社区组织、农村村民及村社组织、厂矿工人及行会组织、寺庙僧人及教团组织等，他们既是遗产的构成要素，是非物质文化遗产的传承者和文化方向的确定者，同时从遗产权属来说，他们还是遗产的所有者和使用者，理所当然，他们应当是文化景观类型遗产的保护主体。换句话说，是否要保护某个文化景观类型遗产？该遗产的哪些要素需要保护和传承而哪些因素可以舍弃或改进？如何保护这个文化景观类型遗产？如何处理保护与发展的关系？凡此等等，文化景观遗产之外的保护主体，无论是政府还是非政府机构或个人，都要充分尊重文化景观遗产所有者或使用者的意见，不能越俎代庖。

就保护方法而言，保护文化景观可以借助现成的理论方法很多，诸如一般系统论和系统规划理论、自组织理论、岛屿生物地理学理论、文化结构和谱系理论、生态博物馆的方法等，都很适合于文化景观类型遗产的保护。由于文化景观是复杂的复合遗产，在保护中所采取的方法自然也就纷繁多样，保护者应根据选取的保护对象的具体情况，有选择地组合运用相关理论和方法，制定出符合实际的保护思路和技术路线。理想的保护程序是：① 选取需要保护的文化景观，对该文化景观进行

---

〔29〕 非物质遗产的情况不同于物质文化遗产，它的遗产承载者就是作为主体的人，遗产的主要构成要素是人的行为（包括思维）过程，如作为遗产传承人的口头讲述、节庆表演、工艺流程等等。拥有这些非物质文化的既有个人，也有个人组成的社群，他们既是非物质文化遗产的承载者，也是保护和传承非物质文化遗产的主体的一个重要组成部分。

调查和记录，通过全面和细致的调查，增强对保护对象的历史、文化和存在问题的认识和理解，以便有针对性地提出保护思路和具体的技术路线。调查者要有时间维度和空间层次的观念，要对调查对象的文化结构进行分析，将文化景观的表层、中层和深层的文化要素和关系都充分展示出来，把现象和导致这些现象的主要原因基本揭示出来，避免遗漏或误读重要的文化现象，从而带来保护思路和保护行动的偏差。② 基于系统论的思想，全面分析该文化景观具有关联的要素，做到保护的完整性。防止遗漏文化景观这类复杂文化遗产的重要构成要素，避免出现诸如农业文化景观只保护村落本身而不保护这些乡村赖以存在的农田，城镇文化景观只保护历史城市的传统街区而将居住在其中的人全部迁出等现象。在那些具有较大分布范围，周边有天然区隔的文化景观集中区域，还需要运用岛屿生物地理学的理论，合理选取纳入保护的文化景观的周围边界和空间范围，在区域规划和保护性用地方面予以充分的考虑[30]。③ 外来的保护者应与文化景观拥有者和相关者进行充分的沟通，在文化主人自主、自愿和自发的前提下，组建能够代表绝大多数拥有者意愿的合作社、理事会或管理委员会（当然我国乡村既有的"两委"，也应该成为这个委员会的主要成员），由这个自组织的机构代表该文化景观向政府、学术机构、社会团体提出保护和发展的诉求，由政府和学术机构根据这个自组织机构的要求，派出相关的专家团队为该文化景观制定保护与发展的规划，为实现这个规划寻找资金和资源。④ 在需要保护的文化景观中，通过自组织机构的同意，可以将文化景观当作一个需要保护、传承、展示和发展的系统，通过建立生态博物馆来保护和展示遗产，来认知和传承文化。在这个生态博物馆中的建设规划中，首先规划设计一座"认知中心"[31]，使之成为该文化景观的拥有者认识自己文化的场所，成为展示自己文化的窗口，从而唤起自己的文化的自觉和自信。⑤ 由自组织机构与政府、专家一起协商研究制定文化景观的保护与发展规划，保护规划应该以保持和维系传统文化为基础，采用系统规划和动态规划的设计理念，明确保护与发展的基本目标和最终目标，以及要达到这些目标的具体技术路线，并对文化景观保护行动可能对遗产带来的变化进行预判。作为各级文物保护单位、各级自然保护区、宗教活动场所、历史文化名城等的文化景观，规划要与相关法规和上级规划协调一致。

就保护效果来看，对于文化景观要有不同于一般文化遗产的保护效果评估机制。首先是性质的评估，通过保护行动，遗产所在地的社区或社群是否与遗产本体和环境有性质上的关联，也就是说遗产的延续性是否中断？遗产性质是否仍然保持着文化景观的"活态"特点？遗产保存和文化传承赖以存在的生态环境是否不断得到改善？其次是机制的评估，是否具有能够反映遗产拥有者意愿的机制，其保护事项和管理决策是否做到了民主化？其三是效益的评估，通过保护行动是否使该文化景观的拥有者带来了文化的自觉和自信，是否使所在区域经济有所发展，居民的生活质

---

〔30〕 祁黄雄《中国保护性用地体系的规划理论和实践》，商务印书馆，2007 年。
〔31〕 生态博物馆的"认知中心"，通常称为"资料信息中心"，中央民族大学的潘守永教授认为，将后者改称为"认知中心"更名副其实。

量有所提高？

　　最后，我认为需要强调的是，保护文化景观类型遗产，需要的不仅仅是理论、方法和技术，更重要的是制定保护策略和实施保护行动的人，他对所要保护的对象必须具有人文的关怀。保护者首先应该是具有满腔热情的社会学家，其次才是文化遗产保护专家。只有这样，他才会对文化景观类型遗产中创造、拥有或使用物质文化的人产生感佩之情，才会关注他们的切身利益，从而真正做到保护与发展的平衡。也唯有这样，才能够实现对文化景观类型遗产的真正保护。

中国文化遗产研究院与敦煌石窟的保护

王旭东 [1, 2]

（1. 敦煌研究院；2. 国家古代壁画与土遗址保护工程技术研究中心）

摘　要：中国文化遗产研究院前身为 1935 年成立的"旧都文物整理委员会"，1949 年更名为"北京文物整理委员会"，1973 年更名为"文物保护科学技术研究所"，1990 年更名为中国文物研究所，2007 年改所建院为中国文化遗产研究院。在 80 年的岁月中，不同时期的中国文化遗产研究院均为中国文物的保护做出了卓越的贡献，先后涌现出了一大批包括梁思成、罗哲文、余明谦、陈明达、胡继高、黄克忠在内的国内外知名专家学者。长期以来，不同时期的中国文化遗产研究院一直非常关注和支持敦煌石窟的保护，除一些专家学者直接参与了敦煌石窟 70 年的保护历程之外，其他许多专家间接参与和支持了敦煌石窟的保护与研究，他们为敦煌石窟保护理念发展和技术进步做出了卓越贡献，更重要的是为敦煌研究院（其前身是 1944 年成立的国立敦煌艺术研究所，1950年更名为敦煌文物研究所，1984 年扩建为敦煌研究院）培养了几代扎根敦煌的保护工作者。敦煌研究院将永远记住他们的名字！本文将追述他们在石窟加固、壁画保护、窟前建筑保护、规划编制等方面的功绩，以此纪念并祝贺中国文化遗产研究院 80 华诞和几代文研院专家学者为中国文化遗产保护事业做出的探索和贡献，也从一个侧面反映中国石窟类文物保护理念和技术发展历程。

关键词：中国文化遗产研究院　敦煌石窟　保护　敦煌研究院

Abstract: The history of the Chinese Academy of Cultural Heritage (CACH) can be dated back to the "Commission for the Preservation of Cultural Objects of the Old Capital" which was founded in 1935. This institution was renamed "Beijing Commission for the Preservation of Cultural Objects" in 1949, "Institute of Science and Technology for the Protection of Cultural Objects" in 1973, and China Institute of Cultural Property in 1990, and was restructured to the Chinese Academy of Cultural Heritage in 2007. In the last eight decades, the Academy has consistently made outstanding contributions to the preservation of China's cultural relics, and attracted a batch of well-known experts and scholars from home and abroad, including Liang Ssu~ch'eng, Luo Zhewen, Yu Mingqian and Chen Mingda. For a long time, the Academy that changed names in different periods kept on paying attention and lending support to the protection and preservation of Dunhuang grottoes. Many experts and scholars have directly taken part in the protection and preservation of Dunhuang grottos in 70 years, and many others have indirectly taken part in the preservation and research of Dunhuang grottoes. They have made outstanding contributions to the development of the preservation concepts and technological progresses of Dunhuang grottoes. More importantly, the Academy has fostered several generations of protectors for Dunhuang Research Academy (former National Dunhuang Art Research Institute established in 1944, then renamed Dunhuang Institute of Cultural Relics in 1950 and expanded to Dunhuang Research Academy in 1984) , and those people have devoted their whole life in protecting Dunhuang grottoes. Dunhuang Research Academy will remember their names forever. This paper will recount what they have done for the reinforcement of the grottoes, preservation of the murals, preservation, protection of the buildings in front of the grottoes and planning formulation in order to commemorate the explorations and contributions that several generations of experts and scholars of CACH have made for the protection and preservation of the cultural heritage of China and to congratulate the 80th anniversary of the establishment of CACH. Besides, this paper will reflect the development of the protection and preservation concepts and technological progresses of grottoes of China.

Keywords: Chinese Academy of Cultural Heritage, Dunhuang Grottoes, Protection and Preservation, Dunhuang Research Academy

敦煌石窟是包括敦煌莫高窟、西千佛洞、瓜州榆林窟、东千佛洞、肃北五个庙石窟及其窟前建筑的石窟群，保存了 800 多个 4~14 世纪不间断开凿的洞窟和窟前寺院、佛塔等佛教建筑，近 600 个洞窟保存有壁画和彩塑。敦煌石窟中最为著名的就是莫高窟，1961 年被列入第一批全国重点文物保护单位，1987 年因符合世界文化遗产的全部六项标准被联合国教科文组织列入世界文化遗产名录。自 1944 年国立敦煌艺术研究所成立始，敦煌莫高窟的保护研究经过了 70 年的艰苦探索，在这 70 年的保护历程中，先后开展了石窟崖体加固、壁画保护、窟檐和窟前建筑保护、花砖保护、保护规划的编制等一系列抢救性保护和法律化保护管理工作，今天的敦煌石窟已进入预防性保护的新阶段。70 年来，敦煌石窟的保护理念不断完善、保护技术不断创新，均有中国文化遗产研究院历代前辈和时下才俊的直接参与和间接支持。本文从石窟崖体的加固、壁画保护、窟檐及窟前历史建筑保护、地面花砖保护、保护规划编制和学术研究等几个方面，追述中国文化遗产研究院与敦煌研究院几代人为敦煌石窟保护所做的探索与贡献。

一 石窟崖体加固

经过千年的风雨洗礼，受自然环境和人为因素的影响，敦煌莫高窟的崖壁已经是破败不堪，险象丛生，严重威胁到壁画和塑像的安全保存。20 世纪 40 年代国立敦煌艺术研究所（敦煌研究院前身）成立之后，如何加固莫高窟的崖壁，缓解或消除崖体坍塌对石窟造成毁灭性破坏隐患，成为老一辈莫高人的主要任务。1951 年 6 月，根据敦煌文物研究所（敦煌研究院前身）的请求，文化部文物局委派北京大学赵正之、宿白教授，清华大学莫宗江教授以及古代建筑修整所（中国文化遗产研究院前身）余鸣谦工程师四位专家，组成工作组来莫高窟工作。在三个月的时间里，他们主要从以下几个方面对莫高窟进行了全面考察：自然环境对洞窟的影响、各洞窟的损害情况、石窟崖面原状研究、洞窟的建造年代、窟檐情况，并针对以上情况提出了修理意见。通过此次调查，拟出了长远保护规划[1]。1956 年，在文化部文物局古代建筑修整所的协助下，选择第 248~260 窟区段洞窟作为石窟加固的试点，开始了莫高窟试验性加固工程。此段洞窟是莫高窟早期石窟的精华所在，因第 249、250、251、257、259 等窟的前壁崩坍，石窟主室完全暴露在日光、风沙的直接侵蚀之下，主室围岩的顶部亦处于悬空状态，石窟安全十分危急。由于此次加固属试验性质，因此支顶加固采用了石灰浆砌条石，如果效果不好，可以随时拆除。这些均体现了当时文物保护工作者对石窟保护技术和原则的慎重把握和探索。期间，古代建筑修整所古建专家余鸣谦、杨烈、陆鸿年三位工程师与敦煌文物研究所保护组负责人孙儒僴先生共同完成了第 248~260 窟一段北魏石窟的资料收集、石窟测绘、地质挖探，最终完成了试验段加固方案的设计，工程于 1957~1958 年予以实施[2]，为大规模的莫高窟加固工程积累了经验并奠定了坚实的基础。

1961 年 6 月，古代建筑修整所纪思陪同北京地质学院苏良赫、王大纯教授及中南化学研究所叶作舟研究员等一行七人勘察甘肃天水、麦积山、敦煌莫高窟，从而拉开了我国石质文物保护工程地质学研究的序幕。1962 年，徐平羽副部长率领有各方面专家参加的"敦煌莫高窟考察工作组"，制定了莫高窟的全面维修方案（图 1）。经文化部报经国务院批准进行莫高窟加固工程，周恩来总理亲自批准拨款 100 多万元专项资金。工程由铁道部工程局承担勘察设计与施工任务，但石窟围岩的加固在中国是第一次，没有先例可循。在铁路等行业的成熟技术也不能直接照搬到石窟的加固中的情况下，无论是文化部，还是考古专家、古建筑保护专家对此都非常慎重。梁思成先生就莫高窟加固工程提出了"有若无，实若虚，大智若愚"的设计思想[3]，为工程的设计与施工指明了方向。但铁路系统的工程师们无法完全理解这一原则，余鸣谦先生、罗哲文先生等先后参加了莫高窟崖体加固工程前三期的技术指导工作，与敦煌

〔1〕 赵正之、莫宗江、宿白、余鸣谦、陈明达《敦煌石窟勘察报告》，《文物参考资料》，1955 年第 2 期。
〔2〕 孙儒僴《莫高窟石窟加固工程的回顾》，《敦煌研究》，1994 年第 2 期。
〔3〕 梁思成《关于敦煌维护工程方案的意见》，《梁思成文集》第四卷，中国建筑工业出版社，1986 年，289 页。

文物研究所的专家们一道，跟铁路设计工程师们紧密配合，最终找到了比较合适的加固方案并顺利实施。在此过程中，文物专家有和铁路工程师思想的冲突，也有找到解决方案后的喜悦。现在看来，没有老一辈对文物保护事业的执著和科学精神，就没有莫高窟保护的开拓性工作。工程实施期间，罗哲文先生还为敦煌文物研究所做了关于敦煌古建筑保护的系列讲座[4、5]。到1966年秋完成了第一、二、三期石窟加固工程，共加固岩壁576米，洞窟354个，图2为莫高窟130段加固前后的对比照片。基于前三期加固工程的经验，莫高窟第四期石窟加固工程也于1984年经国家文物局批准并实施，加固了第130~155窟之间26个洞窟长达172米的崖面。至此，莫高窟南区的石窟崖体全部实施了加固，解除了洞窟和围岩坍塌的危险。

1979年党河水库附坝溃决，敦煌西千佛洞洞窟崖脚受到严重冲刷，致使第15、16窟的裂缝显著扩大。1979年秋，中国文物保护科学研究所所长蔡学昌先生等赴敦煌莫高窟、西千佛洞等石窟考察保护情况，对西千佛洞的保护加固工程的申报立项起到推动作用。1984~1986年，用挡墙支顶方式，对西千佛洞进行了崖体加固工程。

1990年4月18日国家文物局批准了榆林窟加固工程方案。榆林窟采用锚索工程技术加固崖体，通过对锚索孔的特殊处理，可使崖面保持原貌。并采用高模数硅酸钾（PS）材料喷涂加固风化的岩面，对崖壁裂隙应用PS-F、水泥砂浆进行灌浆封闭。期间，黄克忠先生、姜怀英先生参与了工程的设计与论证，并多次赴现场予以指导，图3为榆林窟加固前后对比照片。

图1　敦煌莫高窟考察工作组在莫高窟进行勘察（1962年）

〔4〕　罗哲文《六十年回眸——纪念常书鸿先生》，《敦煌研究》，2004年特刊。
〔5〕　罗哲文《我与敦煌之缘》，《中国文物报》，2004年9月17日。

图 2　莫高窟 130 段加固前后对比照片（上：1956 年，下：1966 年）

图 3　榆林窟加固前后对比照片

二 壁画保护

壁画起甲是莫高窟壁画的主要病害之一，1962 年文化部决定在古代建筑修整所和文化部博物馆科学工作研究所筹备处（成立于 1956 年 12 月）的基础上，合并组建文化部文物博物馆研究所。刚从波兰哥白尼大学获得文物保护硕士学位回到北京的胡继高先生，即刻参加了由徐平羽副部长率领的"敦煌莫高窟考察工作组"来到敦煌，开始了对壁画起甲病害修复材料的试验，敦煌文物研究所的李云鹤等先生参与其中。他们首先选用聚乙烯醇、聚醋酸乙烯乳液等有机高分子黏合剂水溶液并经多次试验，配制了适合修复壁画的浓度配方，修复的方法是用经过改装的注射器注射黏合剂（图 4），此后，这一方法就成为我国壁画保护的重要技术[6]。经过 20 年的不断实践与改进，1986 年 12 月在敦煌研究院召开了鉴定会，1987 年荣获文化部科技成果一等奖。这一成果所蕴含的理念和技术思路至今还指导着我们的壁画保护修复工作[7]。改革开放以来，胡继高、徐毓明等先生依然积极关心、指导敦煌壁画的保护、修复，徐毓明先生对敦煌壁画保护、修复方法和材料进行了评价[8]。胡继高先生则对敦煌起甲壁画修复技术进行了总结[9]。

1997 年，经国家文物局批准，中美双方多次研究协商后，确定《莫高窟壁画保护研究（第 85 窟壁画保护研究）》作为敦煌研究院和美国盖蒂保护所第四阶段合作项目，也作为《中国文物古迹保护准则》的试点。中美双方组成第 85 窟项目组，先

图 4 莫高窟第 474 窟起甲壁画
修复（注射黏合剂，1965 年）

〔6〕 王进玉《敦煌莫高窟壁画保护五十年》，《敦煌文史资料选辑》，1995 年第 3 期。
〔7〕 王进玉《敦煌研究院保护研究所起甲壁画修复技术和重层壁画整体揭取迁移技术通过部级鉴定并获奖》，《敦煌研究》，1987 年第 3 期。
〔8〕 徐毓明《关于敦煌壁画保护方法的评价》，《文物》，1982 年第 2 期。
〔9〕 胡继高《敦煌莫高窟壁画修复加固工作的检讨与展望》，《文物保护与考古科学》，1989 年第 2 期。

后开展了壁画现状调查、环境监测、壁画制作材料与工艺研究、壁画病害机理研究、修复材料与工艺筛选、保护修复实施等一系列工作，不仅取得了一系列研究成果，更重要的是基于《中国文物古迹保护准则》，总结出了一套符合中国壁画保护实际的壁画保护程序。图5为中美专家在第85窟壁画保护现场讨论。该项目的前期研究与实验性修复工作于2004年通过国家文物局组织的专家组验收（图6），随后开始全面实施，前后经过了近十年的时间。中国文物研究所作为合作单位先后派郑军、陈青全程参加此项目，黄克忠先生作为技术顾问参与指导项目研究方案的制定和咨询，为项目的实施做出了突出贡献[10]。这一成果在2004年6月28日~7月3日于莫高窟举办的"丝绸之路古遗址保护——第二届石窟遗址保护国际学术讨论会"上进行了全面展示，得到了来自美、英、法、德、日、澳大利亚、加拿大、意大利、比利时、瑞士、菲律宾、印度、吉尔吉斯斯坦、韩国、泰国、新加坡和中国大陆及台湾、香港共17个国家地区的200多位从事文物保护、管理研究等方面的专家学者的一致好评[11、12]。

三　敦煌花砖的保护研究

敦煌莫高窟保留有不同时期的各类花砖20000多块，这些花砖是莫高窟文化遗产的重要组成部分。1979年敦煌文物研究所联合文物保护科学技术研究所的高念祖、贾瑞广先生开展敦煌花砖加固试验，通过冻融、耐磨等多项测试，筛选出了适合莫高窟花砖保护加固的材料和工艺。1980年9月，他们同敦煌文物研究所王进玉一起对莫高窟第45、328、130窟窟前发掘遗址的部分铺地花砖进行涂刷加固保护中型实验[13、14]。为莫高窟大量花砖的防风化保护积累了经验。

四　敦煌莫高窟窟前寺院建筑的保护

莫高窟窟前保存有三座寺院，分别为上寺、中寺和下寺，是莫高窟发展史上最晚的建筑，除本身具有一定的文物价值之外，上、中寺还作为国立敦煌艺术研究所

〔10〕　敦煌研究院《敦煌莫高窟第85窟壁画保护工程》，《文物保护工程典型案例（第一辑）》，科学出版社，2006年，98~121页。

〔11〕　王进玉、吴来明《"丝绸之路古遗址保护——第二届石窟遗址保护国际学术讨论会"在敦煌莫高窟隆重举行》，《文物保护与考古科学》，2004年第3期。

〔12〕　Huang Kezhong. International Cooperation for the Protection of China's Cultural Heritage, Neville Agnew. Proceedings: Conservation of Ancient Sites on the Silk Road (The Second International Conference on the Conservation of Grotto Site, Mogao Grottoes, Dunhuang, People's Republic of China, June 28-July 3, 2004) The Getty Conservation Institute.Los Angeles, June 2010. pp. 41~45.

〔13〕　高念祖、贾瑞广、王进玉《敦煌莫高窟花砖的渗透加固保护》，《敦煌研究文集·石窟保护篇（下）》，甘肃民族出版社，1993年，288~295页。

〔14〕　Gao Nianzu, Jia Ruiguang and Wang Jinyu. Research on Protection of Ancient floor Tiles in the Mogao Grottoes, International Conference on the Conservation of Grotto Sites. Proceedings Conservation of Ancient on the Silk Road, the Getty Conservation Institute.Los Angeles, March 1997. PP. 120~126.

图 5　中美专家第 85 窟壁画保护现场讨论

图 6　第 85 窟壁画保护现场验收

时期、敦煌文物研究所时期工作和生活的基地[15]。1998年和2003年，中国文物研究所的傅清远先生参与了敦煌莫高窟下寺（三清宫）维修的论证，并主持了中寺和上寺的保护维修工程。这是敦煌莫高窟第一次大规模开展窟前建筑的保护维修工作[16]。先期实施的是下寺的维修，是配合藏经洞陈列馆而进行的。维修中拆除了敦煌文物研究所时期增加的隔墙等，全面恢复到了王圆箓修建时的建筑格局。为配合落架维修，对室内外壁画实施了揭取回帖保护，露出了被后期遮盖的壁画，总体上恢复和保持了下寺的原有风貌。但为了满足陈列需要，在下寺建筑后面按照既有建筑风格续建了展厅，从某种程度上改变了下寺的格局。

在保护维修上中寺时，敦煌研究院与中国文物研究所联合开展保护项目的现状调查、评估、保护方案的拟定并组织实施。整个维修过程贯穿了《中国文物古迹保护准则》关于古建筑保护的程序、原则等，吸取了下寺保护维修过程中的一些教训，最大限度保持了古建筑的原貌、不落架，尽可能采用原材料原工艺，建筑格局和单体建筑均保持原状。考虑到中寺曾作为国立敦煌艺术研究所和敦煌文物研究所的所址和生活办公用所，还应保持这个历史阶段的一些格局，并将中寺开辟为敦煌研究院院史陈列馆。

五 科技保护与基础研究

20世纪80年代以来，敦煌石窟的保护逐步从抢救性保护向全面的科学保护过渡，我们将这一时期称为科学保护时期[17]。敦煌研究院开展了一系列的国内国际合作，研究内容从壁画彩塑颜料的分析检测、气象环境和洞窟小环境监测、风沙活动规律监测研究、壁画病害机理研究到崖体风化与抗震稳定性研究等各个方面。这一时期，无时不见中国文物保护科学技术研究所专家的身影，其中参与最多的就是石窟保护专家黄克忠先生。无论是敦煌石窟及其附属建筑的加固维修工程，还是敦煌石窟及其壁画的综合研究重大项目、课题，从立项、实施到鉴定、验收，都得到以他为首的中国文物研究所专家的关心、指导。

值得特别介绍的是中美合作共同保护莫高窟项目。1988年3月26日，联合国教科文组织世界遗产委员会文物考察小组到达敦煌，对莫高窟的保护进行了考察。在教科文组织的帮助下，同年12月14日国家文物局和美国盖蒂保护研究所签订了双方合作保护莫高窟和云冈石窟的协议书。随后，双方专家展开合作研究，主要涉及莫高窟窟区及其洞窟的环境监测、壁画和彩塑颜料颜色监测、莫高窟崖顶流沙治理研究、石窟崖壁裂隙位移监测研究、薄顶洞窟加固方法及其材料的研究。黄克忠先生自始至终参与并指导了这一对莫高窟的保护产生长远影响的国际合作项

〔15〕　孙儒僩《莫高窟的上寺和中寺——国立敦煌艺术研究所基地回顾》，《敦煌研究》，2004年第1期。
〔16〕　孙毅华、傅清远、汪万福《西北地区古建筑土坯墙体、壁画的保护修复技术——敦煌莫高窟三座清代寺院的修复》，《民族建筑》，2008年第4期。
〔17〕　段文杰《莫高窟保护进入新阶段·敦煌研究文集·石窟保护篇上》，甘肃民族出版社，1993年，1~4页。

目[18]。经过 4 年的努力，中美合作保护莫高窟项目取得了丰硕成果。1993 年 10 月，由敦煌研究院、美国盖蒂保护研究所、中国文物研究所联合举办的"丝绸之路古遗址保护国际学术会议"在敦煌莫高窟隆重召开。来自美国、日本、英国、德国、中国香港、中国台湾等 18 个国家和地区的 100 多位专家和中国各地的 50 多位专家出席了会议[19]。在这次会议上，美国盖蒂保护研究所首席科学家、中国项目负责人内莫·阿根纽博士和黄克忠先生合作发表了《美国盖蒂保护所和国家文物局关于保护莫高窟和云冈石窟的报告》[20]，黄克忠先生还做了题为《中国石窟的保护现状》的特邀报告。之后，在他陆续发表的有关中国石窟保护研究的论文中，涉及敦煌石窟保护的文章有：《中国石窟的保护现状》、《中国石窟保护方法述评》、《甘肃石窟保护工作五十年的成功之路》、《纵观当前的石窟保护》、《从我国石质文物保护的历程看〈威尼斯宪章〉的影响》等[21~25]。其中，还有一些论文则是对敦煌石窟保护的专门研究，如《地震对莫高窟及附属建筑的影响》、《任重而道远的莫高窟文化遗产保护》、《评介莫高窟旅游开放的挑战与对策》[26~28]等。

六　敦煌建筑研究

在对敦煌建筑的研究中，一位大师不能不提及，他就是中国近代古建筑研究的开拓者梁思成先生。敦煌壁画中，建筑是最常见的题材之一，因建筑物最常用作变相和各种故事画的背景。在中唐以后最典型的净土变中，背景多由辉煌华丽的楼阁亭台组成。在较早的壁画，如魏隋诸窟狭长横幅的故事画，以及中唐以后净土变两旁的小方格里的故事画中，所画建筑较为简单，但大多是描画当时生活与建筑的关系的，供给我们另一方面可贵的资料。

1937 年 6 月，中国营造学社的一个调查队，是以莫高窟第 61 窟的《五台山图》作为"旅行指南"，在南台外豆村附近"发现"了至今仍是国内已知的唯一的唐朝木建筑——佛光寺的正殿。在那里，他们不仅找到了一座唐代木构，而且殿内还有唐代的塑像、壁画和题字。研究佛光寺，敦煌壁画是他们比较对照的主要资料，但要

〔18〕　黄克忠《地震对莫高窟及附属建筑的影响》，《敦煌研究》，1991 年第 3 期。

〔19〕　王进玉《"丝绸之路古遗址保护国际学术会议"在敦煌召开》，《文物保护与考古科学》，1993 年第 2 期。

〔20〕　Neville Agnew, Huang kezhong. Projects of the Getty Conservation Institute and the State Bureau of Cultural Relics, research on protection of ancient floor tiles in the mogao grottoes. International Conference on the Conservation of Grotto Sites. Proceedings Conservation of Ancient on the Silk Road, the Getty Conservation Institute Los Angeles, March 1997. PP. 23~27.

〔21〕　黄克忠《中国石窟的保护现状》，《敦煌研究》，1994 年第 1 期。

〔22〕　黄克忠《中国石窟保护方法述评》，《文物保护与考古科学》，1997 年第 1 期。

〔23〕　黄克忠《甘肃石窟保护工作五十年的成功之路，甘肃文物工作五十年》，甘肃文化出版社，1999 年，126~129 页。

〔24〕　黄克忠《纵观当前的石窟保护》，《石窟寺研究》，2013 年第 4 期。

〔25〕　黄克忠《从我国石质文物保护的历程看〈威尼斯宪章〉的影响》，《中国文物科学研究》，2014 年第 2 期。

〔26〕　黄克忠《地震对莫高窟及附属建筑的影响》，《敦煌研究》，1991 年第 3 期。

〔27〕　黄克忠《任重而道远的莫高窟文化遗产保护》，《敦煌研究》，2006 年第 6 期。

〔28〕　黄克忠《评介莫高窟旅游开放的挑战与对策》，《中国文物报》，2008 年 6 月 27 日。

了解唐代建筑形象的全貌，则还得依赖敦煌壁画所供给的丰富资料。更因为佛光寺正殿建于 857 年，与敦煌大多数的净土变相属于同一时代，我们把它与壁画中所描画的建筑对照，可以知道画中建筑物是忠实描写，才得以证明壁画中资料之重要和可靠的程度。

他的研究成果发表在 1951 出版的《文物参考资料》第二卷第 5 期，在论文中写道：我们对于唐末五代以上木构建筑形象方面的知识是异常贫乏的。最古的图像只有春秋铜器上极少见的一些图画。到了汉代，亦仅依赖现存不多的石阙、石室和出土的明器、漆器。晋魏齐隋，主要是云冈、天龙山、南北响堂山诸石窟的窟檐和浮雕，和朝鲜汉江流域的几处陵墓，如所谓"天王地神冢"、"双楹冢"等。到了唐代，砖塔虽渐多，但是如云冈、天龙山、响堂诸山的窟檐却没有了，所依赖主要史料就是敦煌壁画。壁画之外，仅有一座 857 年的佛殿和少数散见的资料，可供参考，作比较研究之用[29]。

余鸣谦先生也针对敦煌几座木构窟檐进行了一些调查研究[30]，为仅存的几座无比珍贵的晚唐和五代宋时期窟檐的保护奠定了基础。

七　敦煌石窟保护规划编制

莫高窟作为实践《中国文物古迹保护准则》的试点，《敦煌莫高窟保护总体规划》的编制始终是在《准则》的指导下进行的[31]，在《敦煌莫高窟保护总体规划》的编制过程中，中国文化遗产研究院的黄克忠先生、付清远先生均给予了很大的支持和帮助，多次参与《规划》的论证，为《规划》的修改提出了很多的宝贵意见和建议。在《规划》成功编制和实施的基础上，我院又启动了《榆林窟文物保护规划》编制，《榆林窟文物保护规划》由中国文化遗产研究院负责，联合兰州大学和敦煌研究院共同完成，规划编制的负责人为中国文化遗产研究院的查群高级工程师。在大家的共同努力下，2014 年国家文物局通过了《榆林窟文物保护规划》的论证，2015 年度甘肃省人民政府正式颁布实施。整个规划的立项、审查和论证过程中，中国文化遗产研究院的黄克忠先生、付清远先生等多名专家参与其中，也为规划的编制贡献了他们的聪明才智和宝贵意见。

八　结语

在敦煌石窟 70 年的保护历程中，敦煌研究院先后开展了石窟崖体的加固、壁画保护、窟前建筑及遗址保护、花砖保护等一系列研究与抢救性保护，进行了遗址的

---

[29]　梁思成《敦煌壁画中所见的中国古代建筑》，《文物参考资料》，1951 年第 5 期。
[30]　余鸣谦《莫高窟第 196 窟檐研究》，《科技史文集》第 7 辑，上海科技出版社，1981 年，92~97 页。
[31]　樊锦诗《〈中国文物古迹保护准则〉在莫高窟项目中的应用——以〈敦煌莫高窟保护总体规划〉和〈莫高窟第 85 窟保护研究〉为例》，《敦煌研究》，2006 年第 6 期。

监测、保护规划的编制等工作。敦煌石窟保护经历了一个从无到有，由抢救性到科学保护，并逐步进入预防性保护的过程。70 年来，敦煌石窟的保护理念日趋完善、保护技术不断创新、保护团队逐渐形成，如果没有中国文化遗产研究院历代前辈和时下才俊的直接参与和持续支持，这些成绩的取得是无法想象的。他们对敦煌石窟的保护研究做出的卓越贡献，我们深表感激，并致以崇高的敬意。

在中国文化遗产研究院建院 80 周年之际，敦煌研究院衷心祝愿中国文化遗产研究院的未来更加美好！祝两院之间的友谊永久长存！

Towards the 60th anniversary of ICCROM and its commitment for the conservation and restoration of cultural property

Stefano De Caro
Director General of ICCROM

I am honoured to be here and I would like to thank.... For this invitation and the opportunity to share with you some reflections on ICCROM commitment for the conservation and restoration of cultural property, commitment that is going toward its 60th anniversary.

What is ICCROM? The idea of ICCROM originated from an expressed intention of the countries participating in the IX General Conference of UNESCO, in 1956, almost 60 years ago, to establish a "center for the study for the preservation and restoration of cultural property". Immediately after the end of World War II, the issue of reconstruction and restoration were particularly felt. Over time, the importance of the conservation/restoration of cultural property was articulated in various disciplines and interests that ICCROM, intergovernmental organisation, with its current 134 Member States, has considered with particular attention over time: from the management of risks, the living heritage, the question of the scientific aspects of the work in the preservation, without forgetting the regional collaboration, particularly crucial in a world where cultural heritage has increasingly become a target of destruction.

The People's Republic of China (PRC) has been participating to this process since its adhesion, dated 14/06/2000.

Where is ICCROM? The headquarters are located in Rome, in a portion of the Monumental Complex of San Michele a Ripa. More recently, thanks to an agreement with the Sharjah Emirate, ICCROM opened a Regional Centre specifically dedicated to the Arab States.

What ICCROM does? According to the art 1 of our Statutes, ICCROM's mission is to:

"Contribute to the conservation and restoration of cultural heritage around the world initiating, developing, promoting and facilitating conditions for such disciplines".

Over the past forty years, the concept of cultural heritage has been continually broadened. The Venice Charter (1964) made reference to "monuments and sites" and dealt with architectural heritage, but it also mentioned in its preamble that "Imbued with a spiritual message from the past, the historic monuments of generations of people remain to the present day as living witnesses of their age-old traditions".

The question therefore arises whether we can consider the "spirit of the place" associated to groups of buildings, vernacular architecture, industrial and 20th century built heritage.

Over and above the study of historic gardens, the historic urban landscape and the concept of "cultural landscape" highlighted the interpenetration of culture and nature.

Today an anthropological approach to heritage leads us to consider it as a social ensemble of many different, complex and interdependent manifestations, which constitute the intangible part of our heritage.

How does ICCROM work?

ICCROM structure comprise: a General Assembly, a Council and a Secretariat.

The General Assembly is composed of the delegates of Member States. One delegate shall represent each Member State.

Delegates should be chosen from amongst the best qualified experts concerned with the conservation and restoration of cultural property and, preferably, from amongst those associated with institutions specialized in this field.

UNESCO, the Istituto Superiore per la Conservazione ed il Restauro and non-voting members of the Council have the right to participate in sessions of the General Assembly in an observer capacity.

The Council shall consist of members elected by the General Assembly, a representative of the Director-General of UNESCO, a representative of the Italian Government, a representative of the Istituto Superiore per la Conservazione ed il Restauro and non-voting members (ICOM, ICOMOS, and IUCN)

The Secretariat of ICCROM consists, according to Statutes, of the Director-General and "such staff as may be required".

The organigramme has been evolving in time reflecting the needs and the activities. As of today the staff includes 35 staff members of which 14 professionals. The structure is articulated in three Technical Units: Knowledge and Communication, Sites, and Collections. The Office of the Director General and the Administrative and logistic services, complete the picture.

How budget is composed?

Biennial regular budget of 7,200,000 EUR (contributions of Member States)

For 2014-2015 the budget envelope envisaged 30% covered by extrabudgetary funds (of which 16% already committed)

Areas of Activity - ICCROM contributes to preserving cultural heritage in the world today and for the future through five main areas of activity Training, Information, Research, Cooperation and Advocacy

Training - ICCROM contributes to conservation training by developing new educational tools and materials, and organizing professional training activities around the world. Since 1966, ICCROM's courses have involved over 6,600 professionals.

Information - ICCROM has one of the world's leading conservation libraries. The catalogue contains over 100,000 entries relating to books, reports and specialized journals in more than 60 languages. ICCROM also has a collection of over 17,000 images. In addition, this website offers comprehensive information on international events and training opportunities in the field of conservation-restoration.

Research - ICCROM organizes and coordinates meetings to devise common approaches and methodologies and to promote the definition of internationally agreed ethics, criteria and technical standards for conservation practice. The ICCROM Laboratory is both a resource and reference point for conservation experts.

Cooperation - All ICCROM activities involve institutional and professional partners. Cooperation is provided in the form of technical advice, collaborative visits, and education and training.

Advocacy - ICCROM disseminates teaching materials and organizes workshops and other activities to raise public awareness and support for conservation.

Training – at the centre of our activities - The training at ICCROM, mainly addressed to middle careers professionals, aims to reinforce skills, facilitate intercultural and interdisciplinary dialogue. At a different level ICCROM contributes to raise the recognition of the role of conservation and restoration in the preservation of cultural heritage, e.g. through the partnership with E.C.C.O., at European level, as well as answering to demands by Member States and participating to hearings.

Snowball effect: the training to trainers' approach of ICCROM encourages and facilitates conditions to allow participants to replicate, and even teach, what they learnt in their own country and context.

Examples: First Aid to cultural heritage in times of conflict. After the course, local training '' first aid 'were conducted in Moldova and Moldova to Ukraine (2014), Lebanon (2013) and Egypt (2012-2014).

As we will mention also later there has been the case of an Egyptian participant, Abdel Hamid Salah co-founded the Egyptian Heritage Rescue Team (EHRT). This group of cultural heritage professionals working on damage assessment, stabilization of collections and the creation of temporary reserve plan to store them in an emergency collections. Their actions after the explosion of a bomb next to the Museum of Islamic Art in Cairo were covered by many media.

Collaboration - More and more ICCROM's activities are joint initiatives with various partners, including:

Governmental Institutions: Strategic Partners are the ministries responsible for relations with ICCROM and various institutions within its Member States, including archives, libraries, laboratories, information centres, universities, museums, etc. Governmental institutions contribute significantly to the pursuit of ICCROM objectives and the conceptualization, implementation and delivery of its programmes at the international, regional, and national centers level.

Multilateral Organizations and IGOs: ICCROM works with UN agencies and intergovernmental organizations which have similar goals, areas and programmes of joint interest.

Non-governmental Organizations: Nongovernmental organizations can be international, regional, or national, including archives, libraries, laboratories, information centres, universities, museums, etc. with initiatives structured around different themes and different geographical areas.

Private Sector: The private sector includes foundations, professional/ administrative associations, philanthropic organizations and commercial entities, including archives, libraries, laboratories, information centres, universities, museums, etc.

Knowledge and Communication Services - Information is another fundamental mandate which ICCROM attains through its Library and Archive and its 90,000 items, 107,000 entries in catalogue (biblio.iccrom.org), including a full range of worldwide conservation projects and debates.

Over 60 languages represented, including Chinese

Online requests to: docdelivery@iccrom.org

ICCROM Archives contain records on all our General Assemblies. This is the meeting every two years of delegates from all our Member States. In addition, records cover all of ICCROM's past programmes, past courses, staff mission reports to many countries, a collection of 200,000 images, and much more.

ICCROM Communications - ICCROM is primarily a meeting place for sharing knowledge, ideas, exchange, values and humanity. ICCROM is also a network of professionals, teachers, and technical and financial partners. Some figures: (click to show the lines with numbers):

· 45,000 monthly visits on our website

· over 13,000 subscribed to our monthly e-news (our news, events, conferences, job opportunities in the field, new publications, etc.)

· 40,000 facebook and over 8,600 followers on Twitter

Publications - ICCROM produces an Annual Report analyzing the activities of the solar year each edition refers to. Specific publications are developed both in paper and downloadable online.

ICCROM Programmes 2012-2017 - These are our ICCROM programme directions, agreed upon every two years at our General Assembly

And the first programme direction is Disaster and Risk management

What are the types of dangers that affect cultural heritage? They can be man made, based on conflicts related to ethnic, religious or political identity – and we know that heritage is a target in these instances

These conflicts target, damage and destroy heritage, both sites and collections, and through looting and illicit trade in antiquities can even provide revenue streams that perpetuate the same conflict.

Egyptian Heritage Rescue Team (EHRT) - In the wake of the Arab Spring unrest and revolution in Egypt, the course was given in Cairo in 2012 in order to train a national team of first aiders. Amazingly, the day of the graduation of this course... Was also the day that the Islamic Museum, located next to Tahrir Square in Cairo, was bombed.

Here is Abdel Hamid Salah, one of the principle members of the Egyptian Heritage Rescue Team who had taken the course in Rome, working in the museum section for Islamic glassware which was particularly badly hit in the bombing. This happening was picked up in the media and the Wall Street Journal among other newspapers reported on it.

There are also what we call natural disasters. Here a Buddha statue is surrounded by debris from a collapsed temple in the UNESCO world heritage site of Bhaktapur on April 26, 2015 in Bhaktapur, Nepal. In these cases the dangers arise out of the interactions between hazards, exposure and vulnerability – the presence of people in weakened buildings, danger of collapse, escape routes blocked by fire or flood, persons trapped, injuries and medical emergencies, lack of clean water and safe food, damaged transport infrastructure etc etc

Kathmandu cultural Emergency - in this case ICCROM and ICORP have set up a crowd-map in the goal of identifying heritage that can be salvaged one the initial humanitarian crisis has been dealt with.

The first priority, before developing a plan of action, is to involve local people in reporting on damaged heritage so that the overall situation can be assessed. After that, local experts and cultural institutions can be supported in their efforts to recover heritage through mobilizing the action of UNESCO and other specialized NGOs.

The report from this crowd-map has already been posted on the ICCROM website and ICCROM staff is participating in a fact finding and planning mission to understand how ICCROM can best assist in the next phase.

It is not always possible for outside experts to intervene physically on the ground for a variety of reasons, including their own safety. So in order to provide support to cultural heritage professionals in Syria, the ICCROM-ATHAR Regional Centre recently joined forces with UNESCO and the Arab Regional Centre for World Heritage – Bahrain (ARC-WH) to hold a course on First Aid to Built Cultural Heritage in Syria.

Twenty-three professionals working in Aleppo, Damascus, Daraa, Idleb, Deir Al-Zor and Homs participated in this intensive course. Participants discussed several aspects relevant to emergency response to endangered heritage: risk assessment, damage assessment, first aid to cultural heritage, rapid documentation, community engagement and emergency consolidation of damaged monuments and sites.

The training is the follow-up to a workshop organized in late 2014, which was attended by nine of the participants to this year's course. International and Syrian experts from UNESCO, ICCROM, ICOMOS and local NGOs conducted this workshop's programme that was developed in close cooperation with the Directorate General of Antiquities and Museums (DGAM) in Syria.

First Aid to Cultural Heritage in Times of Crisis - Keeping in all this in mind, ICCROM has been devising training modules to prepare heritage professionals to cope with these types of challenges. Our first course, First Aid to Cultural Heritage in Times of Conflict, was held in 2010 with funding from MIBAC and the "Prince Claus Fund" along with UNESCO and the "Blue Shield".

This course has been given in multiple editions in the years since then, and has been expanded to address all types of crisis situations, both conflict-based and natural disasters

The goal is to create and train a community of proactive first aiders, ready and able to intervene to protect heritage when disaster strikes.

One of the locations where the course was given was in Haiti as a result of the earthquake that took place there in 2010. Together with the Smithsonian institution and other partners, ICCROM carried out a version of the course for Haitian heritage professionals which included modules for hands-on disaster response. In that course, which took place six months after the earthquake, archive and museum collections still remaining under collapsed buildings were able to be recovered, conserved and properly housed. Otherwise they would have been lost forever. The course objectives were to train professionals; form a network to ensure maximum protection of collections within available resources and to promote recovery.

Disaster and Risk management has been already an important field of collaboration between China and ICCROM: the Eighth session of the international course on Preventive Conservation: Reducing Risks to Collections has been held at the Tianjin Museum from 21 July to 8 August 2014. It was a joint initiative with the collaboration between ICCROM, State Administration for Cultural Heritage (SACH) and the Chinese Academy for Cultural Heritage (CACH).

As Ms Lu Qiong, Representative of SACH and ICCROM Council Member mentioned in her opening speech, in China – and in many countries – the number of collections and museums have grown substantially in the last 10 years, requiring more than ever, access to professional development and international networking.

with the same partners an International Workshop will be organized within Re-ORG China in Chengdu, between 14 – 25 September 2015

What is RE-ORG? While the number of collections and museums are growing exponentially, an ICCROM survey (2010) indicated that world-wide, 60% of collections are at risk because of overcrowding and poor storage conditions. In this situation, museums cannot ensure the protection of their assets, nor use them for research or education. Furthermore, in case of emergency, no sound response can be implemented. In order to assist the smaller museums worldwide to address this situation, ICCROM and UNESCO developed RE-ORG, a step-by-step methodology. The focus of RE-ORG is on making improvements to existing storage areas, and not on planning and building new facilities.

[…]

An important part of ICCROM's mission is to strengthen the capacity of conservation communities within its Member States, in order to achieve their goals sustainably through the use of materials science and technology.

Understanding the material composition, characteristics, and decay mechanisms of heritage objects, as well as the scientific principles underlying conservation materials, methods, and approaches, is crucial for making sound decisions about conservation strategies.

The rapid development of modern material culture, combined with a broadening awareness of what we define as cultural heritage is such that the range of specific types of materials to be considered has significantly increased.

The rapid changes in the physical and economic environment worldwide brought on by climate change and restructured financial and social realities, call for concerted and efficient action. In this context, of particular importance is the identification and assessment of traditional and local conservation approaches. Accordingly, emphasis is placed on the ways in which material science and technology can facilitate the development of sustainable options in conservation practice.

Among the others, Sounds and images comprise a major portion of the world's memory and information encompassing diverse cultures, languages, governing systems, and creative expressions. Yet most of world's twentieth century audiovisual heritage is at risk of being lost. With the current transition from analogue to digital formats, cultural institutions worldwide are facing serious difficulties due to a lack of knowledge, skills and resources. Many sound and image collections are held in institutions that do not specialise in this area and therefore, lack the competencies or the necessary support to manage and preserve such collections.

As a response, ICCROM has introduced an international programme, SOIMA (Sound and Image Collections Conservation), to emphasize conservation training for mid-career professionals in charge of conservation and archiving of sound and image collections in cultural institutions. Activities include creation of instructional and reference materials, training of professional staff, and encouraging collaboration between professionals in different countries. The focus is on audiovisual collections residing in institutions that primarily care for non-audiovisual materials (libraries, museums, archives, cultural centers, etc.).

World Heritage properties act as flagships for conservation worldwide. New knowledge and concepts that are developed within the World Heritage context are often diffused to aid in the conservation of sites at a wider level. World Heritage properties are almost always complex places, which combine values related to the immovable with those related to movable and intangible heritage.

While the Convention itself focuses on immovable heritage, there is a strong need to develop integrated approaches to the conservation and management of World Heritage properties, which combine concerns for immovable heritage with those of the movable and intangible located within them.

As an Advisory Body to the World Heritage Convention, ICCROM is in a unique position to take advantage of knowledge gained within the World Heritage system, to help its Member States improve conservation and management of World Heritage properties and a wider range of sites. Its role within the Convention allows ICCROM to better understand conservation needs on a broad level, which benefits all of its work on conservation of immovable cultural heritage.

Its specific role with regards to training also provides ICCROM with access to information on training needs that are valid not only in the World Heritage context, but also at a much wider level.

People Centered Approaches - Conservation and Living Heritage affects and touches the diverse aspects of human life in many ways. The recognition of this fact has resulted in revisiting the definition of heritage and its integration into a wide variety of socio-political and economic aspects of society.

There is a growing demand for people-centered approaches to deal with many facets of heritage conservation:

· respect for diversity;

· a focus on both past and present;

· enhancement of the value of all cultural products;

· the influence of heritage on the contemporary life of people and how it can improve their quality of life;

· heritage as perceived by people, moving away from the sharp lines drawn between its various types (e.g. movable/immovable; tangible/intangible);

· respect for people's voices in conservation and management of heritage;

· the improvement of relationships between heritage and people;

· recognition of the living dimensions of heritage, particularly of religious heritage;

· consideration for the impact of globalization on living environments such as historic urban centres and cultural landscapes;

· the recognition of the custodianship of people for the long-term care of heritage;

· the link of heritage to the sustainable development of society;

· and relationships with a wide variety of non-professionals.

All of these challenges require new approaches to conservation and management of heritage, which must differ from the conventional methods.

ICCROM, over the years, has pioneered the highlighting of some of these issues (e.g. conservation as a cultural decision-making process; conserving the sacred; the living heritage approach; assessing values of collections as the basis for conservation decision-making, etc.). The Living Heritage Approach developed by ICCROM has touched on many of the above-mentioned issues and can be considered as a people-centered approach that could form a new paradigm, one which places the living dimension at the core of decision-making.

Regional collaboration has proved to be of substantial value to ICCROM Member States.

Whether it is coming together around shared training programmes, project-based collaboration, or through other initiatives, most heritage professionals now recognize regional collaboration as of great importance to the cultural heritage profession. Structured cooperation between geographically proximate initiatives can bring substantial added benefits to a network of institutions in a region, and to the organizations working together on international cooperation.

Commonality of issues, needs, types of heritage, cultural perspectives, and challenges faced in the regions underpin a strong case for regional collaboration. These can be extended to include common languages, history, or beliefs throughout regions in many parts of world.

Regional collaboration provides opportunities to address focused targets and objectives in depth. Collaboration of local partners, institutions, and colleagues allows a thorough analysis leading to sound solutions on the ground, sustainable in the long-term and rooted in the regions. For example, centres or institutional infrastructures associated with ICCROM have continued to be of great benefit to various regions, consolidating international presence in regional forums and platforms.

Regional collaboration is instrumental to the harmonious and effective development of ICCROM's overall programme. It nurtures the international perspective, helps to coordinate efforts thereby avoiding duplication, and optimizes impact, use of resources, and relevance of conservation actions worldwide.

ICCROM continues to strengthen the networks created within AFRICA 2009 and CollAsia 2010, and will continue to implement the current regional strategies such as ATHAR and LATAM. ICCROM will also work with Member States to identify and shape future regional initiatives.

ICCROM Council had the honour to count two members from China: Prof. Lu Zhou, lecturer of conservation at Tsinghua University in Beijing. He has worked closely with ICCROM, ICOMOS, UNESCO and World Heritage Institute of Training and Research for the Asia Pacific Region (WHITRAP).

Lu Zhou's close relationship with ICCROM began with his participation in the ARC course in 1988. From 2003-2011 he served on the ICCROM Council and during the latter part of his tenure, he enabled the publication of the volume, ICCROM and the Conservation of Cultural Heritage: a History of the Organization's first 50 years by Jukka Jokilehto, by securing the necessary funding to have it printed.

The ICCROM Award was given to him during the 28th General Assembly of ICCROM, on 27 November 2013.

Ms LU QIONG (2011- 2015) B.A. in World History and M.A. in Art History. She has an extensive experience in conservation, management, monitoring and nomination of World Cultural Heritage, as well in the organisation of more than 20 symposiums or training courses in China; Deputy Director of ICOMOS International Conservation Center—Xi'an; Involved in the organization of ICOMOS the 15th GA (2005), regional anural meeting (2008) and the advisory committee meeting (2012);

Some numbers: 112 course participants; 2 interns; 3 fellows; 3 visiting researchers; 44 official visits at ICCROM; 56 missions to China

5 partnership agreements, including:

A Memorandum of Understanding with WHITRAP Shanghai (World Heritage Institute of Training and Research for the Asia and the Pacific Region, Shanghai), to establish a framework of cooperation for capacity building activities in the Asia-Pacific Region and

A Framework Agreement of Cooperation with the State Administration of Cultural Heritage of China (SACH), to plan and execute cooperation activities between China and ICCROM.

a final slide on a personal note. In fact I had the honor to be the curator of the itinerant exhibition entitled "The two Empires: the Eagle and the Dragon", which showed, through art, the unparalleled splendor of the two greatest empires in history, namely China and the Roman.

The possibility has been to compare over 300 masterpieces that are part of the prestigious Imperial Rome or the treasure belonging to the Qin and Han Dynasties in Chinese (the period in question is that from the second century. BC to second century. DC). An exhibition that was received with particular favor in Beijing (the Beijing World Art Museum from July 29 to October 4, 2009 in celebration of the 60th Anniversary of the founding of the Republic China). Then moved to Milan and then to Rome at the Curia of the Roman Forum and Colosseum, October 6, 2010 to inaugurate the Year of China in Italy.

A parallel drawn with frescoes, statues, mosaics, tools, where there is a bit of everything from marble to silver, from pottery and ceramics. Customs, traditions, glimpses of daily life that testify two eras that have marked the history of civilization forever. Two worlds so far apart (at opposite ends of Eurasia), yet in many respects so close (they were empires that are immense size, more or less equal population, approximately 50-60 million people, with similar bureaucracies and strong militaries in equally invincible, able to subjugate all the other countries.

国际文物保护与修复研究中心 60 周年及其文物保护修复职责

Stefano De Caro

（国际文物保护与修复研究中心—— ICCROM 总干事）

我非常感谢你们的邀请，很荣幸来到这里，在 ICCROM 成立 60 周年纪念日之际，有机会介绍 ICCROM 就文物保护和修复所承担的职责。

ICCROM 是什么？

ICCROM 的理念源自大约 60 年前，即 1956 年联合国教科文组织第九届会议中参会国提出的构想：建立一个"文物保护和修复的研究中心"。在第二次世界大战结束后，文物重建和修复的任务显得日益迫切。随着时间的流逝，文物保护和修复的重要性通过不同的学科和利益方面予以明确，政府间组织 ICCROM 及其现有的 134 个成员国长期以来尤其关注以下方面：风险管理、活态遗产、保护工作涉及的科学问题。尤其是不要忘记地区合作，特别是当今世界，文化遗产日趋成为破坏目标，文物保护愈显尤为紧迫。中国自 2000 年 6 月 14 日加入 ICCROM 后，始终致力于推动文物保护进程。

ICCROM 在哪里？

ICCROM 总部位于罗马，是 San Michele a Ripa 历史建筑群的一部分。最近，在与沙迦酋长国签订合约之后，ICCROM 开设了专为阿拉伯国家服务的地区中心。

ICCROM 的工作是什么？

根据章程第 1 条，ICCROM 的使命是："致力于推动全世界文化遗产的保护和修复，发起、发展、推动文化遗产保护修复项目并为该项目提供便利条件。"

在过去的 40 年里，文化遗产的概念不断扩大。1964 年的《威尼斯宪章》提到了"文物建筑和古迹"并明确了建筑遗产的保护事宜，在其序言里表示"历经数代人的历史建筑保存至今，饱含着岁月传承的信息，成为古代传统的见证"。由此产生了一个问题，我们是否能够把"地域精神"与建筑群、本土建筑、工业建筑和 20 世纪的建筑遗产联系起来。古代花园、古代城市景观和"文化景观"概念的研究强调了对文化和自然的解读。如今，从人类学角度研究遗产让我们将其视作由众多纷繁复杂又独立的现象相互依赖组成的社会体系，这也构成了我们的非物质文化遗产。

ICCROM 如何开展工作？

ICCROM 的组织结构包括：全体大会、理事会和秘书处。

全体大会由成员国代表组成。一名代表代表一个成员国。所选代表应该是文物保护和修复领域的资深专家，最好是来自专门研究相关领域的机构。

联合国教科文组织、文物保护及修复高级研究所和理事会的无投票权成员有权以观察员身份参与全体大会。

理事会由全体大会选举的成员、联合国教科文组织总干事代表、意大利政府代表、文物保护及修复高级研究所代表和无投票权成员（国际博物馆协会、国际古迹遗址理事会和国际自然保护联盟）组成。

依照章程，ICCROM 秘书处由总干事和"所需的特定人员"组成。

秘书处的职能随着时间演变，并反映出当时的需求和活动。时至今日，秘书处的员工共有 35 人，包括 14 位专家。组织机构分为三大技术部门：知识与沟通、遗址、藏品。总干事办公室与管理和物流服务部门进一步完善了整体职能。

预算如何构成？

每两年的固定预算金额为 7200000 欧元（成员国缴纳的会费）。就 2014~2015 年而言，计划中 30% 的预算金额由预算外资金承担（其中的 16% 已兑现）。

活动领域——ICCROM 现在和未来将始终致力通过开展培训、信息、研究、合作和倡议五大活动，在全世界范围内实现文化遗产保护。

培训——ICCROM 将通过开发新的教育工具和材料，组织全球范围内的专业培训活动，为开展文物保护培训工作做出贡献。自 1966 年起，已有超过 6600 名专家参与 ICCROM 开办的课程。

信息——ICCROM 拥有世界上首屈一指的文物保护图书馆。目录包含与书籍、报告和专业期刊有关的超过 100000 条条目，涉及语言超过 60 种。ICCROM 收集图片超过 17000 张。此外，机构官网可提供文物保护和修复领域国际盛会和培训机会有关的综合性信息。

研究——ICCROM 负责组织和开办会议，力求共同构想出通用方法和方法论，敦促国际社会定义和约定文物保护操作的道德、准则和技术标准。ICCROM 实验室是文物保护专家的资料来源和参考点。

合作——ICCROM 的所有活动都涉及机构和专业合作伙伴。合作可采用技术建议、合作性访问、教育和培训等方式。

倡议——ICCROM 负责分发教学材料，组织研讨会和其他活动，来唤起社会意识和对文物保护的支持。

培训——作为我方活动的重心 ICCROM 的培训主要针对中等职业水平的专家，旨在于提高技术，促进跨文化和跨学科对话。从另一个层次而言，ICCROM 将使人们进一步认识文物保护和修复在文化遗产保护事业中承担的重要角色，例如：在欧洲范围内与欧洲保护修复组织联合会（E.C.C.O.）合作，应对成员国的需求并参与听证会。

雪球效应：ICCROM 的培训课程鼓励参与者并为参与者提供了便利条件，方便他们在自己的国家和文化背景下向他人传达和教授他们所学到的知识。

范例：在冲突中抢救性修复文化遗产。在课程结束后，"抢救性修复"培训陆续在摩尔多瓦和摩尔多瓦到乌克兰（2014），黎巴嫩（2013）和埃及（2012~2014）展开。

正如我们将要提及的，一位埃及的受训者阿卜杜勒·哈米德·萨拉赫与合作伙伴共同创建了埃及遗产救援小组（EHRT）。此小组的文化遗产保护专家主要负责开展毁坏评估、藏品加固、制定临时保存计划并将藏品放置于临时安置点。许多媒体都报道了他们在开罗伊斯兰艺术博物馆爆炸之后的壮举。

合作——越来越多的合作伙伴参与到了ICCROM的活动中来，其中包括：

政府机构：战略合作伙伴指与ICCROM合作的部门及成员国的各个机构，包括档案馆、图书馆、实验室、信息中心、大学、博物馆等等。政府机构以实现ICCROM的目标为己任，为国际、地区和国内层面构想、实施和交付ICCROM项目做出了极大贡献。

多边组织和政府间组织：ICCROM与拥有相同目标、共享相同利益的领域和项目的联合国机构和政府间组织合作。

非政府组织：非政府组织可以是出于不同目的、在不同地域范围内自主成立的国际、区域或国内组织，包括档案馆、图书馆、实验室、信息中心、博物馆等等。

私人部门：私人部门包括基金会、专业/管理协会、慈善组织和商业实体，包括档案馆、图书馆、实验室、信息中心、博物馆等等。

知识和沟通服务——信息是ICCROM的另一项主要工作，这项职能主要通过图书馆、档案馆、90000个项目和107000条目录条目来实现，包括不同种类的世界级保护项目和辩论。其中包括中文在内，使用了超过60种语言。

ICCROM档案馆——档案馆包括我们全体大会的所有记录。全体大会是所有成员国代表每两年出席一次的会议。此外，档案馆还收录ICCROM过去所有项目和课程的记录、多个国家的考察报告和200000张图片等等。

ICCROM沟通——ICCROM主要是一个分享知识、理念、交流思想、价值观和人性观点的会场。ICCROM也是专家、教师、技术和财务伙伴构成的网络。相关数字如下：

官网每月访问量达到45000人次。

超过13000人订阅我们的每月电子新闻（我们的新闻、活动、会议、工作机会、新的出版物等等）。

40000名脸书粉丝和超过8600名推特粉丝。

出版物——ICCROM每年都会制作一份年报，分析该年度开展的所有活动。专题出版物将采用纸质形式和可下载的在线形式。

《ICCROM项目2012~2017》——这是我们ICCROM的项目指南，由两年一次的全体大会批准。

第一份项目指南是《灾难和风险管理》。

哪些种类的危险会影响文化遗产？

这些危险可能是源自人为因素，包括民族、宗教或政治冲突——我们知道文化遗产是这类冲突的破坏目标。这些冲突针对损坏和毁灭文化遗产（包括遗址和藏品），洗劫和非法交易文物甚至能够为这种冲突提供源源不断的资金支持。埃及遗产救援小组（EHRT）——在埃及爆发阿拉伯之春骚乱和革命后，我们于 2012 年在开罗开展了相关课程，旨在培训出一支负责抢救性修复的国内团队。令人意想不到的是，在课程结束当日，开罗解放广场边的伊斯兰博物馆遭到了炸弹袭击。阿卜杜勒·哈米德·萨拉赫，作为埃及遗产救援小组的主要成员，曾在罗马参与了培训课程，他在博物馆主要负责的是伊斯兰玻璃器皿，而玻璃器皿在炸弹袭击中损毁得最为严重。这一事件引起了媒体的广泛关注，华尔街日报等报纸都做了专题报道。

还有一些案例是受自然灾害影响。2015 年 4 月 26 日尼泊尔巴德岗的一座佛像，佛像周围遍布着寺庙坍塌后留下的残垣断壁，而这里正是联合国教科文组织认定的世界文化遗产——巴德岗遗址。在这些案例中，危险都是源自危险性、暴露性和易损性因素的互相影响——人们出现在摇摇欲坠的建筑中、随时有坍塌的危险、逃生道路被火灾或洪水阻拦，受困的人、伤者和医疗紧急援助，缺乏清洁的水和安全的食物，交通设施遭到破坏等。

另一个案例是加德满都文化急救。在这个案例中，ICCROM 和 ICORP 成功地发动群众绘制地图，目的是将可以抢救的文化遗产作为人道主义救援的核心目标。在制定行动计划之前，最重要的是向当地群众获取被破坏遗产的相关信息，从而评估整体状况。此后，当地专家和文化机构才可以竭尽全力地通过动员联合国教科文组织和其他专业非政府机构，来进一步修复文化遗产。

发动群众绘制地图所得出的报告已公布在 ICCROM 网站，ICCROM 员工都肩负起开展实地调查和项目规划的使命，目的是明确 ICCROM 下一步应该采取的最佳援助措施。

出于各种因素，包括考虑到他们的自身安全，外部专家可能无法实地参与保护性干预。为了能够为叙利亚的文化遗产保护专家提供支持，ICCROM–ATHAR 地区中心近期与联合国教科文组织和世界遗产阿拉伯地区中心（ARC-WH）团结合作，在叙利亚开办了抢救性修复建筑文化遗产课程。

在阿勒博、大马士革、德拉、伊德利卜、戴尔泽尔和霍姆斯工作的 23 名专家都参与了这项强化课程。参与者讨论了抢救性修复濒危遗产涉及的多个方面：风险评估、损坏评估、抢救性修复文化遗产、快速记录、社区参与、损坏历史建筑和遗址的紧急加固。

这项培训是 2014 年末组织的研讨会的延续，今年课程的九名参与者都曾参与该项活动。来自联合国教科文组织、ICCROM、ICOMON 和当地非政府机构的国际和叙利亚专家都参与了研讨会的项目，而研讨会的顺利开展得到了叙利亚文物与博物馆理事会（DGAM）的鼎力相助。

在危机中抢救性修复文化遗产——必须时刻铭记于心的是，ICCROM 始终致力于修改培训课程，目的是让文物保护专家有能力应对多种挑战。我们的第一项课程，

"在冲突中抢救性修复文化遗产"于 2010 年由 MIBAC、"克劳斯亲王基金"、联合国教科文组织和"蓝盾"共同出资举办。自此之后，该项课程的内容顺应需求不断改变和充实，足以应对所有危机状况，包括人为冲突和自然灾害。课程的目的是创造和培养一批积极主动的紧急救助专家，时刻准备并足以在灾难来临时保护文化遗产。课程的举办地之一就是 2010 年大地震的发生地——海地。在史密森学会和其他合作伙伴的支持下，ICCROM 为海地文化遗产保护专家开设了具有针对性的课程，包括关于亲自动手开展灾后响应工作的内容。该课程举办于地震发生的六个月后，坍塌建筑下掩埋着的档案馆和博物馆藏品得到了回收、保护和妥善放置。如果不这么做，我们将永远失去这些珍宝。该课程的目的是培养文物保护专家；打造一个网络，确保能够最大程度利用可用资源保护藏品并进一步回收藏品。

灾难和风险管理是中国与 ICCROM 合作的重要领域之一：第八届馆藏文物风险防范国际培训班于 2014 年 7 月 21~8 月 8 日在天津博物馆举办。这是 ICCROM、国家文物局（SACH）和中国文化遗产研究院（CACH）协力开展的重要项目。作为 SACH 代表和 ICCROM 理事会成员，陆琼女士在开幕式致辞中提到：过去的 10 年里，在中国及许多其他国家，馆藏文物和博物馆的数量与日俱增，这就需要我们大力培养专业人士和国际互连合作。在同一合作伙伴的支持下，我们将于 2015 年 9 月 14~25 日在成都举办博物馆库房重整（RE-ORG）国际培训班。

RE-ORG 是什么？

随着馆藏文物和博物馆数量的与日俱增，一项 ICCROM 调查（2010）表明：由于过度拥挤和破旧不堪的储存条件，有 60% 的馆藏文物面临风险。在这种情况下，博物馆无法保证财产的安全，更无法将藏品用于研究和教育。此外，如果发生紧急事态，完全无法实施妥善的对策。为了能够在全球范围内协助小型博物馆应对这一状况，ICCROM 和联合国教科文组织开发了 RE-ORG，一种层层递进的方法。RE-ORG 的目的是改善现有储存环境，而不是计划和建设新的建筑设施。

ICCROM 的一项重要使命是增强成员国文物保护团队的能力，通过运用材料科学和技术可持续地实现目标。了解材料的构成和特性、文物的衰变机制、保护材料、方法和研究的科学原理对做出文物保护战略方面的妥善决策来说，具有重要意义。现代材料正经历着快速发展，随着我们对文化遗产的认识日趋深入，我们必须了解的材料种类也在不断丰富和充实。

气候变化、财政和社会实体的重组导致全球范围内自然和经济环境的快速变化，这也要求我们团结一致，采取高效的应对措施。在这种环境下，鉴定和评估传统和当地的保护措施至关重要。因此，我们必须聚焦材料科学技术如何在文物保护的实际操作过程中为可持续发展提供便利条件。

在众多事物中，声音和图像构成了世界记忆和信息的重要方面，用以传达不同文化、语言、管理系统和创意。然而，20 世纪的视听遗产正面临着毁灭的风险。虽然我们如今已能够将模拟转为数字形式，但全世界范围内的文化机构都陷入缺乏知识、技能和资源的窘境。许多声音和图像藏品所属的研究机构并非专业，因此，他们缺乏相应能力或管理和保护藏品的必要支持。

作为回应，ICCROM 引入了国际项目 SOIMA（声音和图像藏品保护），以强调对文化机构内负责保护和归档声音和照片藏品的中等职业水平的专家进行文物保护培训。活动包括制作指导和参考材料、培训专业人员和鼓励不同国家的专家开展合作。重点主要是关注非视听材料的机构所储存的音频视频藏品（图书馆、博物馆、档案馆和文化中心等等）。

世界遗产是世界范围内遗产保护的主要目标。针对世界遗产研发的新知识和新理念通常将用于全世界范围的文化遗址保护。世界遗产通常是建筑群，包括不可移动遗产、可移动遗产和非物质遗产。鉴于公约关注的是不可移动遗产，需要创造综合性的方法，来保护和管理世界文化遗产，包括要综合性地考虑不可移动遗产及不可移动遗产中的可移动遗产和非物质遗产。

作为世界遗产公约的咨询机构，ICCROM 处于一个独特地位，可以利用世界遗产系统获取的知识来协助成员国改善对世界遗产和其他遗址的保护和管理。ICCROM 就公约承担的责任使其能够从更高的层次来理解保护的需求，从而更好地开展与不可移动文化遗产保护有关的工作。ICCROM 在培训承担的特定角色也能使其从世界遗产和更高的层次了解培训需求的相关信息。

以人为本的方法——保护和活态遗产以许多方式影响和接触人类生活的各个领域。对这一事实的认可能够让我们反思对遗产的定义，并将其融合进社会、政治和经济生活的各个方面。

我们越来越需要采用以人为本的方法来处理遗产保护的许多方面：

尊重多样性；

关注过去和现在；

提升所有文化产品的价值；

遗产对现代人类生活的影响及其如何影响生活品质；

人类所认识的遗产，摆脱种类的严苛束缚，例如：可移动／不可移动；有形／无形；

在保护和管理遗产过程中，尊重大众的声音；

改善遗产与人的关系；

确认遗产的现有规模，特别是宗教遗产；

考虑全球化对生活环境的影响，例如：历史城市中心和文化景观；

明确长期负责遗产保护的管理员；

将遗产与社会的可持续发展联系起来；

与非专家群体的关系。

所有这些挑战都需要采用遗产保护和管理的新方法，且必须与传统方法区别开来。

多年以来，ICCROM 始终是强调文物保护事宜的先驱（例如：保护作为文化决策过程；保护神圣之地；活态遗产的保护方法；将评估藏品价值作为保护决策的基础等等）。ICCROM 创造的活态遗产保护法涉及了上述事宜的多个方面，并被视作一种以人为本的方法，形成了一种新范式，即将生存环境作为决策核心。

事实证明，地区合作对 ICCROM 成员国来说有着重要价值。

无论是分享培训项目，还是以项目为基础或通过其他途径的合作，大部分遗产保护专家现在都认为，地区合作对文化遗产专业来说有着重要意义。相邻地区结构明确的合作方案能够让地区内机构构成的网络和开展国际合作的组织获得更大的助力。所面临的问题、需求、遗产种类、文化观点和地区面对挑战的共通性，是开展地区合作的坚实基础。这可以延伸并包括世界各地不同地区采用的相同的语言、历史或信仰。地区合作能够让我们有机会深入解决目标问题。当地合作伙伴、机构和同僚的合作有助于我们实现详尽的分析，并按照实际情况制定具有针对性的解决方案，扎根区域，从长远角度实现可持续发展。例如：ICCROM 附属的中心或研究机构将继续为不同机构提供帮助，巩固在地区论坛和平台上的国际影响力。地区合作有助于和谐有效地展开 ICCROM 所有项目。培育国际性视角，帮助协调工作，避免重复性劳动，扩大影响力，优化资源使用，提高全球范围内保护行动之间的相关性。

ICCROM 始终致力于巩固 AFRICA2009 和 CollAsia2010 打造的网络，并将继续实施 ATHAR 和 LATAM 等地区性战略。ICCROM 将与成员国合作，明确和制定未来的地区应对方案。

ICCROM 理事会非常荣幸能够有两名中国成员的加盟：其中一位是清华大学讲授文物保护学的吕舟教授。他与 ICCROM，ICOMOS，联合国教科文组织和亚太地区世界遗产培训与研究中心（WHITRAP）开展了密切合作。吕舟与 ICCROM 的不解之缘始于他 1988 年参与的 ARC 课程。自 2003~2011 年，他在 ICCROM 理事会任职。在他的任期结束前，他安排并负责出版了 Jukka Jokilehto 的著作《ICCROM 和文化遗产保护：机构发展的前 50 年历史》，并为作品的印刷募集了所需的资金。2013 年 11 月 27 日，第 28 届 ICCROM 全体大会向他授予 ICCROM 特别贡献奖。

陆琼女士于 2011~2015 年取得了世界历史文学学士学位和艺术历史文学硕士学位。她在世界文化遗产的保护、管理、监督和鉴定方面拥有丰富经验，而且她已负责在中国举办了超过 20 次研讨会或培训课程；她是 ICOMOS 国际保护中心西安分部副主任；参与了第十五届 ICOMOS 全体大会（2005），地区年会（2008）和咨询委员会会议（2012）的组织工作。

一些数字：112 名课程参与者；2 名实习生；3 名同事；3 名访问学者；44 次正式造访 ICCROM；56 次派遣代表团前往中国。

五份合作协议包括：

与 WHITRAP 上海分部（亚太地区世界遗产培训与研究中心上海分部）签订的《谅解备忘录》，建立亚太地区能力建设活动的合作框架，以及与中国文化遗产研究所签订《合作框架协议》，计划并实施中国和 ICCROM 的合作活动。

实际上，我非常荣幸地担任了"两个帝国：鹰与龙"巡回展览的策展人，这次展览表明中国和罗马这两个历史上的大国能够通过艺术擦出耀眼的火花。

我们可以借此比较来自罗马帝国和中国秦汉两朝（公元前 2~2 世纪）的 300 多

件珍宝。这次展览在北京引起热烈反响（举办地为北京中华世纪坛世界艺术馆，展览时间为 2009 年 7 月 29 日 ~10 月 4 日，以庆祝中华人民共和国成立 60 周年）。随后于米兰进行展览，最后一站于 2010 年 10 月 6 日在罗马教廷和罗马斗兽场拉开序幕，以此作为意大利"中国文化年"的重要活动之一。

这两大帝国都创造了壁画、雕塑、马赛克和工具。文物材质从大理石到银器，从陶土到陶瓷。我们能够了解两大帝国的风俗、传统和日常生活，并再度深刻意识到这两个时代无疑是人类文明的璀璨历史。虽然这两个世界相隔万里（在欧亚大陆的两端），但他们有着如此多的相似之处，他们都是泱泱大国，人口数量相差无几，大约是 5000~6000 万人，具有类似的贵族阶级和坚不可摧的军事实力，足以与其他国家相匹敌。

Overview of Institut National du Patrimoine (INP)
And its international cooperation policies

Philippe Barbat
Director of the INP

Summary: The Institut National du Patrimoine (National Institute for Heritage), or INP is both an school for higher studies and a professionnal training center specialized in the field of heritage. The students are either future curators, specialized in archaeology, archives, historical monuments, inventory of cultural heritage, museums and scientific, technical and natural heritage, or future restorers, specialized in furniture, textile arts, sculpture, books and graphic arts, painting, fire arts and photography. These top level professionals, selected after a very demanding competition, follow a high quality training which allows them to lead or to work for the greatest French heritage institutions : the Louvre, Versailles, the National archives, and so on.

The INP is also the reference training center in France for heritage professionnals. Each year, the INP welcomes about 1 000 people who follow training sessions provided by top level heritage specialists and covering a very wide range of issues.

Based on this experience, INP is strongly oriented towards international development and cooperation. This includes not only the welcoming of foreign students, but also international expertises in the field of heritage. Many countries were or are presently involved in those programs. The 2014 governmental agreement between China and France on exchange of heritage training competences and skills paves the way to a new partnership between INP and the Chinese heritage institutions.

Keywords: Heritage, Training, Curators, Restorers, Partneships

It's a great honour for the French national institute of heritage to be part of this conference. Thanks a lot to Mr. Director of the CACH, for inviting me and for the warm welcome.

Since I took up my duties as the director of the national Institute in January 2015, this is my first trip abroad and I am very happy that this trip is in China since this is also my first visit in your country.

Since more than 10 years, the national Institute established strong cooperations with Chinese institutions in charge of heritage. But since most of you don't know our Institute, let me first present it to you.

The national Institute is both a school for higher studies and a professional training center specialized in the field of heritage. It is a public administration depending on the ministry for culture and communication. The Institute is settled in Paris and in Aubervilliers, a city close to Paris.

Last May, we inaugurated our new settlement for the restorers in Aubervilliers and we are proud of this new building which includes up to date equipment for heritage restoration and a laboratory for research.

The first responsibility of our Institute is the training of the students curators. In France, the curators are in charge of leading and managing high level heritage institutions such as museums, archives centers or archaeological repositories. They have six specialities: archaeology, archives, historical monuments, Inventory of cultural heritage, museums, and scientific, technical and natural heritage. Our students curators have to pass a very difficult competition in order to join our Institute. Each year, close to 800 persons apply for only 30 posts.

The students are selected for their very high academic level in history, history of art, and archaeology. Their training in our Institute lasts 18 months and is devoted both to scientific and professional issues related to heritage, and to the study of law, economics, communication and management, because we think that all those competencies are now required in order to lead or to manage cultural institutions.

Our second responsibility is the training of heritage restorers. Like the students curators, our restorers have to pass with success a very difficult competition to join our school, including tests of science, history of art and manual skill.

Their training lasts 5 years and they choose one of the 7 specialities of the Institute: furniture, textile arts, sculpture, books and graphic arts, painting, fire arts and photography. Like the students curators, their schooling is shared between courses and internship in France and abroad.

Each year, we welcome about 1 000 heritage professionals in our professional training center, mostly from France but also from abroad. We builded a network of top level French heritage professionals who accept to share their knowledge and to teach for us. The range of training we propose is very wide: restoration techniques, management of museum's collections, law issues related to heritage and so on. We also organize specific training for the Louvre museum, the national museum for modern art, the national institute for archaeological researches, and so on.

Based on our experience in France, we develop several types of international cooperation.

First of all, all our students, whether curators or restorers, make an internship in a foreign country. The purpose is to open the mind of our French students to the heritage expertise of other countries. Some of our students have already been to China and were very happy on what they learned. The other purpose is to allow our students to build an international professional network.

We also welcome students from abroad in our Institute who can benefit from a 2 months or more personalized training. We receive many appliances from all over the world each year and we select the best profiles.

Our international policy also includes international expertises. When we are asked by foreign country, we can propose field-schools for heritage restoration, expertises on heritage conservation and management and advices on training for high level professionals. Since 25 years, we builded projects with many foreign countries, including China. Our current partners this year are Morocco, Albania, and the United Arabs Emirates, which we advise for the training of the managers of "Le Louvre Abou-Dabi" and other museums which are being built in this country.

Let me finish my speech with the cooperation between our Institute and China.

This cooperation is now enforced by the international agreement concluded last October 2014 in the museum for Asiatic arts in Paris between their Excellencies the vice-Minister Li-Xiaojie and the French minister of culture Fleur Pellerin, on the occasion of the great exhibition devoted to Han culture in Paris.

To quote the vice-minister's speech this morning, "to build the future, we have to look at the past".

Since 2003, our Institute realized several cooperations with Chinese institutions in charge of heritage such as the training of Chinese professionals by top level French professionals in China and in Paris. Between 2003 and 2012, we welcomed close to 600 Chinese students and professionals in our training, in the fields of scientific and cultural projects for museums, archeological and historical sites management, or the inventory of monuments.

With the agreement concluded in October 2014, new fields of cooperation are open for CACH and our Institute, since CACH and our Institute are, I can say, at the chore of this agreement.

First of all, we should develop a new range of training corresponding to the needs of China. We will discuss that in the next coming weeks but we can think that such issues as the prevention of archaeological sites looting, the techniques for inventory of museum collections, collections security or the management of world heritage could be relevant.

We also have to develop the exchanges between Chinese and French heritage professionals. Next year, we will have the honour and the pleasure to welcome five high level Chinese professionals in France, which were proposed to us by the CACH. We will do our best to welcome them and to provide them with a fruitful internship in France.

So, thanks again for your invitation. Our Institute is determined to involve in new perspectives of cooperation and I am very confident that we can reach success.

法国国立文化遗产学院（INP）及其
国际合作政策概述

Philippe Barbat

（法国国立文化遗产学院院长）

　　摘　要：法国国立文化遗产学院（INP）是专门从事文化遗产研究的高等学院和职业培训中心。学院的学生既可能是未来的管理员，投身考古、档案、历史遗迹、文化遗产名录、博物馆、科技和自然遗产保护事业，又可能是未来的文物修复师，专门从事家具、纺织艺术品、雕塑、书籍和平面艺术品、绘画、美术品和摄影作品的修复工作。这些高水准的专业人才在激烈的竞争中脱颖而出，此后又接受了高质量的专业培训，使得他们完全能够胜任法国顶级文化遗产机构（如：卢浮宫、凡尔赛宫、法国国家档案馆等）的管理或具体工作。

　　法国国立文化遗产学院也是培养文物保护专业人才的知名培训中心。每年，法国国立文化遗产学院都将迎来 1000 名学生，他们将参与顶级文物专家提供的培训课程，具体项目涵盖各个方面。

　　鉴于这些经验，法国国立文化遗产学院非常推崇国际发展和合作。学院不仅欢迎外国学生，也欢迎文化遗产领域的国际专家。许多国家都参与了这些项目。2014 年中国与法国就文化遗产领域的能力和技术交流签订了政府协议，这更是为法国国立文化遗产学院与中国文物机构之间新的合作关系铺平了道路。

　　关键词：遗产　培训　管理员　修复师　合作

法国国立文化遗产学院非常荣幸能够参加此次会议。非常感谢中国文化遗产研究院的盛情邀请和热情招待。

自 2015 年 1 月接任法国国立文化遗产学院院长以来，这是我首次出国访问，我很高兴这次旅程的目的地是中国，因为这也是我第一次拜访贵国。

十多年来，法国国立文化遗产学院与中国文化遗产研究机构建立了强大的合作关系（图 1）。但是，鉴于大部分人对我们学院知之甚少，请先让我稍作介绍。

法国国立文化遗产学院是专门从事文化遗产研究的高等学院和职业培训中心。本学院是由文化与新闻部建立的公共管理机构。本学院设有两大校区，分别位于巴黎和巴黎周边城市——欧贝维利耶（图 2、3）。

去年五月，我们在欧贝维利耶专为文物修复师设立的新校区正式揭幕，我们非

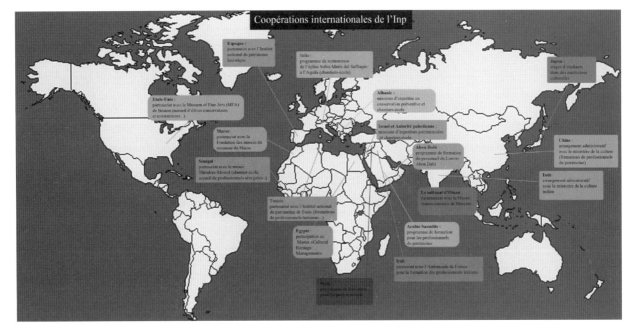

图 1　法国国立文化遗产学院与世界各地的合作

图 2　法国国立文化遗产学院遗产修复系——欧贝维利耶

图 3　法国国立文化遗产学院遗产保护系总秘书处（巴黎）

常引以为傲，因为新大楼囊括了文物修复领域最先进的设备和研究实验室。

本学院的第一项职责是培训未来的管理员。在法国，管理员将负责领导和管理高级别文化遗产机构，例如：博物馆、档案馆或考古研究中心。本学院设有六大专业：考古、档案、历史古迹、文化遗产清点、博物馆、科技和自然遗产。所有学生必须经过激烈竞争，才能进入本学院。每年都会有近 800 名学生角逐 30 个入学名额。

我们将以学生在历史、艺术史和考古学领域的学术水平来进行筛选。他们将在本学院接受为期 18 个月的培训，投身于文化遗产领域的科学和专业研究，学习法律、经济、沟通和管理知识，我们认为这些是现在领导和管理文化机构所必需的能力。

我们的第二项职责是培养遗产修复师。如同管理员专业的学生，修复师必须从层层筛选中脱颖而出，才能进入本学院，筛选方式包括科学、艺术史和手工技能等考试。

修复师的培训长达 5 年，他们可以从学院的七大专业中任选一个：家具、纺织艺术品、雕塑、书籍和平面艺术品、绘画、美术品、摄影。如同管理员专业的学生，他们的培训内容包括学校课程及法国和国外的实习。

每年，我们都将迎来 1000 名文化遗产领域的专业人士进入职业培训中心深造，大部分学生来自法国，其他来自世界各地。我们与顶级法国遗产保护专家建立了亲密的合作关系，他们愿意分享自己的专业知识并亲自授课。我们的培训范围涉猎极广：修复技术、博物馆展品管理、文化遗产相关法律问题等等。我们也会组织卢浮宫、国家现代艺术博物馆和法国国家考古研究所等机构的专项培训（图 4）。

鉴于学院在法国累积的丰富经验，我们推出了不同种类的国际合作（图 5）。

首先，我们的所有学生，包括管理员和修复师，都会前往外国实习。实习的目的在于让法国学生接触其他国家的文物保护知识，拓展他们的视野。我们的部分学生曾来到中国，并因自己学到的新知识而欣喜不已。另一个目的是让我们的学生建立起国际专业合作网络。

我们也欢迎外国学生来到本学院，接受两个月以上或量身定制的培训。我们每年都能够收到来自世界各地的大量申请，并从中挑选最优秀的学生。

我们的国际政策还包括国际专业知识。如果外国向本学院提出邀请，我们将就文化遗产修复、文化遗产保护和管理的专业知识、培养高水平专家的具体建议提供专项培训。25 年以来，我们与许多国家开设了合作项目，其中就包括中国。我们今年的合作伙伴是摩洛哥、阿尔巴尼亚和阿拉伯联合酋长国，我们建议为"阿布扎比的罗浮宫"及该国其他博物馆的管理员提供培训课程。

最后，我将深入阐述本学院与中国的合作。

2014 年 10 月，正值巴黎举办汉文化艺术展之际，中国文化部副部长励小捷阁下与法国文化与新闻部部长弗洛尔·佩勒兰于巴黎法国国立亚洲艺术博物馆签订了国际合作协议，进一步深化了两国的合作关系。

引用副部长今早发表的演说中的一句话"为了创造未来，我们必须回顾过去"。

自 2003 年起，我们与中国文化遗产保护研究机构开展了多项合作，包括邀请顶级法国专家在中国和巴黎为中国专业人士开展培训。2003~2012 年，我们的培训课程迎来了近 600 名中国学生和专家，涉及领域包括博物馆的科学和文化项目、考古和历史遗址管理和历史遗迹名录。

根据 2014 年 10 月签订的协议，作为协议的核心成员，中国文化遗产研究院和

图 4　培训及实习学生合影

图 5　法国国立文化遗产学院合影

本学院将进一步扩大合作领域。

　　首先，我们将根据中国的需求，量身定制一系列培训项目。我们将在接下来的几周时间里，开展进一步的详细讨论，但我们认为考古遗址的防盗、博物馆藏品的清点技术、藏品安全和世界文化遗产的管理都是密切相关的重要问题。

　　我们也希望进一步加强中国和法国文化遗产专家的交流。明年，依照中国文化遗产研究院的提议，我们将有幸邀请五位中国顶级专家来到法国。我们将竭尽全力接待他们并为他们提供丰富充实的法国实习之旅。

　　最后，我再一次诚挚感谢你们的邀请。本学院将致力于推动新形式的合作，我也非常有信心，一定能够取得成功。

Past, Present and Future: Cooperation between Tokyo National Research Institute for Cultural Properties and the Chinese Academy of Cultural Heritage on Cultural Heritage Conservation

Okada Ken

Tokyo National Research Institute for Cultural Properties, Japan

1. Introduction

In terms of transnational cooperation on cultural heritage conservation, I think the term "transnational" [1] has the following meanings:

Experts or institutions of one country help another country with their cultural heritage conservation, namely the relationship of the helper and the helped.

Experts and institutions of two countries jointly conserve each other's cultural heritage.

Experts and institutions of multiple countries work together on a project to conserve the same cultural heritage site.

In its different periods, China has been cooperated with different countries on different aspects of cultural heritage conservation objects and contents. I hold that in the 1960s, in frequent exchanges with Eastern European countries, China introduced many cultural heritage conservation related techniques and materials from Eastern Europe; in the 1970s and 1980s, China began to introduce Western European and American techniques and materials; and from the 1980s, China began to cooperate with Japan, typically on the Dunhuang project undertaken by Tokyo National Research Institute for Cultural Properties and the Dunhuang Academy. Through more than three decades' efforts, expected goals of the project have been achieved, and a favourable cooperative partnership has been established.

Now, on the 80th anniversary of the Chinese Academy of Cultural Heritage, I would like to review China-Japan cooperation on cultural heritage conservation in the past three decades and the cooperation between Tokyo National Research Institute for Cultural Properties (hereinafter referred to as TNRICP) and the Chinese Academy of Cultural Heritage (hereinafter referred to as CACH) in the past decade, and I expect to establish a more closer cooperation between them in the future.

---

[1] The term "transnational" is from Episode 20 transnational Action of National Treasure, a Chinese TV program broadcasted in 2010. The episode talks about the China-Germany project on the collaborative conservation of cultural relics unearthed from the Famen Temple in Shaanxi, the plan of TNRICP and CACH to train cultural heritage along the Silk Road conservation and restoration technicians, and the Chinese government's project to assist in the conservation of the Angkor Wat in Cambodia. (http://v.ifeng.com/documentary/discovery/201102/f4cfb9ed-0ace-4d22-a8ee-20444ff326d9.shtml)

2. The Establishment of International Cooperation Center of Cultural Heritage and the Initiation of the Project to Conserve and Restore the Cultural Heritage of Dunhuang

TNRICP and CACH have similar development time and functions, and are both national research institutes. TNRICP is primarily engaged in the domestic research and conservation of Japanese cultural properties, and it has not yet involved in the foreign cultural heritage protection work But in recent decade, TNRICP has been carrying out various kinds of cultural heritage protection and research projects in more than 20 countries and regions. Three decades ago, it realized the normalization of Diplomatic Relations between China and Japan. In May 1988, former Japanese Prime Minister Noboru Takeshita said in a speech in London during his visit to Europe that Japan would enhance three types of international assistance, including international cultural exchanges. To realise Prime Minister Takeshita's ideal, Japanese departments concerned began their studies, and put forward the following proposals:

Enhance the functions of TNRICP as a centre for international assistance;

Implement the cultural heritage conservation and restoration projects worldwide such as the Dunhuang site in China;

Begin to send talents for the purpose of conducting international cooperation on cultural heritage conservation as early as possible;

Improve Japanese domestic organizations with regard to the science of cultural heritage conservation and restoration techniques; and

Carry out personnel training and promote the exchanges with overseas researchers

The Dunhuang site conservation and research project had been mentioned in the Basic Japan-China Agreement on the Cooperation of Conservation of China's Cultural Properties signed by the foreign ministers of the two nations in 1984. Up until July, 1985, the Agreement on Intergovernmental Cooperation on Japan-China Cultural Exchanges further clarified Japan-China cooperation, followed by the initiation of investigation and research with regard to the conservation of the cultural heritage of Dunhuang. After preparation by the researchers from TNRICP and other organizations and by the personnel of the Agency for Cultural Affairs of Japan, substantial cooperative research began in 1988, The establishment of the research center of international cooperation and the Cooperation on Dunhuang site conservation and research project of TNRICP started almost at the same time

TNRICP is a unit which is engaged in the researches on the history, conservation science and technology as well as the restoration materials of cultural heritage. Its work at that time included fundamental researches on conservation science and technology and the basic researches of restoration materials, data collecting and personnel training, and excluded participation in cultural heritage restoration. Although The Japan Centre for International Cooperation on Conservation (whose predecessor was the Office for Asian Cultural Heritage Research established in 1990) had been conducting cooperative research with foreign institutions, but had not been involved specific content in the real conservation and restoration.

The agreement on TNRICP's Dunhuang project was formally signed 25 years ago in 1990. The project is not only TNRICP's first project of international cooperation, but is also a symbol of Japan's involvement in international cultural heritage conservation. The project was implemented in phases, each lasting for about 4-5 years. I, transferred to TNRICP from Nara National Museum in 1992, have participated in the project since its first phase. In 2006, when the project was in its 5th

phase, I, on behalf of TNRICP, began to serve as Japanese leader of the project.

Besides the Dunhuang project, the Office for Asian Cultural Heritage Research also implemented fundamental research, personnel training and other projects in Thailand and other countries, and at the same time, annually held a symposium on Asian cultural heritage conservation, inviting experts from Asian countries to Japan to participate the seminar and discussed the topics of the science and technology, restoration materials and other aspects which were selected each year. In 1995, the Office for Asian Cultural Heritage Research was renamed the Japan Centre for International Cooperation on Conservation.

3. Post-2001: Participation in UNESCO Projects and Other Activities

(1) Participation in the UNESCO's Longmen Grottoes conservation and restoration project during 2001-2009

The year 2001 marked an important turning point for TNRICP's international cooperation efforts. TNRICP, as an advisor to the UNESCO, participated in the project to conserve and restore the Longmen Grottoes, and both parties of Japanese and Chinese experts discussed the guidelines of the project.

As early as between the 1980-1990s, China's State Administration of Cultural Heritage organised seminars and other events at which TNRICP would have had many chances to get to know researchers from CACH. However, as far as I know, researchers of the two institutes began their first formal cooperation in 2001 on the project to conserve and restore the Longmen Grottoes, which involved Mr. Tadateru Nishiura, Mr. Takeshi Ishisaki from TNRICP, and Mr. Huang Kezhong, Mr. Fu Qingyuan, Mr. Wang Jinhua and others from CACH.

When the project began, the Japanese side had not fully known its role in a UNESCO-led project and how the division of work should be among experts from both countries. Because the project was financed by the Japanese government, we first developed a basic project scheme. In fact, as we had not implemented a cultural heritage site conservation project as large as it in Japan, we provided a rather experimental scheme, leading to the result that Chinese experts did not understand what the basic scheme meant. In addition, as project consultants and experts, we did not have the responsibility and right to manage the project, but believed that we should give suggestions on the implementation of the project on behalf of the Japanese side, giving rise to much misunderstanding. Also, as we did not attach the importance to communication in advance and at the same time, since there was a language barrier, we encountered great difficulty as soon as the project began.

In May, 2003, following the end of the SARS outbreak, I and another Japanese expert participated in a Chinese experts' seminar held in Luoyang by the UNESCO, which gave me a rare opportunity, making me know from their reports and speeches that China also has rich experience and strong confidence, and their past cultural heritage conservation experience and ideas for the future should be respected.

In that autumn, at the first conference after the project was relaunched, I, on behalf of the advisory body and Japanese experts, apologised to Chinese experts and co-workers from the Longmen Grottoes Research Institute, Luoyang Municipal Administration of Cultural Heritage and the like for having not learned the history and experience of China's cultural heritage conservation and wrongly insisting on the ideas of the Japanese side, and said that we would better improve our communication with the Chinese side in the future.

From then on, the relationship between Japanese and Chinese participants in the project was improved. We gained experience in transnational cooperation that greatly facilitated later cooperation.

(2) Changes in the Japanese government's focus of assistance after the War in Afghanistan and the Iraq War

The year 2001 witnessed great changes in cultural heritage. On 12 March, 2001, Afghanistan's Bamiyan Buddhas were destructed. After the 11 September, 2001 attacks, the US began to attack the Taliban. After the war, many countries participated in the reconstruction of Afghanistan, including such projects as the conservation of the Bamiyan Caves and the restoration of the Afghan National Museum in Kabul. The Iraq War beginning in 2003 also destroyed many cultural heritage properties, and saw many robberies, including the ransacking of the National Museum of Iraq. International organizations including UNESCO, cultural heritage agencies worldwide and cultural heritage conservators were all very concerned about these. The Agency for Cultural Affairs of Japan also got involved, deciding that TNRICP would assist in the conservation of Afghanistan and Iraq's cultural heritage properties. TNRICP established a special research office for Afghan and Iraqi projects under the Japan Centre for International Cooperation on Conservation, which somewhat compromised our projects in China, for example, the Dunhuang project was turned from a national level project into a common project headed by a subordinated department.

In the 1990s, the Japanese government financed the UNESCO to help implement cultural heritage conservation projects in China such as the Ancient City of Jiaohe (1993-1998) and the Hanyuan Hall of the Daming Palace (1995-2003). After 2001, the Longmen Grottoes project and the Kumutula Grottoes project implemented simultaneously, though being financed by the Japanese government, were the last two cultural heritage conservation and restoration projects under assistance from Japan in the name of the UNESCO. China's economy grew rapidly in the 21st century, making China economically cease to be a country receiving Japanese assistance. Therefore, TNRICP naturally changed its ways to help the Dunhuang Academy.

(3) Japan-China cooperation on the project to conserve and restore the stone sculptures of Tang mausoleums, during 2004-2009: Ikuo Hirayama and the conservation of Chinese cultural heritage

With less financial assistance from the Japanese government, Mr. Ikuo Hirayama (1930-2009), president of Tokyo University of the Arts and a famous Japanese painter, kept supporting our efforts. In the end of 1970s, he personally visited Dunhuang as a painter, realising the necessity and urgency to conserve Dunhuang wall paintings, and he immediately told Mr. Noboru Takeshita his ideas. This action led to the long-term cooperation between TNRICP, Tokyo University of the Arts and the Dunhuang Academy. In terms of China's cultural heritage conservation, Mr. Ikuo Hirayama cared about not only Dunhuang wall paintings, but also the Silk Road and others. When serving as a UNESCO

Goodwill Ambassador, he actively gave advises and did a lot of work. In April, 2004, the project to conserve and restore "stone sculptures of Tang mausoleums" under Japan-China cooperation was formally launched. An agreement was reached between the Foundation for Cultural Heritage and Art Research, whose representative was Mr. Ikuo Hirayama, and Shaanxi Provincial Administration of Cultural Heritage, to which the Foundation provided JPY 80 million for the conservation and restoration of the stone sculptures at the gates of the Qianling and Qiaoling Mausoleums, and the Shunling Mausoleum in which Lady Yang was buried, Empress Wu Zetian's mother. Parties being responsible for the project were TNRICP and the Xi'an Centre for Conservation and

Restoration of Cultural Heritage. Shaanxi Provincial Institute of Archaeology and the School of Archaeology of China's Northwest University participated in the project, which was brought to a successful close in March, 2009. A steering committee involving Japanese and Chinese experts, including Mr. Huang Kezhong, etc, was established as usual.

(4) Post-Wenchuan earthquake assistance from Japan during 2008-2009: emergency actions

Following the Wenchuan earthquake that struck Sichuan Province on 12 May, 2008, the Japanese government presented to the Chinese government in June, 2008 the Post-Wenchuan Earthquake Reconstruction Plan: Planned Assistance from Japan, which includes a proposal of the Agency for Cultural Affairs of Japan that "as required by China, Chinese experts can go to Japan for investigation, and Japanese and Chinese experts can conduct academic exchanges". In early July, 2008, the Chinese government replied that the Japanese side could contact Sichuan Province directly to talk about the provision of assistance. Accordingly, in late September, 2008, TNRICP sent two persons to take stock of the post-earthquake situation of cultural heritage in Sichuan.

After communication between TNRICP and Sichuan Provincial Administration of Cultural Heritage and completing the preparation, Japanese experts came to work in Sichuan. From 9-13, February 2009, China-Japan Seminar on Earthquake-Proof Strategic Measures for Cultural Heritage was held in Chengdu. During the seminar period, four parts of topics discussed on "structural analysis and enhancement of earthquake resistance performance with regard to historical and cultural relics", "earthquake-proof techniques for historical and cultural relics and their application", "earthquake-proof strategy measures for museums" and "earthquake-proof strategy measures to be taken by cultural heritage administrations", making China's earthquake-proof strategy measures for cultural heritage prototype take shape.

In July 2009, TNRICP went to Sichuan again to conduct a post-earthquake investigation, and visited Sichuan Provincial Administration of Cultural Heritage, Chengdu Municipal Administration of Cultural Heritage, Dujiangyan Municipal Administration of Cultural Heritage, Chengdu Museum and other cultural heritage administrations and units at different levels, as well as Shaanxi Provincial Administration of Cultural Heritage and the State Administration of Cultural Heritage, learning about earthquake countermeasures taken by the areas away from the epicentre and by the central government.

I, myself, participated in three events of this project. On 11 March, 2011, the Great Northeast Japan Earthquake and Tsunami caused enormous losses to cultural heritage properties. I served as director of the Office for Post-Disaster Rescue of Cultural Heritage, since I have learnt important revelation and lessons from my experience in Sichuan which gave me a great deal help.

4. Projects under Direct Cooperation between TNRICP and CACH

Two projects directly cooperated by TNRICP and CACH as follows:

(1) The cooperative project to research on the conservation of the wall paintings in the Zhihua Hall of the Zhihua Temple in Beijing, during 2001-2003

In September, 2001, in order to promote the further research exchanges, the directors of TNRICP and CACH signed a letter of intent in Beijing, which also involved Nara National Research Institute for Cultural Properties (NNRICP), because in 2001, TNRICP and NNRICP were merged and reorganized as an independent administrative institution. Accordingly, we began our research on cooperation and conservation of the wall paintings in the Zhihua Hall of the Zhihua Temple in Beijing based on the letter of intention. In 2006, both parts exchanged views on the letter of intention. When the Great East Japan Earthquake struck on 11 March, 2011, TNRICP began to function as the Office for Rescue of Cultural Heritage, ceasing to mention the letter of intent again.

(2) The protection and restoration technician training plan of cultural relics along the Silk Road, during 2006-2010

The project, formally known as the China-Japan-ROK Trilateral cooperation plan to train cultural heritage conservation and restoration technicians along the Silk Road , was hosted by China's State Administration of Cultural Heritage, and cosponsored by CACH and TNRICP. In 2004, agreeing with Ikuo Hirayama's proposal to conserve cultural heritage along the Silk Road, Samsung Japan told the Foundation for Cultural Heritage and Art Research that they would provide JPY 100 million to finance conservation and restoration projects in China. The Foundation asked me which cultural heritage property was the best choice. I thought JPY 100 million was certainly insufficient for a cultural heritage conservation project, and so suggested it should be used for personnel training.

Before then, most personal training projects of TNRICP and other Japanese institutions were implemented in Japan. But this time, it was planned that Chinese and Japanese teachers would jointly train young Chinese cultural heritage conservation and restoration workers in China. The plan, approved by China's State Administration of Cultural Heritage, was implemented by CACH. Besides JPY 100 million provided by Samsung Japan, the Foundation provided JPY 20 million for the project, and Samsung China provided JPY 25 million to China's State Administration of Cultural Heritage, as well as RMB 2.1 million allocated by China's State Administration of Cultural Heritage for the project. When Japan found it difficult to finance the project in 2008 when the global financial crisis erupted, China's State Administration of Cultural Heritage covered the financial shortage supplement itself. This is a very meaningful thing. Eastern Asian cultural heritage conservation was no longer a matter of one party helping another, but of mutual help from each other.

We chose the 8 disciplines of earthen sites, ceramics and metals, historic buildings, archaeological sites, paper, textiles, wall painting conservation and restoration as well as museology, and trained a total of 103 persons in 5 years, more than 160 Chinese teachers, more than 80 Japanese teachers involved in the teaching, and two South Korean teachers instructing classes both in the restoration of wall paintings and in textiles in 2010. As a result, China, Japan and South Korea cooperated on the provision of both funds and personnel.

5. Conclusion

In March, 2010, TNRICP held the International Conference on Asian Cultural Heritage in Tokyo, which convened Japanese, Chinese and South Korean national research institutes, including Japan's TNRICP and Nara National Research Institute for Cultural Properties, China's CACH and Dunhuang Academy (National Engineering Research Centre for the Conservation of Ancient Wall Paintings and Earthen Sites), and South Korea's National Research Institute of Cultural Heritage. The conference discussed the necessity and possibility of cooperative researches in the future. When extending my best wishes to CACH, I hope TNRICP and CACH will, based on their past cooperation, deepen their cooperation on the conservation of Asian cultural heritage and progress together, target at the protection of the whole Asian cultural heritage, and promote each other for mutual development in the future.

东京文化财研究所与中国文化遗产研究院跨国合作保护文化遗产的过去、现在和未来

冈田健

（日本东京文化财研究所）

一 前言

在我看来，跨国合作保护文化遗产，这个"跨国"[1]有几个含义：

① 一个国家的专家或机构帮助另一个国家的文化遗产保护工作，即帮助和被帮助的关系。

② 双方的专家和机构合力保护对方的文化遗产。

③ 多个国家的专家和机构联合在一起，共同开展同一文化遗产地的保护项目。

中国在不同时期跨国合作保护文化遗产的合作对象及合作内容是有所不同的。我认为，20世纪60年代中国和东欧国家的交流较为密切，保护文物工程上引用了许多东欧的技术和材料。70年代和80年代，中国开始引用西欧和美国的技术和材料。直至80年代以后与日本有了合作。最具代表性的就是东京文化财研究所和敦煌研究院合作的敦煌项目。该项目经过30多年的共同努力，合作双方已达到预期目标，并建立了良好的互助伙伴关系。

值此纪念中国文化遗产研究院建院80周年之际，回顾30年中日合作保护文化遗产的过往，以及近10年来东京文化财研究所（以下简称东文研）和中国文化遗产研究院（以下简称文研院）的合作，也期待将来更加紧密的合作。

二 文化遗产国际协力中心的建立和保护修复

敦煌文化遗产项目的开始

东文研和文研院有着相近的发展时间和相似职能，均为国家级研究机构。东文

---

[1] "跨国"这个词引用自中国的电视节目《国家保藏》第20集《跨国行动》。该期节目于2010年播出，介绍了陕西法门寺出土文物中德合作保护项目、中国文化遗产研究院和东京文化财研究所合作举办的中日韩丝绸之路沿线文物保护修复技术人员培养计划，以及中国政府援助柬埔寨吴哥窟保护项目的状况。http://v, ifeng, com/documentary/discovery/201102/f4cfb9ed-0ace-4d22-a8ee-20444ff326d9, shtml

研主要从事日本国内文化财的研究保护工作，一直以来并未参与国外文化遗产保护工作。但是最近 10 年东文研已在 20 多个国家和地区开展了各种文化遗产保护和研究项目。30 年前中日邦交正常化，1988 年 5 月，时任日本首相竹下登访问欧洲时，他在伦敦的一次演讲中提出日本将在世界范围内加强的三个国际协助活动，其中之一就是国际文化交流。为了实现竹下首相所讲的理想，日本国内有关部门开始研究，并提出如下倡议：

① 加强东京国立文化财研究所作为国际协助中心的职能。

② 实施推动中国敦煌遗址等世界各地文化遗产的保护和修复项目。

③ 为了进行国际保护文化遗产的合作，尽早实行人才派遣制度。

④ 完善国内文物保护科学和修复技术的组织。

⑤ 培养人才，促进与海外研究者的交流。

有关"敦煌遗址"的保护与研究项目，在 1984 年日中双方外交部长交换的《关于包括敦煌的保护中国文化财日中协力基本同意书》里已经被提出。到 1985 年 7 月，《日中文化交流政府间协力》中进一步明确了日中双方的合作，关于保护敦煌文化遗产的调查研究随即开始，经过东京国立文化财研究所研究人员和文化厅人员的准备，1988 年开始了实质性合作研究。东文研国际协力中心的建立和东文研开始敦煌这一项目的工作，基本上是同步进行的。

东文研是专门研究文化遗产历史、保护科技和修复材料的单位，当时的主要工作

图 1　第 4 期合作项目协议签署（2002 年 7 月）

图 2　莫高窟第 53 窟修复试验（2004 年 8 月）

图 3　第 1 届亚洲文化财保存讨论会（1990 年）

图4　第2届亚洲文化财保存讨论会（1991年）

内容有：保存科学和修复材料的基础研究、收集资料、培养人才。其工作职能不包含主动参与修复文化遗产。虽然文化遗产国际协力中心（前身为1990年建立的亚洲文化财研究室）一直保持与国外机构的合作研究，但没有涉及保护修复的具体内容。

　　东文研的敦煌项目于1990年正式签署协议，至今已有25年。该项目不仅是东文研首次开展国际合作，而且是日本参与国际间文化遗产保护的象征。该项目分期进行，每一期长约4~5年。本人1992年从奈良国立博物馆调到东文研工作，从项目第1期参加至今。到2006年，项目合作的第5期，我代表东文研开始担任该项目的日方负责人（图1、2）。

　　除了敦煌项目以外，亚洲文化财研究室还在泰国等国家开展了基础研究和人才培养等项目。同时召开每年一次的亚洲文化财保存讨论会（图3、4）。每年选定科技或修复材料等方面的题目，邀请亚洲各国的专家到日本举行会议。1995年亚洲文化财研究室改名为国际文化财保存修复协力中心。

三　2001年以后——参加教科文组织项目和其他活动

1. 参加教科文组织龙门石窟保护修复项目（2001~2009）

　　2001年对东文研的国际协力活动是一个很重要的转折点，东文研以教科文组织顾问的身份参加了龙门石窟保护修复项目，日中双方专家一起讨论了项目方针（图5）。

图5 教科文组织项目签署仪式（2001年11月）

　　早在20世纪八九十年代，中国国家文物局举办了许多研讨会等活动，东文研本应有很多机会和中国文物研究所的研究人员相识。但是据我了解，我们两所的研究人员第一次正式合作是在2001年开始的龙门石窟保护修复项目。具体的人员有：东文研西浦忠辉先生、石琦武志先生和当时的中国文物研究所的黄克忠先生、付清远先生以及王金华先生等等。

　　项目刚开始的时候，日方还没有完全理解在教科文组织牵头的项目中应承担的角色，与项目所在国的专家怎样具体分工。因为该项目的教科文组织经费是由日本政府提供的，我们便先做出了基础工程方案。实际上，我们在日本国内并没有做过那么大规模的文化遗址保护工程，所以我们出具的计划实验性比较强。导致的必然结果就是，中方专家未能理解基础方案的具体意思。另外，我们作为项目的顾问和指导专家，没有管理项目工程的责任和权利，但在心理上却认为，理应代表日方提出项目实施意见，以致造成很大误解。在此期间，我们也没有很重视事先沟通的必要性，同时由于语言障碍，项目一开始就遇到了较大困难。

　　2003年5月在"非典"结束后，我和另一位日本专家参加了教科文组织在洛阳举办的中方专家研讨会，这对我来说是一次很难得的机会。我在会上听了他们的报告和发言，才知道中国也有自己很丰富的经验和很强烈的自信心，应该尊重他们以往保护文化遗产的经验和对未来的观点。

　　到了秋天，在项目重新启动的第一次会议上，我代表顾问团和日方专家向中方

图 6　项目圆满结束（2009 年 2 月）

专家及龙门石窟研究院、洛阳市文物局等同事们道歉：没有学习中国保护文化遗产的历史和经验，而固持日方主张和想法的态度是不对的，今后一定要做好沟通。

从那以后，参加该项目的两国人员关系得到了改善。我们学到了跨国合作的经验，对今后工作的开展具有深远意义（图 6）。

2. 阿富汗战争和伊拉克战争后——日本政府援助重心的变化

2001 年是世界的文化遗产领域变动很大的一年，3 月 12 日发生了阿富汗巴米扬大佛破坏事件。9 月 11 日美国恐怖袭击事件以后，美国开始对塔利班实施打击。战争结束后，很多国家参与到阿富汗的恢复重建中，其中包括巴米扬石窟的保护和首都喀布尔国立博物馆的恢复等项目。2003 年开始的伊拉克战争也损坏了许多文化遗产，发生了大量抢掠事件，伊拉克国家博物馆惨遭洗劫。包括教科文组织在内的国际组织，世界各国文化遗产专门机构和文物保护人士都对此表示了热切关注。专门保护日本国内文化财的日本文化厅也积极参与此事，并决定由东文研承担援助阿富汗和伊拉克文化遗产保护的工作。东文研在国际中心内建立了一个专门从事阿富汗和伊拉克项目的研究室。这多少影响了我们在中国的项目，例如敦煌项目从由所长亲自主持的一个国家级的项目，变为下属部门的普通项目了。

20 世纪 90 年代日本政府给教科文组织提供的经费，在中国境内帮助实施的保护文化遗产项目有：交河古城（1993~1998）和大明宫含元殿遗址（1995~2003）。2001 年以后，龙门石窟项目和同时开展的库木千佛洞项目，虽然是日本政府给教科

东京文化财研究所与中国文化遗产研究院跨国合作保护文化遗产的过去、现在和未来

131

文组织提供经费而实施的大规模援助事业，但这却是日本帮助中国的最后两个以教科文组织的名义开展的文化遗产保护修复项目。21世纪中国经济高速发展，就经济而言，中国已不再是日本帮助的对象了。因此以前东文研帮助敦煌研究院的方式自然也要发生变化。

3. 日中合作唐陵石刻保护修复项目（2004~2009）——平山郁夫与保护中国文化遗产

在日本政府援助资金减少的情况下，一直支持我们开展活动的是日本著名画家、东京艺术大学校长平山郁夫先生（1930~2009）。20世纪70年代末，为了采访画题，他以个人的身份访问了敦煌，深切感受到保护敦煌壁画的必要性和紧迫性，他随即向竹下登先生谈了他的想法。这个行动后来帮助东文研、东京艺术大学实现了与敦煌研究院的长期合作。平山郁夫先生对中国文化遗产保护的关心不仅体现在敦煌壁画的保护，也包括丝绸之路等。在他担任教科文组织特别大使期间，积极献言，并且做了大量相关工作。

2004年4月，日中共同合作的"唐陵石刻保护修复项目"正式开始。以平山郁夫先生为代表的文化财保护/艺术研究助成财团作为资金提供方，和陕西省文物局达成协议。由该财团向陕西省文物局提供使用资金8000万日元，用于保护和修复唐代陵墓中的乾陵、桥陵，以及埋葬武则天母亲杨氏的顺陵等三处陵墓的东、西、南、北各门所列的数量众多的石制雕刻。项目由东文研和西安文物保护修复中心负责，

图7　黄克忠先生在现场指导（2006年4月）

图 8　项目总结验收会议（2009 年 3 月）

陕西省考古研究院和西北大学文博学院联合参加，项目于 2009 年 3 月圆满结束（图8）。该项目也按惯例组织成立了日中双方专家指导委员会，在中方专家里有我们熟悉的黄克忠先生等（图 7）。

4. 四川汶川地震灾后支援活动（2008~2009）——紧急活动

2008 年 5 月 12 日四川汶川发生大地震，2008 年 6 月日本政府向中国政府提出《四川大地震复兴计划——日本的支援目录》。里边有文化厅提出的一项内容是"按照中国方面提出的具体要求，可以实施中方专家赴日考察，并进行日中双方专家的学术交流"。7 月上旬中国政府答复日本政府：关于日本政府在支援目录提示的内容，日方可以开始具体活动，可以直接跟四川省联络。根据这些政府间的通信，9 月下旬东文研派遣 2 名人员到四川视察灾后文化遗产的状况。

经东文研和四川省文物管理局沟通，落实好各项准备工作后，由日方专家到四川开展相关工作。2009 年 2 月 9~13 日，中日文化遗产地震对策研讨会在成都市召开（图 9）。会议期间，日中专家就"文物建筑的结构分析与加强抗震性能的思考"、"文物建筑的防震技术及其应用"、"博物馆的地震对策"和"文物行政部门的地震对策"等四部分议题进行了多场报告和讨论，并形成中国文化遗产的地震对策的雏形。

2009 年 7 月，东文研再度赴四川省进行灾后调查。采访了四川省文物局、成都市文物局、都江堰市文物局、成都博物院等各级文物管理部门和相关单位。同时访问了陕西省文物局和国家文物局，掌握了震源区以外的地震对策和中央政府的应对

图 9　中日文化遗产地震对策研讨会及报告书（2009 年 2 月）

图 10　渡边明义所长和吴加安所长在北京握手　　　　　图 11　智化寺项目报告书

措施等。

　　我本人参加了这个项目的 3 次活动。2011 年 3 月 11 日，日本东北地区发生了大地震和海啸，造成大量文化遗产的损坏和损失。我担任灾后救济文化遗产委员会的办公室主任，在四川的经验给我的工作带来了很多重要的启示。

四　东文研和文研院直接合作的项目

1. 北京智化寺智化殿壁画保护研究合作项目（2001~2003）

2001 年 9 月，为推进研究交流，东文研和中国文物研究所双方所长在北京签署

图 12　开学典礼（2006 年 5 月）

图 13　陶瓷器金属器班（2006 年 8 月）

图 14　考古发掘现场班（2007 年 6 月）

意向书（图 10）。这次意向包括奈良文化财研究所，因为 2001 年东京文化财研究所和奈良国立文化财研究所合并，改为独立行政法人文化财研究所。根据该意向我们开始北京智化寺智化殿壁画的合作保护课题研究（图 11）。其中意向书于 2006 年交换第 2 次意见。由于 2011 年 3 月 11 日大地震，东文研便负责了救济文化遗产委员会办公室的任务，所以双方没有机会再明确说出此事。

　　2. 丝绸之路沿线文物保护修复技术人员培养计划（2006~2010）

　　该项目由中国国家文物局主办，文研院和东文研联合承办。正式名称为"中日韩合作丝绸之路沿线文物保护修复技术人员培养计划"（图 12~21）。最初于 2004 年，赞同平山郁夫先生提出丝绸之路沿线保护文化遗产活动的宗旨，日本三星公司（韩

图 15　纸张班（2007 年 11 月）

图 16　建筑班（2008 年 6 月）

图 17　土遗址班（2008 年 10 月）

图 18　建筑班（2009 年 4 月）

图 20　纺织品班（2010 年 10 月）

图 19　博物馆技术班（2009 年 9 月）

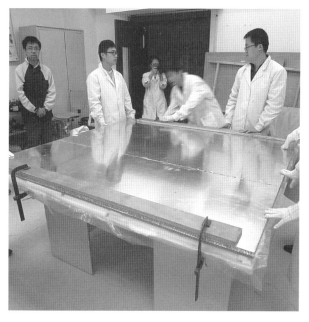

图 21　壁画班（2010 年 10 月）

国三星公司的日本法人）向文化财保护艺术研究助成财团表示，他们有意向中国境内保护修复项目提供经费，经费金额是一亿日元。财团曾问我何地文化遗产最合适，我觉得对于文化遗产保护项目投入一亿日元，经费不一定够，所以建议应该转变想法，开展人才培养。

　　以往东文研等日本机构的培养人才项目基本都在日本开展。这次计划是在中国，选几个领域，中方和日方老师共同为从事保护文物修复的中国青年工作者实施培训。计划得到了中国国家文物局的同意，中方承办单位是中国文化遗产研究院。该项目除了日本三星公司提供的一亿日元以外，财团提供了 2000 万日元，中国三星公司向中国国家文物局提供了 2500 万日元的资金支持。中国国家文物局为该项目划拨 210 万元人民币的经费。2008 年爆发世界金融危机，日方提供经费遇到困难，中国国家文物局自行补充了不足的经费，这是一个很有意义的事情。东亚地区的文化遗产保护工作，已经不单是一方帮助一方的关系，需要大家互相帮助。

我们选定了土遗址、陶瓷金属、古建筑、考古现场、纸张、纺织、壁画文物保护修复和博物馆技术 8 个专业方向，5 年合计培养 103 人。在这 5 年中，中方教员共有 160 余人次，日方教员共有 80 余人次参与了授课，再加 2010 年实施的壁画修复班和纺织品班各有一位韩国教员。这样一来，不仅是经费层面，在参加人员这一层面，也实现了中日韩三国的合作。

五　结语

2010 年 3 月，东文研在东京举办了亚洲文化遗产国际会议。这会议集合了日中韩三国的国家级研究所，参加单位包括：日本的东京文化财研究所、奈良文化财研究所；中国的中国文化遗产研究院、敦煌研究院 (国家古代壁画与土遗址保护工程技术研究中心)；韩国国立文化财研究所。会议讨论了今后合作研究的必要性和可能性。在祝福中国文化遗产研究院的同时，也期待未来东文研和遗产院能够在过去合作的基础上，加深彼此间合作，面向整个亚洲的文化遗产保护，互相促进，共同发展。

中国田野考古与文化遗产保护的观察与思考

白云翔

（中国社会科学院考古研究所）

摘　要：田野考古和文化遗产保护是各自独立的两个事物、两种活动，但同时，两者又紧密相连、相互依托、相互制约。21世纪以来，我国田野考古过程中的文化遗产保护不断强化，逐步形成了一系列基本的思路和常见的做法，成为田野考古中文化遗产保护的"新常态"：考古工作者的文化遗产保护意识迅速增强；文化遗产保护贯穿于田野考古的全过程；"边发掘、边保护"成为田野考古的常规做法；"精耕细作"成为田野考古的常见作业方式；"实验室考古"成效显著；现代科技设备和手段广泛应用，极大地提高了田野考古中的文化遗产保护水平。

从发展态势来看，文化遗产保护作为田野考古四位一体的重要构成，其重要性将进一步凸显；文化遗产事业的全面发展，为田野考古中的文化遗产保护提出了新要求；田野考古的发展，为文化遗产保护提出了新挑战；田野考古过程中文化遗产保护力度和水平的发展不平衡状况，亟待改进；文化遗产保护机构和队伍建设，有待进一步加强。这些都需要体制机制的不断创新。

关键词：田野考古　文化遗产保护　基本思路　常见做法　发展态势

Abstract: The field archaeology and cultural heritage protection are two separate matters and two different activities. At the meantime, they are closely related, mutually supported and mutually restricted. After entering the new century, China has constantly strengthened the cultural heritage protection in the field archaeology and gradually formed a series of basic thoughts and common practice in the protection of the field archeology, and "a new normal" of the cultural heritage protection: the archaeologists have rapidly strengthened their awareness on the cultural heritage protection; and the cultural heritage protection has been carried out in the whole process of field archaeology; "protection along with excavation" has become a routine practice of the field archaeology; "intensive and meticulous operation" has become a common mode of the field archaeology; outstanding achievements have been made in the "laboratory archaeology"; modern technology, equipment and means have been widely employed to significantly improve the cultural heritage protection level in the field archaeology.

From the angle of the development momentum, the cultural heritage protection is an integral part of the four-in-one field archaeology and enjoys growing importance. The comprehensive development of the cultural heritage program puts forward new requirements on the cultural heritage protection in the field archaeology while the development of the field archaeology brings along new challenges for the cultural heritage protection. The unbalanced situation of degrees and levels in the field archaeology, occurred during the cultural heritage protection, should be improved urgently. The construction of cultural heritage protection institutions and teams remains to be further strengthened. In order to realize such goals, continuous innovation of the system and the mechanism will be needed.

Keywords: Field Archaeology, Cultural Heritage Protection, Basic Thinking, Common Practice, Development Momentum

一　田野考古与文化遗产保护之关系

考古学的发展，文化遗产事业的发展，都要求我们首先要正确理解、科学把握两者之间的关系。近年来有不少学者在思考和讨论这个问题，也提出了一些看法。

就田野考古和文化遗产保护来说，我的基本看法有两点：其一，田野考古和文化遗产保护是各自独立的两个事物、两种活动；其二，两者紧密相连，是一种相互依托、相互制约的互动关系。因为，"考古学和文化遗产是两个独立的事物，两者是一种互为依托的关系，是一种互为制约的关系，是一种互动的关系"。具体分析如下。

（一）田野考古与文化遗产保护是各自独立的事物

考古学，作为历史科学的一个分支学科，其突出特征是：通过田野考古调查、勘探和发掘获取实物资料和信息；通过对考古遗迹、遗物等实物资料以及相关现象和信息，研究人类社会历史和文化，探求人类社会历史和文化的发展规律（包括一般规律和特殊规律）。因此，田野考古是考古学的一部分，是考古学的基础，是一种科学研究活动。

文化遗产事业，作为一项文化事业，它基于多种科学研究活动，重点在于文化遗产的保护、展示和利用等。因此，文化遗产保护是文化遗产事业最重要的一环，是文化遗产事业的基础和根本，集研究、设计、工程等于一体。

从上述对田野考古和文化遗产的简要说明可以看到，田野考古与文化遗产保护，这两者的内涵不同，外延也不同，因此，两者是各自独立的事物，不宜将两者等同起来，也难以将一者归并到另一者之中。

同时，考古学的研究对象主要是地下和水下的文化遗存，这也是田野考古的基本对象；但是，文化遗产保护的范围和领域非常广泛，既包括地下文化遗产——在这一方面与田野考古直接相关，更包括大量地上的文化遗产，如长城、古代建筑和近现代建筑、近代工业文化遗产等。

（二）田野考古与文化遗产保护密切相关

由于地下文化遗产（包括水下文化遗产，下同）是文化遗产保护的"半壁江山"，而田野考古（也包括水下考古，下同）的对象是地下文化遗产，于是两者自然而然地紧密联系在了一起。

其一，地下文化遗产是田野考古的对象，是田野考古的宝贵资源，如果没有保存良好的地下文化遗产，田野考古就无从谈起；如果没有保存良好的地下文化遗产（包括文化遗迹和遗物）可供研究，考古学就会成为无源之水，无本之木。因此，从某种意义上来说，文化遗产的保护就是考古资源的保护，为考古学的长期可持续发展提供了不可或缺的资源条件。

其二，田野考古（尤其是考古发掘），无论是主动性发掘还是抢救性发掘，本质上是对地下文化遗产的积极保护——包括文化遗迹、各种文物的科学收集以及各种信息的科学记录等，但同时又是对考古资源的一种消耗，甚至可以说"考古发掘本身改变了文化遗产的保存环境和保存状况，在某种意义上带有'破坏'的性质"。因此，田野考古过程中的文化遗产保护，既是田野考古的题中应用之意，也是文化遗产保护的必然要求；田野考古过程中文化遗产保护的理念、做法、质量和效果，既是田野考古质量和水平的重要指示器，更是文化遗产保护水平的直接反映和重要指标。

其三，田野考古为文化遗产保护提供了强有力的科学支撑。一方面，大量的抢救性考古发掘，直接抢救和保护了一大批地下文化遗产；各种类型的田野考古是对各种遗迹、遗物及信息的全面收集、细致观察、科学记录和研究，也是对地下文化遗产的一种有效保护。另一方面，地下文化遗产的保护离不开田野考古，因为，没有以田野考古为基础的考古学研究，就谈不上对地下文化遗产科学、历史和艺术价值的认识，就不知道保护什么、怎样保护。长期的实践告诉我们，田野考古已经并继续在为文化遗产保护做出重要贡献。举例说明如下。

① 我国的 48 项世界遗产中，有 6 项是经过考古发掘后被列入的，即：秦始皇陵及兵马俑；周口店北京猿人遗址；高句丽王城、王陵及贵族墓葬；安阳殷墟；元上都；土司遗址（湖南永顺老司城遗址、湖北唐崖土司城遗址和贵州海龙囤遗址）。此外，丝绸之路和大运河被列入世界文化遗产，也得益于其中若干点、段的考古发掘。

② 就近年兴起的国家考古遗址公园来说，迄今已经被批准的 12 个和已经批准立项正在建设中的 23 个项目，均为考古发掘后建设，考古勘探、调查和发掘等田野考古，已经成为国家考古遗址公园建设的基础和前导。

③ 就全国重点文物保护单位来说，古遗址 1026 处，或因考古发掘而列入，或经过一定程度的考古发掘；古墓葬 392 处，大多经过考古发掘。

随着田野考古的不断开展，将有更多的重大考古新发现展示在世人面前，随之将有更多的古遗址、古墓葬等地下文化遗产被列入全国重点文物保护单位，进而被建成国家考古遗址公园，有的将被列入世界遗产。

实际上，为了深刻认识和把握田野考古在文化遗产保护中的地位和作用，考古学者近年来曾就田野考古与地下文化遗产尤其是大遗址保护的关系不断进行思考和探讨。

关于考古发掘与大遗址保护的关系，笔者十多年前就提出："科学的考古发掘是大遗址保护的基础。科学的考古发掘促进大遗址的保护；没有必要的考古发掘，大遗址保护就缺乏坚实的基础。"

文化遗产保护，规划先行。关于考古工作与保护规划的关系，考古学家张忠培先生明确指出："考古工作是制定大遗址保护的前提，是大遗址保护和保护规划的基础工作。"

二　田野考古中文化遗产保护的"新常态"

随着我国考古学和文化遗产事业的繁荣发展，尤其是关于田野考古与文化遗产保护关系认识的不断深化，21世纪以来，我国田野考古过程中的文化遗产保护不断强化，逐步形成了一系列基本的思路和常见的做法，即所谓"新常态"。综合起来看，主要表现在以下六个方面。

（一）考古工作者的文化遗产保护意识迅速增强

考古工作者文化遗产保护的观念和意识，也就是认识问题，是田野考古过程中有效实施文物保护、田野考古与文物保护有机结合的思想基础。田野考古理念的进步和文化遗产保护观念的迅速增强，是田野考古与文化遗产保护有机结合的思想前提。

应当指出的是，"我国考古工作者的文物保护意识一直是比较明确的，并且进行了长期的实践，为文化遗产保护做出了很大贡献，成为我国考古工作者的优良传统之一"。但同时也应当看到，对于考古学与文化遗产保护的关系认识不深、把握不准甚至将两者割裂开来的情况，长期以来或多或少地存在着；田野考古中对文化遗产保护重视不够、行动不够自觉以及措施不够得力的情况同样也是长期以来或多或少地存在着。令人欣喜的是，这种状况21世纪以来明显改观。

21世纪以来，在文化遗产事业蓬勃发展的大背景下，随着田野考古理念的进步，考古工作者的文化遗产保护意识和观念在迅速增强。文化遗产保护是田野考古人员的责任和义务，文化遗产保护必须从田野考古开始，必须贯穿于田野考古的全过程。这样的观念和意识日益深入人心。于是，田野考古过程中的文化遗产保护日益受到考古人员的重视，日益成为考古人员的自觉行动。文化遗产保护日益成为田野考古的重要组成部分。

（二）文化遗产保护贯穿于田野考古的全过程

田野考古过程中有效实施文化遗产保护，离不开强有力的制度保障。关于田野考古中的文化遗产保护，2009 年国家文物局颁布的《田野考古工作规程》（以下简称《规程》）的第四章首先对此做出明确规定。抄录如下：

第四章　考古发掘

第十一条　考古发掘中的文物保护

（一）考古发掘位置的选择应考虑文物保护的需要。

（二）考古发掘前必须制定文物保护预案、防火预案和安全预案，并根据考古发掘情况及时调整。

重要考古发掘项目必须配备专业文物保护人员。

（三）重要迹象须慎重处置，做好相关记录，采取相应的保护措施。

按照《规程》的要求，无论是抢救性发掘还是主动性发掘，在拟定发掘项目之时，同时就考虑到文物保护；《考古发掘项目申报书》中，文物保护方案是必要内容；在制定发掘计划的同时，一并制定文物保护计划；文物保护措施，贯穿于田野考古的全过程；田野考古项目的检查验收，文物保护是其必备的重要内容。

举例说来，2015 年《江西新建墩墩汉墓发掘申报书》中，关于文化遗产保护的内容有："发掘位置的选择已经考虑到文物保护的需要。现场配备有专业的文物保护人员。制定了《江西新建墩墩汉墓出土遗迹遗物处理保护规划方案》和《江西新建墩墩墓葬现场文物本体处理保护规划方案》，拟邀请中国社会科学院考古研究所文保中心、北京大学、中国国家博物馆金属器保护专家、湖北荆州文物保护中心漆木器保护专家、江西省文物保护中心等相关领域的文物保护专家进行现场出土文物和现场文物本体的保护并开展实验室考古工作，做到边发掘边保护。"参加发掘工作的主要业务人员计 10 人，其中 3 人为文物保护专业人员。这已经成为所有田野考古项目申报的普遍做法。

在"保护为主，抢救第一"文物工作方针的指导下，根据《规程》的要求，一方面一大批抢救性发掘项目直接使大批珍贵的文化遗产得到及时抢救和保护，主动性发掘项目为文化遗产保护提供了强有力的学术支撑；另一方面，田野考古过程中文物保护得到强化，文物保护水平全面提升，各地创新了一系列行之有效的做法。

（三）"边发掘、边保护"成为田野考古的常规做法

随着《规程》和广大考古工作者文化遗产保护意识的提高，边发掘、边保护成为各地田野考古的常规做法，使得田野考古过程中的文化遗产保护落到了实处。举例说明如下。

2007 年江西靖安县李洲坳东周墓的发掘，边发掘边进行纺织品、木棺和漆木器、人骨及相关遗存的保护和研究，取得了重要收获，堪称"边发掘、边保护"的一个范例。

2012 年成都天回镇老官山汉墓在地铁建设工程中发现之后，鉴于墓中保存有大

量漆木器的实际,当地考古机构与有关文物保护机构组成联合考古队,边发掘边保护,大量漆木器和竹木简牍等珍贵文物得到及时有效的科学保护,成为考古发掘与文物保护有机结合的一种卓有成效的做法和新的模式。

2013年山西忻州九原冈北朝壁画墓发掘过程中,边清理发掘边做现场壁画保护,体现了当前我国壁画墓发掘和保护有机结合的新思路和新水平。

(四)"精耕细作"成为田野考古的常见作业方式

田野考古过程中的"精耕细作"还是"粗放式作业",不仅直接关系到学术资料和信息的收集,而且直接关系到文化遗产保护的效果和水平。以考古现场精细化清理发掘加之及时保护的"精耕细作"的田野考古方式,日益受到重视并广泛采用,"精耕细作"的精细化作业方式,也越来越多地出现在各类考古工地上,收效良好。举例说明如下。

2004~2007年山西绛县横水西周墓地的发掘过程中进行精细化作业,重视遗迹现象的观察和提取,从而清理出了荒帷、绳索、棺束等已朽遗物以及由木杆、荷包和玉子等组成的遗存,成为田野考古中"精耕细作"的一个成功范例。

2004~2005年陕西韩城梁带村周代芮国墓地的发掘、2006~2011年甘肃张家川马家塬战国时期墓地的发掘等,无不如此,都取得了良好的效果。

从各地的实践来看,无论主动性发掘还是抢救性发掘,精细化作业越来越多,粗放式作业迅速减少,更多、更科学地获取了资料和信息,为考古学研究的深化提供了可能、奠定了基础,同时,极大地提高了文物保护水平。

(五)"实验室考古"成效显著

在田野考古过程中,把部分遗迹和遗物整体起取、搬移到室内进行发掘清理,是我国长期以来采用的一种精细化作业方式,并且成效显著。譬如1968年河北满城刘胜墓玉衣的室内清理,1983年广州西汉南越王墓西耳室铁铠甲的室内清理复原等,都是一些著名的实例。以此为基础,21世纪以来逐步发展成为"实验室考古",也就是把那些在野外难以进行细致清理的遗迹和遗物整体起取到实验室内进行边检测、边清理、边研究、边保护的多维度发掘,既获得了常规发掘难以获取的珍贵资料和信息,更使得田野考古中的文物保护实现了最大化。试举数例。

甘肃张家川县马家塬战国墓地4号墓木棺的室内发掘,采用X光无损探伤、显微镜观察等辅助手段进行清理,清理出了结构复杂的墓主人胸部串饰、腰带、身体两侧及足部装饰等。

2008年发现的山西翼城县大河口1号西周墓,鉴于二层台和壁龛中放置漆木器并且朽毁严重,于是将其整体起取到室内进行清理,结果清理出了大量在室外几乎无法清理出的漆木器并对其及时进行保护。

此外,2009年山东高青陈庄西周墓葬及车马坑的室内发掘,2010年江苏盱眙大云山汉墓车马坑的室内发掘(图1),2013年内蒙古辽上京皇城西山坡佛寺遗址泥

图1　江苏大云山西汉江都王陵陪葬坑漆木车清理现场

塑造像的室内清理修复（图2），2014年贵州遵义播州杨氏土司墓木棺的室内发掘等实验室考古发掘，都取得了很好的效果。

　　上述室内考古发掘清理，都是实验室考古的成功实践，都取得了显著成绩。这种做法过去在田野考古中已经使用，但是现在作为一个概念提出并加以完善，不仅仅是一个遗迹和遗物发掘清理空间的转移问题，而是理念和方法的一大进步。首先，在室内进行清理，室内温度、湿度、光线等环境可以有效控制，形成最好的文物保护条件；其次，清理前采用必要的现代科技手段和设备进行观察和分析，有助于设计更科学的发掘方案；再者，清理过程中及时对土壤等进行化学成分分析，可以及时确定采用何种药品或材料对其进行保护；最后，由过去的两维清理发展到了现在的三维发掘。"实验室考古"虽然需要逐步完善，但这种做法已经得到充分的认可，并且已经取得了很多可喜的成果。

（六）现代科技设备和手段广泛应用

　　随着现代科学技术的发展，为适应田野考古过程中文化遗产保护的需要，各种现代科技设备和手段越来越多地应用于田野考古实践，一方面极大地推进了田野考古的科学化进程，另一方面也极大地提高了田野考古过程中的文化遗产保护水平。试举数例。

　　2009年，集3S系统集成、智能化预探测系统、现场文物保护专用工具包、分析

图 2　辽上京皇城西山坡佛寺
　　　遗址泥塑像的室内清理
　　　修复

设备集成、环境设备集成等于一体的文物出土现场保护移动实验室研制成功并逐步
推广应用。

　　2008~2010 年西安凤栖塬西汉家族墓地的发掘中，运用多种现代科技手段对出土
文物进行现场保护，包括采用内窥镜技术对墓室内进行观察，探索考古现场全方位
文物保护的新模式。

　　2012 年，四川广汉三星堆遗址青关山台地考古工地"文物移动医院"的设立，
更是一种新的尝试，并且类似的做法正在推广。

　　2012~2013 年，随州叶家山西周墓葬的发掘，按照"保护为主、科学发掘"的要求，

图 3 辽宁东大杖子 40 号墓摄影成像三维模型

图 4 汉长安城厨城门渭河一号桥（由北向南）

在发掘工地建立"叶家山考古工地文物保护实验室",将现代技术与传统手段有机融合,让文物保护走在考古发掘的前面,为出土遗迹和遗物的保护"撑起了一片天"。

田野考古过程中,GPS 定位、电子全站仪测量和 RTK 测量等逐步得到推广应用;计算机照相绘图、三维激光扫描技术等逐步应用于田野考古的实践,数字摄影测绘及三维建模技术等正在得到开发和应用(图 3);数字化技术普遍应用于各类田野考古之中。

各种现代科技方法、手段和设备广泛应用于田野考古,在提高田野考古科学化和信息化水平的同时,还为田野考古现场的文化遗产保护以及发掘后的展示利用提供了强有力的科技支撑。正如文化遗产学者所说,"多学科参与是有效保护的重要保障"。田野考古的数字化和高科技化,正在成为当今田野考古的一个发展趋势,将进一步提升田野考古过程中文化遗产保护的科学化水平。

三 展望与思考

从上述分析可以看到,我国田野考古中的文化遗产保护不仅已经取得了突出成绩,而且发展势头很好。但同时我们也清醒地看到,田野考古中的文化遗产保护,仍然是任重道远。

当前,田野考古过程中学术研究、科技融合、文物保护、展示利用"四大要素"的并存、并举及其有机结合,已经成为我国田野考古的新常态。文化遗产保护作为田野考古四位一体的重要构成,随着考古学和文化遗产事业的不断发展,其重要性将进一步凸显,其比重将进一步增加。

文化遗产事业的全面发展,为田野考古中的文化遗产保护提出了新要求。当今的文化遗产事业,已经不再单纯是文物考古领域的事情,而是已经成为全社会的事业,成为社会主义文化建设事业的重要组成部分。这就为田野考古提出了新要求。譬如,考古遗址公园建设,不仅要求田野考古发掘出土的遗迹和遗物能够有效地被保存下来,而且还要能科学、生动地展示出去,过去常用的"一埋了之"的做法已经完全不适应当前文化遗产保护和展示的需要。

田野考古的发展,为文化遗产保护提出了新挑战。譬如,2010 年发掘的山东定陶灵圣湖 2 号汉墓,墓室边长约 23 米,木椁墓室包括黄肠题凑、回廊外 12 个侧室、回廊、前室、中室、后室以及前、中、后三室的 8 个耳室、各室之间的甬道以及 4 个门道,外围黄肠木计 20994 根,各侧室壁皆为黄肠木计 12006 根,回廊、中室四周黄肠木计 2412 根,木材总量约 2200 立方米。如此规模巨大的黄肠题凑墓前所未见,如何对其进行科学、有效地保护并加以展示,面临着一系列困难和挑战。又如,2012~2013 年发掘的西安汉长安城厨城门 1 号渭河桥(图 4),南北长 880 米左右,东西宽 15 米以上,清理出大量木质桥桩并且分布在 1.5 万平方米的范围内,其保护和展示同样是一个全新的课题。

田野考古过程中文化遗产保护的力度和水平,不同地区之间、不同项目之间发展还不平衡：重要的考古发现，尤其是出土珍贵文物的情况下一般比较重视，大型墓葬的发掘也一般比较重视，但一般的考古发掘项目，尤其是城址、聚落、手工业作坊类的考古发掘等则重视不够。有些实验室考古项目，学术课题意识薄弱，存在着重技术性清理、轻学术性研究的倾向。田野考古与文化遗产保护的结合，有待于进一步加强。

考古研究机构中的文化遗产保护队伍建设，有待进一步加强，包括人员的数量和素质。各种专门的文化遗产保护机构，同样有待进一步加强。国家文物局在各地设立的文物保护和研究重点科研基地，譬如壁画、漆木器、丝织品文物、矿冶等重点科研基地，发挥了重要作用，取得了突出成绩，有待于进一步扩大和加强。这些都需要体制机制的不断创新。

总之，我国田野考古过程中的文化遗产保护发展势头良好，但同时又任重道远。我们相信，在各方的共同努力下，田野考古过程中的文化遗产保护将不断取得新的进展，田野考古必将为我国的文化遗产事业做出新的更大的贡献。

技术

实践

Technology & Practice

70 年前的那一场古建筑测绘

—— 北京城中轴线古建筑测绘拾遗

沈　阳

（中国文化遗产研究院）

摘　要：1941~1945 年，在日伪统治下的北京，由中国营造学社社长朱启钤策划推动，伪建设总署都市计划局委托基泰工程司建筑师张镈，组织天津工商学院建筑系和北京大学工学院建工系师生及基泰工程司部分员工，对北京城中轴线古建筑进行全面测绘。

2014 年，经中国文化遗产研究院刘曙光院长向故宫博物院单霁翔院长建议，并得到单霁翔院长支持，中国文化遗产研究院和故宫博物院联合整理编辑这批珍贵成果，出版了《北京城中轴线古建筑实测图集》。

为了更全面、更深入地认识这一完成于 20 世纪 40 年代的测绘实践活动，编写组成员尽可能地收集相关资料，分析时代背景，对其社会意义、学术价值和影响做了客观评价。

关键词：测绘　古建筑　北京中轴线

Abstract: Between 1941 and 1945 when Beijing was under the rule of the Japanese Puppet Regime, the Urban Planning Bureau of the puppet Construction Department, driven by Zhu Qiqian, head of the Society for the Study of Chinese Architecture, entrusted Architect Zhang Bo from Kwan, Chu and Yang Architects to lead the teachers, students from the Architecture Department of Tianjin Institute of Commerce and Industry and the Architecture Department of College of Engineering of Peking University as well as employees from Kwan, Chu and Yang Architects to have a comprehensive surveying and mapping for the ancient buildings along the central axis of Beijing.

In 2014, Liu Shuguang, president of Chinese Academy of Cultural Heritage, made a suggestion to Shan Jixiang, president of the Palace Museum, to jointly sort and edit the said valuable surveying and mapping results. With the support from President Shan, the *Surveyed Maps of the Ancient Buildings along the Central Axis of Beijing* was published.

In order to have a more comprehensive and profound understanding to the surveying and mapping in the 1940s, members of the editorial board had tried their best to collect

图 1　日伪统治时期的北京城

relevant materials, analyze the background of the times and make objective evaluations on the social significance, academic value and influence.

Keywords: Surveying and Mapping, Ancient Buildings, The Central Axis of Beijing

1931 年，"九一八"事变后，日军迅速占领中国的东北地区，并继续向关内挑衅。1932 年 1 月，"主和避战"的蒋介石和汪精卫再度合作，在南京组建联合政府，希望与日军妥协。1933 年 1 月，日军通过山海关；3 月，占领热河，并由汉奸带路，攻破古北口。5 月，国民政府军事委员会北平分会代理委员长何应钦的全权代表熊斌和日本关东军副参谋长冈村宁次在塘沽签署协议，即《塘沽协定》。

1937 年 7 月 7 日，日军挑起卢沟桥事变，侵占北平。为进一步并吞和控制华北，日军陆续在华北沦陷区策划建立伪政权，将"北平特别市"的称谓恢复为"北京"。当年 12 月，以王克敏为首的华北地区伪政权"中华民国临时政府"在中南海成立，1940 年汪精卫在南京成立伪"中华民国国民政府"后，更名为"华北政务委员会"，名义上隶属南京汪伪政权，实际上保持相对独立（图 1）。

"九一八"事变之后，当时的南京国民政府就着手应对非常时期可能给文物资源造成的破坏。故宫博物院奉命组织古物南迁；北平市突击完成了有关北平文物的调查和记录，先后出版《旧都文物略》、《北平市坛庙调查报告》等专著。北平沦陷后，为了保存国家实力，又将北平大部分学校、研究机构和著名学者向西南转移。

时年 65 岁的中国营造学社社长朱启钤先生，留守北平。在受到特务监视、住宅被征等迫害后，依然抱病在家，拒绝与日伪政权合作，守护着营造学社数年来获得的珍贵资料。

图 2　1915 年，朱启钤在北平前门改造现场（中国文化遗产研究院提供）

朱启钤（1872~1964），贵州人。清末曾任京师大学堂监督、京师内外城警察厅厅丞等职。民国后，先后任内阁交通总长、内务部总长，短暂代理国务总理。这位在中国近代历史，特别是中国城市建设发展史上占据重要地位的人物，既是北京从封建都城改建为现代化城市的先驱者，也是中国古代建筑文化的守护者。1930 年，他创办中国营造学社。1935 年起兼任旧都文物整理委员会技术顾问。1947 年 1 月起任国民政府行政院北平文物整理委员会委员。1949 年后，任中央文史馆馆员及全国政协委员、北京文物整理委员会及古代建筑修整所顾问（图 2）。

图 3　林是镇先生

图 4　张镈先生

身处险境的朱启钤先生忧虑于北京城古建筑的未来命运，担心战火毁灭这些优秀的古代文明，希望通过测绘的方式，将这些重要古迹记录下来，以备将来的恢复。他首先找到了时任伪华北政务委员会下属的建设总署都市计划局局长林是镇。

林是镇（1893~1962），福建人。祖父为同治皇帝的老师。1917 年毕业于东京高等工业学校建筑科，回国后在京都市政公所任职。1928 年起任北平特别市政府工务局技正、科长，办理工程设计事项。1933 年 1 月参加中国营造学社。1935 年后任北平文物整理实施事务处和旧都文物整理实施事务处技正，负责北平文物修缮工程。"七七事变"后，任伪建设总署都市局局长、伪工务总署都市计划局局长。抗战胜利后，被国民党军统稽查处检举扣押。新中国成立后，任北京市都市计划委员会委员、北京市人民政府建设局顾问等职（图 3）。

林是镇十分理解朱启钤先生的担忧，愿意促成测绘事宜。他还推荐在基泰工程司就职的张镈先生承担此重任。

之所以选择基泰公程司和张镈先生，是因为由关颂声（1892~1960）等人于 1920 年创办的基泰工程司，在 1927 年后，将业务重点转向"首都建设计划"和"大上海都市建设计划"的京（宁）、沪一带。20 世纪 30 年代以后，更是接受北平文物整理委员会的委托，承担了天坛、明长陵等大型古建筑的维修工程。而张镈（1911~1999）在 1934 年毕业于中央大学建筑系后，就进入天津基泰工程司从事建筑设计工作，参与了基泰工程司承担的北平古建筑修缮工程，十分精通古建筑测绘（图 4）。

此事得到关颂声先生的支持，同意张镈以基泰工程司的名义承担项目，但为了回避和日伪政权的关系，让张镈用"张叔农"的名字直接与林是镇签订合同，因此整个项目并没有出现基泰工程司的名字。

由于工作量巨大，张镈除了组织基泰工程司的员工外，还利用在天津工商学院建筑系兼任教授的便利，召集该校师生参加测绘。北京大学工学院得知消息后，也派人参与项目。从后来的一些回忆资料看，参与测绘的人员超过 20 人，其中天津工商学院至少有 13 人（一说 14~15 人）参加。

关于天津工商学院参与测绘学生的情况，在《工商建筑》中可略窥一斑。这份刊物由天津工商学院学术团体工商建筑工程学会编印，第一号于 1941 年 10 月出版。张镈作为学会顾问，在刊物中被屡次提及。而其中的"工商建筑工程学会甲等会员录"则提到参加测绘的林远荫、林柏年、李永序、李锡宸、金建午、单德正等应届毕业生的身份均为"基泰工程司北京古建筑测绘所"职员，可见当时基泰为此项目还专门组建了工作部门（图 5）。

在这次测绘活动中，还有一位先生不得不提，这就是冯建逵（1918~2011）先生（图 6）。冯先生出生于天津，1942 年于北大工学院建筑系毕业后留校任教。1945 年起在沈理源主持的华信工程司兼职建筑设计。1952 年院系调整后在天津大学建筑系任教。1942 年起，冯先生以助教身份随北大工学院朱兆雪先生带学生参加故宫实测工作约 1 年时间。由于张镈公务繁多，不能经常待在测绘现场，因此冯先生与原营造学社的邵力工先生就成为测绘现场具体工作的实际组织者。

商建築工程學會甲種會員錄

姓名	職務	姓名	職務
暴安良博士	工商學院工科主任	林遠蔭先生	基泰工程公司北京古建築測繪所
張 鎛建築師	天津基泰工程公司經理，工商學院建築系教授。	林柏年先生	同　　　上
閻子亨建築師	中國工程公司經理，工商學院建築系教授。	李永序先生	同　　　上
沈理源建築師	華信工程公司經理，工商學院及北京大學建築系教授。	鄧萬雄先生	同　　　上
		單德正先生	同　　　上
		李錫臣先生	同　　　上
譚 眞建築師	自營建築師事務所	李鳳翔先活	同　　　上
許㠭生建築師	同　　　上	劉友遷先生	同　　　上
林世名先生	中國工程公司	徐國復先生	同　　　上
		金建午先生	同　　　上

工商建築工程學會建築圖案競賽通則

一，宗旨：以提高建築興趣，啟發藝術技能爲宗旨。

二，資格　凡本會會員皆可參加。

三，徵題　分甲乙二組，由本會學術部擬定，於會刊上發表之，需要圖數及期限皆隨徵題發表之。

四，審評　由本會聘請建築界聞人組織審評委員會於公布之日期地點公開評判之。

五，獎勵　凡經審評員會審定爲優良者，前二名各發給榮譽獎座，其餘佳作則只於刊上發表之。

图5　《工商建筑》第一号刊发的工商建筑学会会员名录（天津大学建筑学院提供）

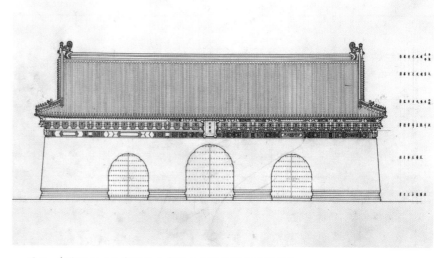

图6　冯建逵先生　　　　　　　　图7　中华门正立面实测图（中国文化遗产研究院提供）

工作历时 4 年。由于经费有限，现场测绘的条件十分简陋，主要是借助简易的梯子或架子在梁架之上攀爬，根本不用想稳固的测绘脚手架，危险随时存在。据赖德霖先生提供信息，张镈先生到了晚年，回忆起这段经历还会精神紧张，充满后怕。测绘范围包括故宫主要建筑、太庙、社稷坛、天坛和北京城中轴线上的城门、城楼等重要建筑，总计绘制完成测绘图纸 700 多幅（图 7）。

一　北京城中轴线古建筑测绘的意义

20 世纪 40 年代的那一场大规模的古建筑测绘活动，是特殊时期、特殊条件下，文物保护的一次特殊实践。

（一）国难当头时，爱国主义和民族精神的具体体现

当日军入侵、国难当头的时候。国民政府采取了一系列措施，应对战争可能给文物古迹造成的破坏。一大批具有爱国之心的知识分子虽然手无寸铁，无法奔赴前线，也同样迸发出抵抗日寇侵略，维护国家利益的满腔激情。著名学者、营造学社会员朱偰先生在其所著《北京宫阙图说自序》（该书于 1938 年由商务印书馆出版）中就写到，"夫士不能执干戈而捍卫疆土，又不能奔走而谋恢复故国，亦当尽其一技之长，以谋存故都文献于万一，使大汉之天声，长共此文物而长存"。

秉持着这样一种爱国信念，市政府和专业人士很早就开始调查测绘北平的重要文物古迹，编辑出版调研报告，用另一种方式为保卫祖国文化遗产做出努力。

（二）民国政府北平文物保护计划的继续

《塘沽协定》签订不久，袁良就任北平特别市市长。面对危急的华北局势，强国御敌的国民情绪高涨，也促使"整理国故"的文化风气流行。北平市政府迅速启动有关文物保护的一系列行动。1934 年 1 月，旧都文物整理委员会正式成立；1934 年 11 月，北平市政府着手制定北平市文物整理计划；1935 年 5 月，实施"北平游览区古迹名胜之第一期修葺计划"，同年完成天坛维修工程，次年完成明长陵维修工程（图 8）。

北京沦陷后，这一文物保护计划并没有终止。1938 年 4 月，旧都文物整理实施事务处被迫结束工作，起始于 1936 年的"北平文整二期工程"中尚未完成的工程，连同旧都文物整理实施事务处的全部卷宗档案，一起移交伪临时政府行政委员会和其后的伪"华北政务委员会"所属建设总署（即后来的工务总署），未尽事宜继续进行。

（三）20 世纪 30 年代第一阶段测绘工作的继续

20 世纪 40 年代开展的北京城中轴线古建筑测绘，既然是 20 世纪 30 年代北平文物保护计划的延续，当然也就承袭了 20 世纪 30 年代中国营造学社和基泰工程司在

图 8　1936 年明长陵维修现场

北平开展的古建筑测绘。

　　20 世纪 30 年代在开展北平文物保护计划过程中，中国营造学社就曾受托对故宫大量建筑、北京的各大城门和恭王府等古迹进行测绘，只是因为"卢沟桥事变"，这一测绘活动的很多测稿最终没有完成，大量测绘成果后因天津大水被毁，仅有部分图纸、照片被朱启钤等人抢救出来（图 9）。

　　两个时代的两次测绘，其实际目标是有所差别的。20 世纪 30 年代的古建筑测绘以认识、研究中国古建筑为主要目的。因此更具有学术研究的特点，建筑测绘的组织并不紧凑。而 20 世纪 40 年代日伪时期的北京城中轴线建筑测绘，带有一种临危抢救的性质，是在特殊历史背景下为保存古建筑资料而采取的应急措施。其工作过程具有商业化、规模化的运作特点，加之基泰工程司先进的建筑设计事务所管理模式，从一开始就做了周密的组织分工，运作有序。因此得以在相对集中的时间段内，完成如此大规模的测绘任务。

（四）最完整的中轴线测绘图

　　20 世纪 40 年代北京城中轴线古建筑测绘，包含了南起永定门，北至钟楼的全部重要古建筑。所有建筑均严格按照建筑制图标注，绘制了总平面、平面、立面、剖面，以及局部详图，其完整程度可以说是空前绝后的。因此，傅熹年先生评价说："除忠实的历史记录外，这套图纸还具有重要的科学价值。"

　　尤其是在这批图纸中，还包括永定门、正阳门前牌楼、中华门、长安左右门、

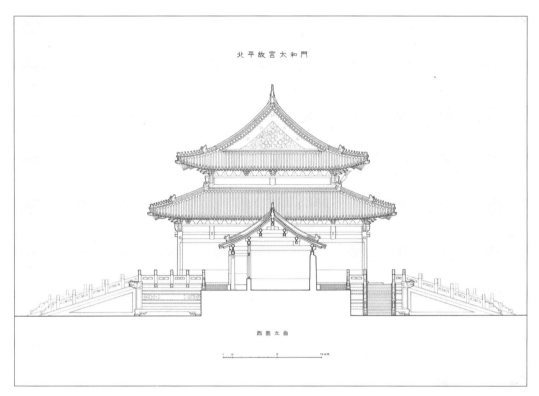

图9 营造学社绘制故宫太和门侧立面图

地安门等一批后来被拆除的建筑，成为这些消失古迹的最翔实和准确的记录。前些年，北京市重建永定门，就曾依照其中的测图，其珍贵价值是不言而喻的。

（五）通过测绘实践，培养锻炼一批人才

北京城中轴线古建筑测绘，不仅获得了丰硕的测绘成果，也培养和锻炼了一批优秀的人才。除了张镈、冯建逵这些建筑学和建筑史学方面的领军人物外，参加测绘的学生中也有一些在后来成为在社会上或行业内有一定影响的骨干。虞福京（1923~2007）对天津的城市建设做出贡献，1980年后历任天津市副市长、天津市人大常委会副主任等职；林远荫在抗战胜利后曾主持基泰广州分所，解放后去美国，曾设计香港九龙区加多利高级公寓、香港半山区圆形公寓等。林柏年毕业后跟随张镈多年，后到台湾，曾任台湾建筑工会会长。李永序（1918~1989），早年曾从事古建勘察测绘工作，后曾任北京市房地产管理局副总工程师，北京市住宅问题研究会创建人之一，北京市文物古迹保护委员会委员等职。

二 后续故事

抗战胜利之后，这批图纸移交北平文物整理委员会。

1948年，受台北市政府、台湾铁路局等机构的邀请，北平文整会在台湾举办"北平文物建筑展览"，包括50张中轴线测绘图、北京古建筑油画水粉画、古建筑照片、

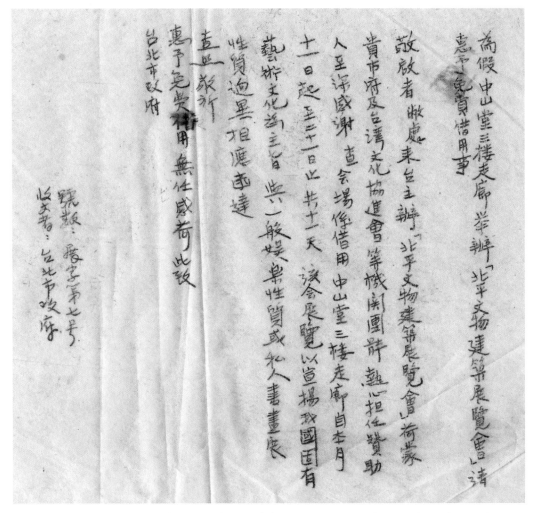

图 10　北平文物整理委员会就《北平文物建筑展览》事宜致信台北市政府（中国文化遗产研究院提供）

彩画小样等展品，由文整处处长卢实和余鸣谦、单少康携展品赴台。后因时局变化，卢实等人匆忙返回北京，参展资料均留在了台北。据杜仙洲先生回忆，1994 年他曾在台湾大学美术馆看一批图纸，并确认正是中轴线测绘图的一部分（图 10）。

1949 年后，北京中轴线测图由北京文物整理委员会（文研院前身）保管。20 世纪 60 年代后，将与紫禁城有关的 356 张图纸移交故宫博物院。

2005 年，北京市建筑设计研究院《建筑创作》杂志社根据张镈先生收藏的部分图纸翻拍玻璃底版，主编发行《北京中轴线建筑实例测绘图典》。

2015 年，故宫博物院和中国文化遗产研究院联合出版《北京城中轴线古建筑实测图集》。书中收录 20 世纪 40 年代中轴线建筑测图 654 张，营造学社测绘中轴线建筑测图 62 张及文字介绍和历史照片等。唯一遗憾的是留在台湾的图纸未收入本书。

更为珍贵的是，清华大学楼庆西教授在得知两院合编中轴线测图一书后，主动建议将清华大学建筑学院图书馆珍藏的中国营造学社有关北京中轴线古建筑测图一并收入，并亲自操持，将这批在天津大水中抢救出来的图纸作为附录收入本书，使这部书的学术价值更加提高。在此做特别感谢。

现代文物修复的思考

—— 以千手观音造像保护修复为例

詹长法[1]　徐琪歆[2]　张　可[1]

（1. 中国文化遗产研究院；2. 中央美术学院）

摘　要：千手观音造像保护修复工程是在国家文物局支持下、在各界文物保护能工巧匠参与下，对文物保护的各个层面进行广泛探索、具有开放性的当代文物保护工程的典型案例。现代文物保护修复工作应如何进行，这是我们在千手观音造像保护修复工程中不断思考的问题。现代文物保护修复工作与传统艺术品修缮在理念和方式上都存在较大的差异。但在实践中，两者又有着密不可分的关系。在文物古迹保护备受国家与社会关注的当下，如何认识现代文物古迹保护的性质和目的，对实践工作具有十分重要的影响。而将修复过程和相关思考告知公众，对于普及文物保护修复基础知识，促进文物保护界的交流与探讨具有重要意义。本文拟从千手观音造像保护修复工程的实践出发，就千手观音造像价值的认识与整理、现代科技与传统工艺在修复工作中的结合、修复理念的认识与反思，以及文物保护作为一项长期工作尚待解决的问题和努力方向，对现代文物修复进行探讨。

关键词：文物修复　千手观音造像　价值　传统与现代　预防性保护

Abstract: The conservation and restoration of Thousand-hand Bodhisattva is a typical example of contemporary cultural heritage conservation project with the support of the State Administration of Cultural Heritage and the participation of outstanding craftsmen from various circles after conducting wide explorations in various aspects. How to conduct cultural heritage conservation and restoration in modern times has always been an issue that we ponder over most during the process. The modern cultural heritage conservation and restoration has great differences with the traditional repair on the artworks in terms of its concept and method. But in practice, the two approaches are inseparably related.. In today's society where cultural heritage conservation is under the great care from the State and the society, it is of great significant impact on how to understand the nature and purpose of modern cultural heritage conservation. It will be of great significance for the popularization of basic knowledge of cultural heritage conservation and restoration and promote the exchanges and discussions among the cultural heritage circle once the process of restoration and related considerations are made public. The paper plans, based on the practical work of the conservation and restoration of Thousand-hand Bodhisattva, to give further deliberations on modern cultural heritage restoration in the aspect of the recognition and restoration of the value of the statue of Thousand-hand Bodhisattva, the combination of modern technology and traditional restoration technique, the recognition of and reflections on the concept of restoration, as well as the issues waiting to be solved and the direction for cultural heritage conservation as a long-term mission.

Key words: Cultural Heritage Restoration, the Statue of Thousand-hand Bodhisattva, Value, Tradition and Modernity, Preventive Conservation

自 1985 年中国正式加入《保护世界文化与自然遗产公约》，迄今已有 30 个春秋。在国家的大力支持下，文化遗产的保护与传承已经成为一个备受瞩目的话题。2015 年 5 月，历时 8 年的国家石质文物保护"一号工程"——大足石刻千手观音造像抢救性保护工程，在社会各界的关注下顺利通过验收。对于千手观音造像的修复，人们持有不同的观点和看法。这些讨论对于我国文物保护事业的进步大有裨益，也为我们进行工作总结和反思增添了动力。

现代文物保护修复工作应如何进行，这是我们在千手观音造像保护修复工程中不断思考的问题。现代文物保护修复工作与传统艺术品修缮，在理念和方式上都存有较大差异。但在实践中，两者又有着密不可分的关系。意大利文物保护修复理论家布兰迪认为，修复首先是对修复对象价值的认识和判断，并使其得以传承的方法。而要掌握这一方法，首先要充分认识传统与现代结合的必要性，这是毋庸置疑的。同时，在文物保护实践中，文物价值的整理、认识，要与文物保护工作相衔接。千手观音造像保护修复工程是一次重要的保护实践，是对文物保护的各个层面进行广泛探索、具有开放性的当代文物保护工程的典型案例。本文以此次修复实践为例，围绕文物价值的整理、方法方式的运用，以及理念的认识等问题，对现代文物修复进行探讨。只有从实践出发，才有可能对我国现代文物古迹的保护进行有效的探讨。

千手观音造像位于大足石刻宝顶山造像，由赵智凤主持建造于 1174~1252 年间，距今已经历 800 多个春秋。2008 年千手观音造像保护修复工程组首先对千手观音造像的整体现状进行了全面、细致地检查，对造像存在的病害进行了整理、分类、统计和总结。总体来说，千手观音造像存在石质、金箔、彩绘三大类病害，分别占造像展开总面积的 5.56%、66.84%、40.92%，其中石质病害含四类共 8 种、金箔病害五类共 11 种、彩绘病害五类共 15 种。可以说千手观音造像的病害情况已经穿过了表皮、深入到骨髓，金箔层的劣化、分层、脱落面积，彩绘的粉化、脱落程度，以及内部胎体的粉化、断裂、脱落程度甚至超出了修复工程组的预期，千手观音造像

图1　千手观音造像修复前（局部）

确实如管理人员所说"病入膏肓"（图1）。如何看待它、如何对它进行干预，成为修复工作开始前项目组首先需要解决的问题。

一　文物古迹的价值与保护的目的

　　文物古迹的价值分析与认识至关重要，它是我们保护文物的基本动因，是我们接触文物时应首先做的工作。没有价值的事物是无关紧要的存在，人们不会予以关注；而有价值的事物则会引来人们关注的目光，令人产生保护它的愿望。然而对待同一件事物，不同的人所看到的价值也会有所不同。正如美学理论中指出的，对于同一棵大树，"在木匠的眼中是木材，画家看到的是色彩和色调，植物学家看到的是它的形态特征"，而艺术家看到的是美学价值。

　　布兰迪认为，"所谓修复，一是对艺术作品的物质性存在和其美学、历史两方面性质的认识；二是考虑将其向未来传承的方法论"。所以说，文物保护的目的在于"传承"。而"传承"什么，则需要我们在修复操作前对文物价值进行整理和判断。

试图保存文物的所有价值是不可能的。一旦干预，就意味着某些信息的丢失；而不干预，则会加速文物所有信息的丢失。因此，价值的评估、干预的可能性，是文物保护修复必须面对的首要问题。

　　在大足的险峻山崖上，保存着绝无仅有的系列石刻，时间跨度从9~13世纪。这些石刻，以其艺术品质极高、题材丰富多变而闻名遐迩。从世俗到宗教，鲜明地反映了中国这一时期的日常社会生活，并充分证明了这一时期佛教、道教和儒家思想的和谐相处局面。

——联合国教科文组织世界遗产委员会

　　千手观音造像雕凿于南宋，历经元、明、清三朝保存至今，具有重要的历史价值。根据宝顶山保存的碑文记载，千手观音造像在历史上至少经历过四次整体妆金修缮，具体时间为明隆庆四年、清乾隆十三年、乾隆四十五年和光绪十五年[1]。之后，宝顶山造像虽在战乱中幸存，但再无大型修缮活动，也鲜有人提起。直至20世纪30年代，梁思成先生带领营造学社对宝顶山进行考察，以及1945年杨家骆等一行专家学者对宝顶山石刻进行科学测绘和初步研究，宝顶山石刻才又一次进入人们的视野，千手观音造像的独特价值始为世人所知。此后，各领域专家学者对宝顶山石刻进行的研究不断推进，并向人们展示了宝顶山石刻作为中国古代晚期石刻杰作的重要历史价值、艺术价值和对地方文化研究的价值。1961年，宝顶山摩崖造像被列入第一批全国重点文物保护单位名单；1999年，以北山、宝顶山、南山、石篆山、石门山等摩崖造像为代表的大足石刻被正式列入"世界遗产名录"，这标志着大足石刻的珍贵价值已为世界认识和肯定。联合国教科文组织认为大足石刻符合下列三条标准："第一，大足石刻是天才的艺术杰作，具有极高的艺术、历史和科学价值；第二，佛教、道教、儒教造像能真实地反映当时中国社会的哲学思想和风土人情；第三，大足石刻的造型艺术和宗教哲学思想对后世产生了重大影响。"

　　1949年后，宝顶山石刻的保护修复实践也逐步开展起来。1954年，加高大悲阁中柱和步水头，将檐柱升高到4.5米，重新装修俯壁门窗，做脊筑檐，加瓦翻盖屋面，维修中鳌宝盖拉链，重做蹲狮以固拉链。1956年，文化部文物管理局拨款修建千手观音、释迦涅槃佛、华严三圣、护法神等处岩上护岩保坎一座。1985年，千手观音主尊须弥座的地仗进行了部分修补，个别手及饰物进行过维修。1988年，千手观音主尊部分手指已用泥修补并刷铜粉，右下方手的无名指嵌入木楔，托红布的那只手

---

〔1〕　千手观音造像历史上可考的四次修缮分别见于：1."善功部"碑。明隆庆四年（1570），"伏念棕等忝为空门什子怅无报谢，佛恩施财妆千手观音金像一堂先同本"，立碑（主持）人：悟朝；2."遥播千古"碑。清乾隆十三年（1748），"南无千手大士法像一堂以及两旁罗汉又并前炉一座于己巳岁重妆"，立碑（主持）人：僧净明；3.装修大佛湾、圣寿寺像记。清乾隆四十五年（1780），"施银钱装修宝鼎名山大慈悲千手目观音大士金身一尊"，立碑（主持）人：张龙□；4.装彩千手观音…像记。清光绪十五年（1889），"目睹千手千眼观音大士月容减色修发虔心捐金重装满座金身"，立碑（主持）人：戴光升。详见《大足石刻铭文录》，重庆出版社，1999年。

做了想象补全，面部做修补，局部金箔上刷铜粉，须弥座刷黄色水性颜料。1992年，千手观音造像区形成独立而封闭的特龛参观点，对千手观音造像两侧的木围栏结构进行了改造，保护性建筑西端新增设一桥式道路。进入到21世纪后，小修小补已经无法满足千手观音造像的保存需求，2008年5月21日，国家文物局最终将劫后余生的千手观音造像的抢救保护列为国家文物局石窟类保护"一号工程"。2008年6月23日，国家文物局批准（文物保函【2008】611号）开展大足石刻千手观音造像抢救性保护工程；6月26日中国文化遗产研究院编制完成《大足石刻千手观音保存现状调查评估工作方案》；7月，前期勘察研究工作正式启动。直到2015年5月6日，"大足石刻千手观音造像抢救性保护修复工程"经专家论证，顺利通过验收，千手观音造像再次与公众见面。古往今来，千手观音造像所经历的每一个岁月、每一个事件，不仅形成了她今天的模样，也构成了她的历史和历史价值。这是文物古迹最直接和明确的价值，是构成其特殊性和综合价值的基础，也是文物保护修复工作所珍视的重要价值之一。

　　长广各数丈，制作精绝，今古所无，金碧辉煌，震心耀目。

——杨家骆（1946）

　　千手观音造像的艺术价值也是深受人们关注的价值之一。首先，宝顶山石刻以佛教、道教、儒教三教共存和丰富的内容而异于前期石窟，并以其独树一帜的民族化、世俗化、生活化特色反映了9~12世纪中国民间宗教信仰、石窟艺术风格的重要发展规律和变化。作为中国传统文化与外来佛教文化完美结合的典范，大足石刻是中国晚期石窟艺术的杰出代表作。其次，千手观音造像虽在中国佛教造像中普遍存在，但如大足石刻宝顶山千手观音造像这般造型生动、丰富、完满，且为崖壁开凿的立体石刻千手观音造像却是世所罕见。这尊造像也是我国最大的集雕刻、贴金、彩绘于一体的摩崖石刻千手观音造像，是世界文化遗产大足石刻的精华龛窟和重要组成部分。千手观音造像气势恢宏，雕刻精美，其复杂多变的手形充分显示了精湛而纯熟的雕刻技艺，充分显示了我国古代艺术家的聪明才智和高超技艺，被誉为"世界石刻艺术之瑰宝"。千手观音造像的高度艺术价值受到专家学者和来访者的肯定和赞赏。

　　科学价值在千手观音造像的雕刻、彩绘和髹漆贴金三个层面均有重要体现。雕刻的布局、工艺、软弱夹层带的补配，对石材特性的了解和利用；彩绘内容之丰富，功能安排之巧妙；髹漆贴金工艺的运用，以及贴金对于造像的特殊保护功能，这些不仅反映了我国古代工匠师、设计者的独具匠心和聪明才智，也为今天的保护修复工作提供了极大的帮助，为将传统工艺与现代科技相结合的修复思路的形成提供了重要支持。

　　千手观音造像雕刻在近88平方米的砂岩崖壁上，不仅体量庞大，细节表现也十分充分。许多手与法器的雕刻采用高浮雕形式，甚至接近圆雕，层叠交错；法器也

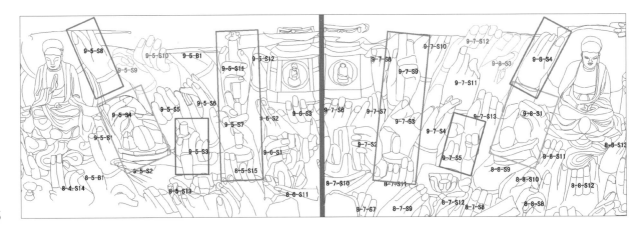

图2　千手观音造像对称性示意图
（在2011年修复区中的183只手中，有142只手具有对称相似性，30只手具有相似性，没有任何对称相似手有11只，因此千手观音修复过程中，其对称手具有很大的参考性）

有上下连接多只法手的情况，令人惊叹。这种雕刻效果的实现，不仅要求对石材性质十分熟悉，工具使用十分娴熟，且在雕凿前已经胸有成竹。这说明南宋时期，大足地区的石刻技术已经相对成熟，并在雕刻造像前已有了造像的粉本。而其雕凿技术是如何实现的、粉本来自何方又流往何处，这是我们需要提出并期待解答的问题。

在前期调研阶段，工作组还发现造像千手的布局上并非杂乱无章、随意安排，而是有理可循。通过对造像的细致调研，工作组发现千手的整体雕凿分出上、中、下三层，且左右两边的千手走势、结印和手持法器都呈现出对称性（图2）。这种分层和对称性的存在不仅在建造之时便于造像的雕刻、工匠的分工和工序的统筹安排，也为现代的保护修复工作提供了工作思路和修复依据。许多残缺手、残缺法器正是通过千手观音造像左右对称的规律来进行修复的。另外，千手观音造像对岩石风化带的巧妙改造和石材补配也为石质胎体的修复提供了重要依据和思路[2]。

千手观音造像的髹漆贴金工艺是此次保护修复工作的一项重要发现和收获。漆工艺作为我国古代先人很早就掌握并且熟练运用的传统工艺，曾被广泛运用于各类器物、工艺品的制作和装饰。在前期调研阶段，项目组对整个川渝地区的石刻造像工艺进行考察，发现髹漆贴金工艺在当地石刻造像的装饰中有着广泛的应用，千手观音造像的髹漆贴金层所使用的正是这种传统工艺（图3）。然而在今天，这项曾经应用广泛的工艺技术却已走到末路。在追求效益和利润的现代社会，大漆逐渐被其他材料所取代，能了解制漆、髹漆者在当地寥寥无几。项目组几经周折，终于找到一位使用传统大漆工艺制作棺材的当地工匠，并请他为项目组修复人员作指导，研究髹漆贴金工艺。经过研究和多次试验发现，大漆在大足地区有着独特的适应性。大足温暖潮湿的气候为大漆的熬制、成膜提供了良好的环境，使得工艺操作相对于北方地区更加简便。而作为一种黏结材料，大漆与几类现代化学黏结剂相比，其性

〔2〕　有关千手观音造像石质修复情况可参考陈卉丽，段修业、冯太彬、韩秀兰《千手观音造像石质本体修复研究》，《中国文物科学研究》，2013年第3期。

图 3　千手观音造像髹漆贴金层与胎体的结合情况

能更加稳定，保存时间更加持久。同时，成膜后的大漆层具有防水效果，对质地较松软的砂岩石刻能起到保护作用。此外，由于大漆密度高，经过多遍涂刷后，在岩体表面形成的保护层可起到加固岩体、提高硬度的作用。正是大漆的诸种特性，让项目组看到了传统工艺和材料不可取代的优越性，从而促成千手观音造像髹漆贴金修复工艺的研究和制定[3]，这也是整个修复工程将传统工艺与现代科技放到同等重要层面上统筹考虑的动力所在。项目组希望，通过此次修复工作，这项传统工艺能得到比较完整的记录和保存，并受到非遗保护组织和相关机构的关注，从而在未来得到更好的保存和传承。

2015 年，《中国文物古迹保护准则》经过再次修订，明确提出了要保护文物古迹的社会价值和文化价值。文中明确指出，文物的"社会价值是指文物古迹在知识的记录和传播、文化精神的传承、社会凝聚力的产生等方面所具有的社会效益和价值"。"文化价值则主要指以下三个方面的价值：① 文物古迹因其体现民族文化、地域文化、宗教文化的多样性特征所具有的价值；② 文物古迹的自然、景观、环境等要素因被赋予了文化内涵所具有的价值；③ 与文物古迹相关的非物质文化遗产所具有的价值。"[4] 这一修订并非我国文物保护专业首创，而是多年来世界文化遗产保护理论与实践发展趋势使然。今天，地方文化价值、文化遗产所有者、使用者的需求和意见受到越来越多的重视和尊重，项目组对此深有感触，并在此次保护修复中进行了积极的思考和行动。

在大足及其依附的巴蜀地区，观音信仰作为流行的宗教信仰由来已久。大足石刻最早的北山石刻不厌其烦地雕刻了各种观音形象，从中可以看出，至晚在唐末，观音作为民间重要的信仰、供奉对象，已经在大足地区形成规模。而宝顶山千手观音造像的声名也是自古传遍川渝地区。至晚在明代，每年农历二月十九日观音诞辰之际，宝顶山就已成为川渝地区重要的进香圣地，千手观音造像也在此时集中接受来自各地的香火供奉，"上朝峨嵋，下朝宝顶"的局面相应形成。该传统延续至今，这便是每年的"宝顶香会"（图 4）。2009 年 9 月，重庆市人民政府将"宝顶香会"列入第二批市级非物质文化遗产名录；2014 年，宝顶香会的传统架香活动被列入第四批国家级非物质文化遗产名录。对于宝顶山石刻来说，宝顶香会是与其密不可分的文化传统和非遗活动，也是对地方文化形成起到重要影响的因素。因此在对千手观音造像进行保护修复时，项目组不能忽视它作为宝顶香会供奉主角的身份，以及地方民众对千手观音造像的期望。

综上所述，千手观音造像作为保存了 800 多年的古代宗教石刻造像，承载了多重身份和价值。在现代文化遗产保护观念不断发展的今天，文物古迹的价值绝不仅仅是一件古代艺术品，它的其他价值，包括传统工艺材料、非物质层面的文化传统价值等应受到同样的关注；使之保存至今的原因，它所经历的时代以及每一代人，

---

〔3〕 有关千手观音造像髹漆贴金工艺试验和研究可参考李元涛、左洪彬、徐琪歆《千手观音造像髹漆贴金层修复方法研究》，《中国文物科学研究》，2013 年第 3 期。

〔4〕 中国古遗址理事会中国国家委员会《中国文物古迹保护准则》，文物出版社，2015 年。

图 4 早年宝顶山的进香活动与近年香会节

同样应被今天的文化遗产保护者所关心。正如学者李耀申所说："文物作为物质文化遗产，自古有其创造与留存、损坏与修复、维护与传承的历史规律，文物存续过程中所经历的每个时代及每一代人，都存在着相关联、相递进的内在联系……这种递进模式循环往复，以至无穷，而每一递进循环中亘古不变的是精神价值、文化血脉向更高层面的进化。当然，这里的一次次进化，都必将融入所处时代的创造元素，包括但不限于心力技术、情感智慧等等。由此意义出发，文物保护在认识上、方法上确需更加注重统筹、并重、科学、求实，把历史、现在、未来之间的平衡点找准、找好。"[5]

千手观音造像的价值多样性和病害复杂性使其成为现代文物保护修复中的典型案例。如何理解其真实性，如何评估和体现其价值，如何兼顾历史价值和修复干预的稳定性，如何平衡历史价值、艺术价值、科学价值和社会、文化价值，这一切皆是此次修复工作所面临的巨大挑战。在此条件下，项目组注重对修复理念的思考、研究和应用，坚守"真实性"等原则，将其深入到修复实践的各个层面。首先，尽可能多地保存现状，即真实的历史信息。其次，修复工艺和材料尽可能采用传统工艺、材料。另外，在保证历史价值真实性的同时，尊重文化价值，追求艺术价值的完整与真实。

二　文物保护的方法与方式

我们对千手观音造像价值的分析和认识，对此次工程保护修复技术路线的制定，以及材料、工艺的选择产生了关键影响。这种影响突出体现在项目组将"思"与"行"密切结合，试验与实践交替进行；将传统工艺、材料与现代科学技术密切结合，共同实现保护修复的目的。文物保护技术是解决文物保护修复问题的关键，要让文物"活"起来，文物本体的"健康"是前提。同时，给文物"祛病延年"也是对文物各种价值再认识的过程。文物修复工作除需考虑文物价值的体现问题，修复质量的稳定性与环境的适应性更是关乎文物安全的首要问题。由于采用传统工艺予以修缮，千手观音造像得以保存至今。因此传统工艺、材料是保护该文物安全的重要工艺和材料，是解决文物保护修复技术难题的重要参考。同时，传统工艺与现代技术也不可分离。现代科技的发展为修复的准确性、有效性和真实性提供了更多便捷、科学的手段，提高了修复实践的效率和质量。作为现代文物保护实践，仅凭传统工艺技术无法满足现代环境下对文物进行科学、有效保护的要求，也会产生阻碍技术进步和创新的屏障。因此，在千手观音造像保护修复工程中，我们不仅采用了传统工艺、材料，还积极探索现代科学技术的配合和应用。此次修复运用了 X 光探伤、三维数据留存与应用、微环境信息检测、微生物检测与治理、修复工程数据库建立制作等现代科技手段，以更好地支撑修复实践操作，并留下尽可能完整、详细的信息；对文物进行本体信息的记录、保存状况的检测、环境监测等多方面辅助干预，以配合修复材料试验、方案制定和良好保存环境的控制等等。事实证明，这些科学技术和专业团队的参与，为保护修复项目提供了确切、有力的资料和数据支持[6]。

---

［5］　李耀申《文物保护应把握好历史、现在、未来的平衡点——大足石刻千手观音修复工程的启示》，《中国文物报》，2015 年 7 月 15 日。
［6］　有关千手观音造像辅助科学技术的应用和相关成果，可参考项目组人员发表的相关文章。

总之，千手观音造像保护修复工程在理论层面和技术实践层面都进行了积极的探索。在传统工艺的研究与应用、现代科技手段辅助文物古迹保护修复，以及对文化遗产非物质层面的关注与思考等方面，都进行了突破性的实践。文物保护方式是一种价值观的体现，有关文物保护方式的讨论，对于文物保护理论与实践的发展有着积极的作用。然而现阶段，我国民众以及部分从业人员对文化遗产价值的理解并不全面，对保护理念缺乏正确的认知渠道。下面，就近期公众所关注的有关千手观音造像保护修复问题，对千手观音造像保护修复的方式进行阐述，借此普及一些文物保护概念和知识，以使有关千手观音造像或其他文物保护修复问题的讨论能在客观、合理的方向上进行。

（一）千手观音造像是不是宋代的风格

根据碑刻记载和学者研究，大佛湾造像的雕刻年代已经不存在争议，即"南宋赵智风于淳熙至淳祐年间（1174~1252）开凿的，至今已有800多年历史"。大佛湾石刻造像被专家学者认为是将宗教与世俗密切结合的突出代表，反映了宋代川渝地区的艺术水平和世俗风貌。也有学者认为，大足石刻雕刻技术、艺术造诣之高可能受到晚唐艺术的影响，等等。800多年间，千手观音造像经历了至少四次整体妆金。这些修缮活动保证了造像的健康状况和宗教功能，使其得以保存至今。然而，千手观音造像的面貌、艺术风格究竟经历了多少次、多大程度的改变，我们尚无法给出确切答案。但它发生改变的事实确实有据可证，这也是此次修复中的重要发现。

作为造像的视觉核心，千手观音造像主尊是参观者和宗教信众关注的主要对象，也是塑造整体形象、凸显其艺术风格的主要对象。主尊面部属于整体雕刻的突出部分，且刻画比较细致，受自然环境的影响也比较大。从保留的修缮痕迹看，主尊面部经历的历史干预最多。主尊花冠局部保存有目前所发现的最多金箔层，共计8层。面部除贴金外，还有较多绿色物质，且存在多种病害。在对面部不稳定金箔层进行揭取后，修复人员发现，面部有修补痕迹，且在天目、眼睛、鼻子、嘴唇等部位存在材料补塑的情况，因而构成了千手观音造像五官略微突出的面部特征。这些补塑始于何时？修复人员通过对比20世纪40年代以来千手观音造像老照片，发现其主尊面部并非一直如此。由于这些补塑材料与造像原材料不同，因而出现开裂、老化、变形等问题。为了保证造像修复后的安全稳定性，并尽可能保留其历史信息，彩绘修复人员利用壁画揭取技术，对千手观音面部的补塑材料进行了整体揭取。揭取后千手观音的面部与保存现状不同，而与大佛湾其他菩萨、佛的面容相仿——雕刻清晰、垂眼微笑、面容安详。于是，项目组立即召集专家商讨论证，会议形成一致意见：祛除可能是近代干预操作产生的补塑部分，依照胎体保存面部情况进行修复。所以，我们在主尊面部修复中仅是祛除不稳定的添加部分，依据保存的文物现状进行修复。对千手观音造像主尊以及其他部分的修复，也均以实际保存痕迹为基础，以对称性为主要依据，辅以大、小佛湾同类造型作参考。千手观音面部的修复也是此次修复中遇到的极端案例，其处理方式反映了项目组坚持以文物本体现状为根本、坚持修复真实性的工作方法和态度。而千手观音造像究竟是不是宋代风格，希望能有更多的专家学者加入研究和讨论，提出新的佐证，或者给出答案，为将来造像的保护修复提供更多的学术依据。

（二）如何看待"修旧如旧"的要求

在文保专业领域，"修旧如旧"一词让人又敬又怕。敬的是，最初由梁思成先生提出的文物古建筑"整旧如旧"的修缮原则，超越了当时中国文物保护理念的认知，是更加全面地认识文物历史价值的先进理念；怕的是，如今大多数人对"修旧如旧"望文生义，并不了解它的提出背景和内涵，并将其视为评价文物古迹保护修复唯一的"修复效果标准"，人们对外观效果的关注远远超过了对文物安全、稳定性等其他方面的关心。每一套理论背后都有一整套的背景语境和知识体系，要想获得正确的理论观点，需要进行全面的了解，"断章取义"或"望文生义"对于理论与实践的研究和进步都无益处。有关"修旧如旧"的内涵，已有很多文章、论文进行了探讨。我们希望这些客观、科学的观点不仅在业内形成共识，也能被非专业领域和普通大众所了解，这将对中国文物古迹保护产生重要影响。

| 2005.8.3 | 2005.10.7 | 2006.1.23 | 2005.1.25 |
| 2006.1.31 | 2006.2.7 | 2006.2.14 | 2005.2.17 |

图 5 台南天后宫妈祖神像面部修复

图 6 　日本中尊寺金色堂（局部）

（三）"太新了，某国修复就不是如此"

关于造像贴金"新"与"旧"的讨论、争论，不仅是涉及修复理念的问题，也是一个材料、工艺和技术应用的实践问题。我们对文物进行保护修复的目的是为了文物能够健康、持久地保存下去，让后人也有机会看到它、欣赏它、研究它并继续保护它。如果在保证文物本体稳定性的基础上同时可保持其古旧的历史外观效果，这当然是皆大欢喜的结果。然而，在保护修复实践中，修复人员所面对的文物并非都是健康状况良好、外观层保存状态稳定，而且文物保护的价值并非只是单纯的历史价值和艺术价值。无论是整个文物保护行业还是某一类文物保护技术，都没有一种包治百病的"特效药方"。每一个保护修复实践，都需要根据文物修复对象的材质、本体情况、保存环境以及当时的修复技术等各种因素进行综合分析判断，从而给出具有针对性的保护方案。文化遗产的保护方式更多地体现了社会的价值观和认知判断。如今，随着文化遗产理论的不断发展，文化价值、非物质文化遗产的重要性越来越受到重视，文物保护不能仅仅重视物质层面，而忽视非物质层面。千手观音造像保护修复工程十分重视文物的历史价值、艺术价值、科学价值、社会文化价值等，因此在制定修复方案的过程中格外谨慎，并将国内外一些宗教文物古迹保护案例进行比对参考。例如，台南大天后宫妈祖神像的修复（图 5）、日本中尊寺金色堂的修复（图 6）、宝圣天堂的修复，以及意大利佛罗伦萨花之圣母教堂金门的修复，等等。在这些案例中，修复工作者一方面对文物的物质遗产价值和非物质层面的文化、社会价值给予同样的重视；另一方面，对修复工艺的研究和文物修复后的健康、稳定性也十分关注。我们清楚地认识到，在现代社会，保留文化的丰富多样性与保存古代艺术品具有同样重要的意义，文物修复效果也并非只有唯一的"外观标准"。此外，这些案例都涉及与金或金箔相关的文物。我们也必须学会以客观的态度对待文物和文物的使用材料，正视并尊重"金"作为一种稳定金属的物质特性和文化特性。

如果一味追求"陈旧"也可以实现，即以牺牲金含量为代价进行做旧。而这种行为并非"真实"，不仅将修复的稳定效果打了折扣，也是对材料的极大浪费。个别媒体曾拿某国木雕文物修复与大足千手观音造像修复作比较，其做法有失公允，因而受到人们的质疑和批评。两个修复对象的材质、问题等差异之大，岂可同日而语？这里毋需多言。再者，千手观音造像已经病入膏肓，若诚如有的公众所说，面对如此困难的情况便放弃修复保护措施，任其自然发展，想必过不了多久，我们便要与这尊珍贵的造像挥手告别，只能在图像中寻其芳踪了。

千手观音造像修复工程所追求和期望的，一是在保证修复质量、稳定性的同时，尽最大可能保存千手观音造像的历史痕迹，使本次修复成为千手观音造像历史上一次较全面的修复。二是恢复其完整性，呈现千手观音造像的艺术魅力。三是研究千手观音造像的雕造、装饰工艺，发掘传统工艺的优势并运用到现代修复工作中。四是千手观音造像的宗教文化价值不容忽视，当地文化特点和民众的信仰需求应给予关注，以促进活态文化遗产的保护、传承。

三　文物的维护与使用

千手观音造像保护修复工程业已竣工，而这尊造像的保护工作则任重道远，之后长期的维护与预防性保护工作是决定千手观音造像本体状态和保存时间的重要因素。除了在修复期间对千手观音造像保存环境检测和项目组给出的大悲阁修缮、造像前设置空气墙的保护方案之外，微环境的持续监测、自然环境条件的改善、人为污染行为（焚香、接触等）的防控、保护设备的维护、日常管理的规范等，都是十分必要的维护与保护工作。

公众参与文化遗产保护既是公众参与社会事务、接近文化遗产权利的基本要求，也是文化遗产能否得到切实保护的重要基础。因此，项目组对公众的参与一直保持开放、积极的态度。工程实施期间，将修复现场设置为半开放式平台，游客可与修复工作者共处大悲阁中，浏览为他们准备的各类修复工艺展示图、效果图；为公众设计制作了对千手观音造像修复的态度和理想效果的调查问卷，游客和来访者可自愿填写；定期邀请美术史、考古、文物保护、科学研究等不同领域的专家学者和一些重要媒体，参与工程阶段性工作和涉及关键性技术问题的工作研究、评审、监督，基本上形成了一个较为良好的交流互动系统。基于对文物古迹的社会和文化价值的认识，我们不论在文物修复过程中，还是在展示、利用的情况下，都要对这些价值给予重视。文物只有在充分发挥其价值的情况下才能得到更多的关注和保护，而文物与公众的良性互动能更好地促进其价值的实现和保存。

通过以上探讨可以看出，千手观音造像保护修复工程不仅仅是关注技术实施的修复工作而已。在国家文物局和中国文化遗产研究院的支持下，在各科研机构、团队和个人的共同努力下，千手观音造像保护修复工程开展了大量的、多学科领域的工作。对文物状况、价值的研究，对工艺的发掘，对现代科技参与的试验，对保护理念的思考和实践，对保护与维护工作的重视，这一切实际上是对文物保护体系进行的一次全面探索和突破性实践。我们不愿被禁锢在某些不成熟或未成系统的含糊观念中，希望通过自身的思考与实践，在以传承文物古迹为目的的前提下现身说法。探讨文物保护的理念应是什么、该怎么做，这也是国家"一号工程"的价值和意义所在。正如此次工程一直坚持将"思"与"行"相结合，我们的文物保护行业也只有在不断地思考和实践中才有可能进步和发展。我们希望，来自不同领域的专家学者就千手观音造像保护修复工程多研究、多发言，从而促进各个学科的良性交流，共同进步。

基于群体分类的文物价值层次体系初探

张金风

（中国文化遗产研究院）

摘　要：价值作为文物的本质属性，已被广泛认可。但是对于文物的价值评估往往局限于人类整体的视野，忽视了不同群体和个体需要的差异性。然而文物的价值是根植于它所生长的文化中的，具有地域性、民族性等相对性的内涵。因此，本文根据与文物所代表的文化关系的紧密程度，将人类这个整体概念分解，从而关注各个群体、个体的价值利益，建构基于群体分类的价值层次体系，以便为保护策略提供更加明晰的思路。

关键词：文物价值　群体　个体　层次体系

Abstract: It is widely accepted that values are the essential attribute of cultural relics, but valuation has been limited to the whole mankind concept with the ignorance of different requirement among various groups and individuals. The values of cultural property root in their original cultures with relative concept of nationality and region. Therefore, this article built up a hierarchical structure by paying close attention to multiple values by breaking the whole mankind down into several groups according to their intimacy with cultural relics.

Keywords: Cultural Relic's Value; Group; Individual; Hierarchical Structure.

一　引言

《中华人民共和国文物保护法》作为我国文物保护行业的基本大法，并没有给出文物的具体定义，而是规定了五大类受保护的物品。在这五类物品的列举描述中，通过"具有历史、艺术、科学价值"、"重大"、"著名"、"珍贵"、"重要"、"代表性"等描述"重要性"的词语强调了文物的本质属性——价值。也就是说，在我国，文物的认定及保护都是一种基于价值判断的实践。而1972年通过的《保护世界文化和自然遗产公约》中虽然使用了不同名称——"文化遗产（Culture Heritage）"，和不同的分类——纪念物（Monuments）、建筑群（Groups of Buildings）和遗址（Sites），但从内涵来看，"文化遗产"的概念大体相当于《文物保护法》中（一）、（二）和（四）类所涵盖的"不可移动"文物，而且强调的也是"……具有突出的普遍价值的……"。可见，"价值"是国际、国内公认的文物的本质内涵。

《文物保护法》所规定的历史、艺术及科学三大价值通过几十年的文物保护实践，在广度和深度上不断扩展，多元化的价值体系框架也已经得到普遍的认可。然而，由于文物价值虽具有一定的客观性，但同时也具有很强的主观选择性，这就使得对于某一特定文物所具有的具体价值内涵及各种价值之间的相对关系认定总是存在争议。而文物的价值内涵认定又对保护措施的选择具有导向性及决定性作用。因此，在文物保护方案的设计理论、依据原则及具体实践方面经常存在认识差异甚至对立。

追本溯源，全面认识价值的多元性和具体性，尽量严谨、缜密地细化文物的价值体系，建立一个系统、完备的价值认知体系就应是文物保护的一个首要任务。

二 价值的特点

价值是一个具有普遍意义的概念，广泛地应用于多种学科及领域，但其涵义却不尽相同，甚至有些混乱。哲学概念上的"价值"是与人的需要密切联系在一起的，是指事物、现象等对于一定的社会、群体和个人，更确切地说是客体对于主体所具有的"意义"，即价值是客体对主体的有用性。这个定义完全符合文物保护行业的价值概念。

根据价值概念的定义，价值的有无或大小与客体及主体两方面均有密切关系，但主体，也就是人的需要对于价值判断和价值选择无疑更具有决定性作用。然而，"人的需要"这个概念的内涵相当复杂。"人"既可以指人类这个区别于其他存在的整体，也可以指各个历史阶段、各个社会阶层，或各个共同持有某种文化传统或信仰的大（小）群体，还可以指不计其数的已故的、健在的及未来的个体。"需要"则是指人在社会或生活中感到某种欠缺而力求获得满足的一种内心状态，包括了整体的、个体的；感性的、理性的；生理的，心理的；物质的、精神的；长远的、眼下的；长久的、短暂的等各种类别。同时，即使是特定的某个人其需要也会随着时间及场合的不同而有所变化。可见，错综复杂的各类人群及各式各样的需要组成了千变万化的"人的需要"。因此，"价值"就难以摆脱民族性、文化性、地域性、时代性、延续性等多个相对概念范畴的局限，而这也正是文化多样性和独特性的根本原因。但同时，价值也是可以被建立和改变的。《保护世界文化和自然遗产公约》强调的"普遍价值"也许正是以价值的这个属性为基础提出的。

概念准确、分类清晰是任何一部法律或法规文件的内在认识逻辑、规则以及适用性和操作性的基础。因此，本文在前人对于文物价值研究的基础上，着重从不同的群体分类来尝试对于文物价值体系的解析。

三 基于群体分类的价值层次体系

对文物价值的评价过程本身既是一种认知过程，也是一种决策过程。从众多的历史遗存中筛选出值得保护的对象，体现了一个时代、一个社会的文化价值的取向。虽然客体具有客观存在性，但是主体总是从自己的需要出发，以自己的利益为标准来评价客体，使客体在价值判断中带有主体赋予的特征。例如，国人引以为傲的、体现中国传统文化中"道法自然"，讲究"虽由人作，宛自天开"而被赋予"无为而无不为"意境的中国古典园林，在黑格尔看来却是"一方面要保存大自然本身的自由状态，而另一方面又要使一切经过艺术的加工改造，还要受当地地形的约束，这就产生一种无法得到解决的矛盾……审美趣味最坏的莫过于无意图之中又有明显的意图……看过一遍的人就不想看第二遍；因为这种杂烩不能令人看到无限，它本身上没有灵魂，而且在漫步的闲谈之中，每走一步，周围都有分散注意的东西，也使人感到厌倦"[1]。可见，只有当"文物↔文化"的内在关系被接受时，"文物"才能变成"文化"，也才会有价值的产生。因此，"超越了国家界限，对全人类的现在和未来均具有普遍的重要意义"[2]的"突出的普遍价值"应该强调的是在多样性的文化中"独一无二"[3]的特性，即"普遍价值"表明了对不同民族、不同文化的广泛理解、认同与尊重的一种态度，是对过去"文化具有优劣性"的一种矫正，强调各种文化间的平等性，并肯定某一类文化中的价值选择。"突出的"则是强调了其在这类文化中的重要性、代表性。

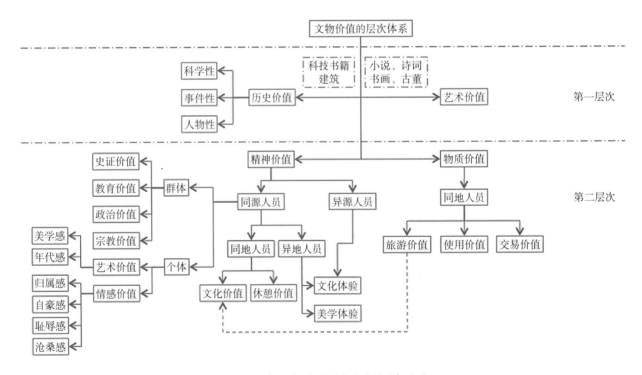

图 1　基于群体分类的文物价值层析体系

〔1〕　黑格尔著，朱光潜译，《美学》（第三卷上册），商务印书馆，1981 年，第 104 页。
〔2〕　联合国教育、科学与文化组织保护世界文化与自然遗产的政府间委员会、世界遗产中心《实施〈保护世界文化遗产与自然遗产公约〉操作指南》，2008 年，第 13 页。
〔3〕　联合国教育、科学与文化组织保护世界文化与自然遗产的政府间委员会、世界遗产中心《实施〈保护世界文化遗产与自然遗产公约〉操作指南》2008 年，第 6 页。

文物虽然具有稀缺性、不可再生性，但它的价值却不是唯一的。文物的价值是一个复数的概念，即很少有一个文物仅仅具有一个或一方面的价值。但是不同社会群体往往只看到或关心其中的某个价值。如果一个文物是处于一个"保存"的静态，则关于价值的争论仅仅属于学术领域的争辩，对文物这个客体本身几乎不具任何影响力。但当进入一个"保护"的动态中时，价值的争论就显得举足轻重了。因为保护的目的就在于价值的延续，而在采用一定的保护措施时，不可避免地会带来一定的负面影响即对某一方面价值的损害，因此，对于价值复数中的取舍决定了具体的保护措施。

基于上述对价值和不同群体的关系及价值分类的重要性的分析，本文将文物的价值基于不同的群体分类进行了层次分析（图1）。其中，第一层次是目前广泛接受的、基于人类整体的价值概念，而第二层次则通过对不同文化背景和地理位置的群体进行分类，对价值进行了细化区别。

（一）第一层次

在全球一体化的今天，"普遍价值"观体现了人类整体这个概念上的基本价值和超越时代的终极关怀："保护不论属于哪国人民的这类罕见且无法替代的财产，对全世界人民都很重要。"它也是现今国际社会对人类文明的普遍尊重和对多样文化的广泛认同的结果。

文物的价值具有多元性，但站在人类这个总体概念的角度来看，可以分为两种：历史价值和艺术价值。历史价值是指文物作为一定历史时期人类活动的产物，是过去某一重要事件、重要发展阶段和重要人物密切相关的线索与物证。艺术价值则是指文物所体现出来的人类的审美意识和艺术创造性，它反映了一个国家或民族的文化艺术传统。

本文之所以没有将科学价值作为一个价值类型，是因为价值的内涵是由当代人站在今天的科学发展程度上赋予的。根据历史辩证唯物主义的观点，科技总是在不断发展的，因此，"科学价值"并不具有恒定性，任何一个文物所具有的"科学价值"只是反映了某一个历史时期生产力水平下的"科学性"，而这属于"历史价值"的范畴。

1.历史价值

"……有了几个相互叠加的石头，我们可以扔掉多少页令人怀疑的纪录！"[4]可以说，历史价值是文物的核心或灵魂。原则上，任何历史事件都是不可能替换的，但代表人类活动某个重大分枝发展或某个关键阶段的历史事件无疑更具重要性。也就是说，历史价值固然和"时间"有着密切的联系，但是时间并不是决定历史价值的唯一标准。"历史价值"主要就体现三个方面：① 科学性，即代表性地呈现某一历史时期的最高生产力发展水平；② 事件性，即反映某一时期重要事件的历史实际；③ 人物性，即重要人物曾经与之发生关系，并且这种关系和一定的重要事件有关，

---

〔4〕 约翰·罗斯金著，张璘译，《建筑的七盏明灯》，山东画报出版社，2006年，第159页。

或能反映一定历史时期的社会、人文关系。

2. 艺术价值

艺术价值是指能典型反映某一种文化传统中长久的审美观，并且符合这种文化中的现代审美观。如果仅仅能反映某个历史阶段社会审美观，则应划定到历史价值的范畴中。如《寒江独钓图》（图2）的创作者虽是宋朝人，但是这幅图的价值却在于它在艺术上成功地运用了虚实结合，成为创造出意象境界的典范。它在美学上的

图2　《寒江独钓图》

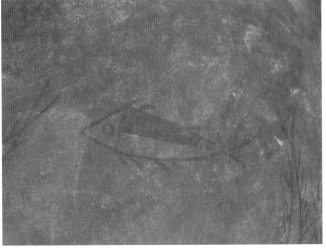

图3　仰韶彩陶纹饰

价值超越了时间，不会因为创作时代为唐、宋还是明、清而变化。因此，这幅图所具有的艺术价值远远高于其历史价值。但是仰韶时期出土的陶器上的纹饰（图3）则主要体现了当时的艺术风格和水平，反映了特定历史阶段人类文明的成就，就属于历史价值的范畴了。

艺术价值中除了美学感觉外，还包括"老货"所特有的年代感，即一种由于长年久月沉淀出来的视觉感受，它随着时光的流逝而获得意义，就如古玩中的"包浆"，"修旧如旧"中"如旧"的本质。

（二）第二层次

前文已提及，文物的价值是深深根植于它所产生的文化传统中的。因此，站在"人类"这个整体概念上的两种价值，都要以一定的方式展现在"一定人群"的活动中，也即带给一定人群精神或物质层面的利益。其中，能满足人类物质性的需要和欲望所形成的价值，叫作物质（经济）价值，而能满足精神性的需要和欲望所形成的价值，叫作精神价值。而在这个层次上又可以根据不同的群体来进行进一步的价值类别划分。

对一种文化的接纳程度决定了对其物化代表的态度。因此，根据对文化精神的接纳程度，针对某一个文物，可以将"人类"分为两类。一类是同源人员，即对此文物具有文化（民俗的，宗教的，民族或种族的等）认同的人群，而在这一类人群中又可以根据是否为原住民而分为同地人员和异地人员。比如对于山西应县木塔，应县人和中国其他地方的人，如北京人或山西其他县市的人员都会有相同的文化感应，即精神方面的共鸣和动力。因此，对应县木塔来说，这些人就是同源人员。这其中，应县人显然比其他地方人的文化认同更为强烈和明显，木塔与他们的情感或生活联系也更为紧密。因此，应县人则为同地人员，其他县市群体则为异地人员。相应于同源人员，那些没有相应文化共鸣的人，如欧美人则为异源人员。而在同源人员当中，文物的精神作用又可以根据施加对象分为群体作用和个人作用。群体作用强调的是一个组织（如政府、工会或宗教组织等）利用文物对于一个群体施加作用力，使得群体中的个人产生一定的责任观念，从而产生行为趋同、行为遵从的作用。而个人作用则强调的是个体感觉的随意性和差异性。

其中史证价值（历史价值）和艺术价值在第一层次中已经分析，在此不再赘述。

1. 教育价值

文物本身所包含的专业知识和技能及其丰富的历史背景，有助于每一个人了解自然、文化和历史，起到良好的知识层面和精神层面教育作用，从而增强一个群体对人文关怀、心灵升华的执着。

2. 政治价值

政治价值就是政治行为主体运用政治结构和政治手段，对决定政治价值取向的物质利益进行权威性分配。政治价值是社会物质利益关系在政治上层建筑中的集中表现。

3. 宗教价值

宗教价值和政治价值具有某种共性，即在一定的群体中，利用文物来宣传、强化一定的理念，从而达到一定的目的。两者的区别只在于行为主体的不同。

4. 情感价值

情感价值是指文物所凝聚的精神的、政治的、民族的或其他的文化情绪，标志着个人对于一个群体的精神认同。它是经过自然、社会和文化改造，并不断交融与内化的人与物的关系，是感觉、情绪和情感的积淀。它能够产生巨大的激励和深层归属作用，并形成一种自聚力量，抵抗一个群体的分崩离析。根据所产生的不同感觉类型，情感价值可以分为：归属感、自豪感、耻辱感和沧桑感。

归属感是个人透过文物所产生并察觉到的，与某种事物或环境"亲切性"的情感联系，如家乡或宗教朝圣地。自豪感是个体认为其所属的文化体系在某个价值特性上优于他人所产生的一种感觉，如秦始皇兵马俑或敦煌莫高窟。耻辱感则是由物而引发的屈辱或不幸的感触，如南京静海寺或北京圆明园。沧桑感是由文物材料的残缺、陈旧与更替中，所呈现出的视觉上的岁月感受，所有的文物基本都具有这种特性。

5. 文化价值

文化价值是指文物所具有的能够满足一定文化需要的特殊性质或者能够反映一定文化形态的属性。

文化是一个社会生活共同体长期积累的产物。不同阶级、不同民族、不同社会集团的政治规则不断碰撞、冲突、渗透、融合，逐渐抽象和升华出一系列新的规则，这些规则能够使各种政治规则之间具有较高的认同性、协调性、连续性、便利性。因此文化价值的内涵通常反映了整个社会生活共同体的利益要求，文化行为相对于政治行为具有最大的全局性、长期性和高价值层次性等特点。

6. 游憩价值

随着人们生活质量的提高，"休闲时代"的到来，一些以文物保护单位为核心修建的城市公园成为人们主要的休憩和交往的公共空间。

7. 文化体验和美学体验

对于同源异地人员或异源人员，文物均具有文化体验的价值。但是对于异源人员来说，这种体验更多是文化猎奇的心态，他们没有时间或者说没有兴趣去揭示和了解文物所包含的真实文化内涵，而是关注于区别于自己文化的"新"或"异"符号。而由于文化上的隔阂，异源人员无法进行美学体验，起码无法有效地进行美学体验。

8. 旅游价值

在我国，文物保护单位往往也是旅游胜地。以文物为依托的旅游产业大多给原住民带来了丰富的物质回报。

对于经济发达地区而言，由于优越的经济地位而带来的传统文化活跃性由文物而得到了进一步的深化和升华。而对于位于经济发展相对落后地区的人们普遍会羡慕，甚至不自觉地模仿甚至努力学习"现代文明"的生活方式，并尽可能地抛弃原有的文化传统，因此，对当地文物也可能不屑一顾。但旅游带来的经济价值可以使原住民尤其是年轻人逐渐深入了解并喜欢上传统文明，摆脱过去普遍存在的文化弱势心理，增强自信心和对传统文化的自豪感，进而深化传统文化，例如乌镇桐乡花鼓戏的回归[5]。

9. 使用价值

不可移动文物，如建筑，建造时最主要的功能是使用。而在今天，《威尼斯宪章》第五条"为社会公益而使用文物建筑，有利于它的保护"，也肯定了它的使用价值。

10. 交易价值

在谈及文物时，我们很少提到所有权的问题。或者说默认情况下，我们认为文物属于全人类，或至少属于某一个国家或民族等群体，尤其是不可移动文物。因此，大多数情况下是不存在交易的状况。但对于一些私人所有的可移动文物，由于稀缺性，其交易价值是显而易见的。

三　小结

任何一个保护方案基本都不可能实现其所有价值的完美延续。如何综合考虑各种诉求来权衡价值的取舍，并维持一种微妙的平衡是保护工作纷繁复杂并争论不休的主要原因。而保护作为价值再次确认的实践，既受不同历史时期理论发展影响，又受社会现实制约。

本文基于群体分类建立的价值体系，为文物的价值评估提供了一种新的可能。从哲学层面来看，价值关系与认识关系、实践关系之间存在着既相对独立又密不可分的联系。完整的认识论、价值论、实践论都应当是"认识—价值—实践"统一论。因此，应以一种开放性的、持续完善的思维和态度来对待文物的价值，承认它的主观性、相对性、动态性和发展性。

〔5〕　吴晓隽《现代旅游活动与文化遗产保护》，浙江大学硕士学位论文，2002 年。

长城文化遗产监测方法初研

张依萌

（中国文化遗产研究院）

摘　要：长城是世界上规模最大的文化遗产。一方面由于其规模的无比庞大，本体与环境特点具有明显的地域性，监测工作困难重重；另一方面，已经开展的长城监测工作也存在与保护管理衔接不畅、资源配置不合理等问题。

针对上述问题，我们认为，长城及线性文化遗产监测工作应当本着因地制宜和充分利用社会资源的原则开展工作，做到监测与保护管理相结合，现代监测技术与传统监测手段相结合，制度上对资源的合理配置、数据采集和经费支持等进行规范，保证实现低成本、高效率的长城监测。

关键词：长城　世界遗产监测　方法

Abstract: As the largest and most complex cultural heritage of the world, the Great Wall Monitoring has always been facing difficulties. On the other hand, many problems can be found in the work we have already carried out, such as poor cohesion between the Great Wall monitoring and conservation, and irrational allocation of resources.

We believe that high efficient and low cost methods of the Great Wall monitoring are based on the full use and reasonable allocation of social resources, matching with the scientific systems of the data collection and funding administration.

Key words: The Great Wall; World Heritage Monitoring; Method

一　长城的特点

长城是世界上规模最大的线性文化遗产[1]。其主要特点有二：一是本体规模十分庞大（见表1）；二是分布地域极广，跨多省区分布。作为同一项文化遗产，却有数以万计的遗产地，沿线自然与人文环境地域差异很大（见表2）。

---

[1]　单霁翔《大型线性文化遗产保护初论：突破与压力》，《南方文物》，2006年第3期。

表1　　　　　　　　　中国列入世界遗产名录的三处线性文化遗产规模对比

名称＼规模	跨越省区数量	总长度（千米）
长城	15	21196.18[2]
大运河	8	超过 2000[3]
丝绸之路	6	约 12500（中国段）[4]

表2　　　　　　　　　长城沿线景观

滨海（河北省长城资源调查队，2007）　　　　山地（辽宁省长城资源调查队，2007）

草原（张依萌摄，2012）　　　　荒漠（张依萌摄，2012）

[2]　国家文物局《长城资源认定资料手册》，内部资料，2012 年 6 月 5 日。

[3]　数据来源：联合国教科文组织世界遗产委员会官方网站 http://whc.unesco.org/en/list/1443.

[4]　中华人民共和国国家网文物局、哈萨克斯坦共和国文化与信息部、吉尔吉斯斯坦共和国文化与旅游部《丝绸
之路：长安—天山廊道的路网》，申报世界遗产文本，2013 年 2 月。

与京杭大运河、丝绸之路等线性文化遗产不同，其长达 2 万余千米的主体并不是水道或线路这样的概念，而是由 43721 处墙体、壕堑、单体建筑、关堡及相关遗存[5]构成实实在在的古建筑或古遗址。对长城开展遗产监测，需要从整体进行考虑。由于其所在地巨大的环境差异，长城监测工作在各地的开展也不宜使用统一标准和方法，需要具体问题，具体分析。综合各方面因素，长城监测工作困难重重。

二 长城监测的现状及问题
——以嘉峪关世界文化遗产监测预警系统为例

由于长城的体量庞大和鲜明的地区差异，长城监测工作的开展，难以在全线同步进行，但目前在局部地区已经启动。2014 年 10 月，"嘉峪关世界文化遗产监测系统"正式上线，成为第一个针对长城建成的遗产监测预警系统。该系统一期工程主要针对关城展开；二期工程涉及监测系统工程建设及软件开发应用、长城第一墩监测站、悬壁长城监测站、东北长城监测站建设等。

据统计，截至 2014 年，长城沿线各省都已陆续着手开展各种形式的长城监测工作。其中经国家文物局正式批准，河北省、甘肃省、新疆维吾尔自治区等省区已建成或正着手建立的区域性长城监测系统已有 6 处（见表 3）。

表3　　　　　　　　　　　长城监测预警系统部署情况统计[6]

序号	所在省	监测系统	建设情况
1	甘肃省	嘉峪关世界文化遗产监测预警系统平台	已建成（一期）
2	甘肃省	玉门关遗址监测预警体系	获立项
3	河北省	山海关[7]	已建成
4	河北省	八达岭长城动态信息及监测预警系统	完成方案设计
5	河北省	金山岭长城动态信息及监测预警系统	获立项
6	新疆维吾尔自治区	克孜尔尕哈烽燧遗址综合信息监测及预警系统	获立项

长城的监测工作面临着中国世界遗产监测工作的普遍性问题，同时也有自身的特点。下面以嘉峪关市长城监测工作为例进行说明。

（一）遗产监测与保护管理工作的衔接

在制度上，监测机构的工作与文物保护管理工作尚待结合。负责长城监测工作

---

〔5〕 国家文物局《长城资源认定资料手册》，内部资料，2012 年 6 月 5 日。

〔6〕 数据来源：国家文物局文物保护项目批复文件 http://www.sach.gov.cn/col/col8/index.html.

〔7〕 山海关长城监测工作是山海关修复工程的组成部分，主要是在新修复的城墙内部安装监测仪器，对城墙变形进行监控，并未建设监测系统。

的嘉峪关世界文化遗产监测中心是隶属于市文物局的二级机构，与局下设三个文物管理所并列建制。负责长城日常巡查工作的文物保护员，在巡查工作中发现问题，通过文管所上报市局，并由市局决策处理。而监测中心对整个巡查与执法过程几乎没有参与。

在数据的采集与使用上，嘉峪关世界文化遗产监测中心并不掌握嘉峪关市境内长城的分布情况、保护工程与规划、日常管理工作开展情况等基本信息，监测系统也没有建设档案数据模块。

作为一个相对容易解决的管理层面的问题，之所以将这一点特别提出来，是因为它反映了长城保护管理者的一种观念误区，即将长城监测作为一项完全独立于长城保护之外的工作。而实际上，它应当是长城保护工作的一个环节。这种观念误区，在文物保护领域普遍存在，应当加以纠正。

（二）监测工作的成本问题

嘉峪关世界文化遗产监测系统以在遗产本体上或附近安装各类固定传感器作为数据采集的主要工具。这些传感器造价高昂，并且为达到数据采集的要求，需要保证一定的安装数量。对于单一遗产地的监测工作，尚可实现，但对于长城这样的线性遗产而言，无论是设备数量规模还是经济成本，都没有可行性。

已建成的监测系统一期工程耗资980万元人民币，预计全部系统建设完成，总投入将达到2000万元[8]。而整个嘉峪关市的长城资源，以墙体、壕堑长度计算（约55千米），仅占全国长城总长度（21196.18千米）的0.25%；以调查单元数量计算（64处），仅占全国（43721处）的0.15%[9]。

另据中国文物保护法律相关规定，长城监测系统的后期运维作为文物日常保护管理工作的一部分，经费需要由监测对象所在地地方财政负担。据统计，长城行经的403个县中，有四分之一以上为国家级贫困县，无力负担如此巨额的经费（见表4）。

表4　　　　　　　　　　长城沿线贫困县统计表[10]

长城分布省份	长城分布县域	国家级贫困县	
北京市	6	0	0.00%
天津市	1	0	0.00%
河北省	59	22	37.29%
山西省	39	19	48.72%
内蒙古自治区	76	27	35.53%

〔8〕　嘉峪关市文物局、嘉峪关市规划局、江苏瀚远科技股份有限公司《嘉峪关文化遗产监测预警体系总体规划设计方案》，内部资料，2012年11月，第235页。

〔9〕　国家文物局《长城资源认定资料手册》，内部资料，2012年6月5日。

〔10〕　数据来源：国务院扶贫开发领导小组办公室网站 http://www.cpad.gov.cn/publicfiles/business/htmlfiles/FPB/fpyw/201203/175445.html.

长城分布省份	长城分布县域	国家级贫困县	
辽宁省	53	0	0.00%
吉林省	11	2	18.18%
黑龙江省	5	1	20.00%
山东省	16	0	0.00%
河南省	11	2	25%
陕西省	17	5	29.41%
甘肃省	38	10	26.32%
青海省	12	4	33.33%
宁夏回族自治区	19	6	31.58%
新疆维吾尔自治区	40	13	32.50%
合计	403	111	27.72%

（三）监测重点选择

据长城资源调查统计，嘉峪关市境内共有各类长城遗存 64 处（段/座），包括单体建筑 23 座，关堡 3 座，壕堑 6 段（约 15 千米），墙体 26 段（约 40 千米），其他相关设施 6 处[11]。其中大部分保存状况较差。部分墙体、烽火台及关堡位于基本农田和工业用地范围内（图 1），这一部分长城遗存受生产建设活动影响最大，理应作为监测重点。

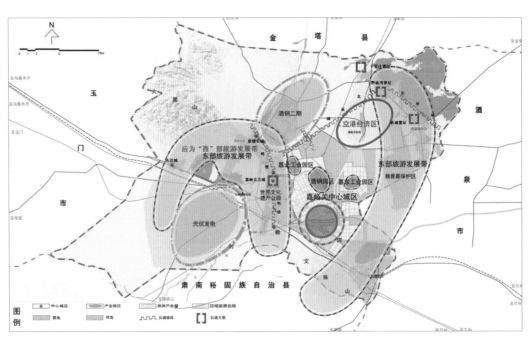

图 1　嘉峪关市长城资源分布与域产业布局规划图[12]

---

〔11〕　国家文物局《长城资源认定资料手册》，内部资料，2012 年 6 月 5 日。
〔12〕　由数据世界文化遗产监测中心提供。

已建成的嘉峪关世界文化遗产监测系统，将监测重点放在嘉峪关关城和一墩景区内。据统计，已建成的嘉峪关世界文化遗产监测系统一期工程，在关城城墙及城内安装有 17 种固定监测传感器，共计 178 个，绝大多数安装于嘉峪关关城城墙上及城内（见表 5）。

表 5　　　嘉峪关世界文化遗产监测系统固定监测仪器分类统计表[13]

序号	类别	数量	序号	类别	数量
1	土体位移计	52	10	固定测斜仪	2
2	多点位移计	2	11	土体应力仪	7
3	风速传感器	36	12	温度计	15
4	水平测斜仪	4	13	悬挂测斜仪	10
5	客流量监测设备	3	14	安防视频探头	8
6	湿度计	15	15	气象站风速计	4
7	气象站风向仪	4	16	气象站气温计	4
8	气象站湿度计	4	17	气象站气压计	4
9	气象站雨量计	4	合计		178

图 2　嘉峪关长城野麻湾堡现状

〔13〕　根据嘉峪关市域产业布局规划图改绘。数据来源：嘉峪关市人民政府网站 http://www.gsjyg.cn/structure/tzggzw_97502_1.htm.

嘉峪关关城和一墩文物景区是嘉峪关文物景区的主体，整体保存较好，有专门机构——嘉峪关文物景区管理委员会进行管理，受生产生活影响较小，破坏风险相对较低。

与此同时，一些亟须保护的段落却没有采取任何监测措施（图2）。

综上所述，以嘉峪关世界文化遗产监测系统的建设模式实现全国长城的遗产监测，不具有可操作性，也不符合线性文化遗产保护管理和中国文物保护管理工作的实际。长城的特殊性决定了长城监测不能够照搬其他遗产地的监测工作经验，需要探索符合自身实际的工作原则与特色方法。

三 长城监测理念与方法设计

（一）长城监测与长城保护的衔接

1.建立有效的长城监测预警处置机制

长城监测工作应当服务于长城保护管理。从根本上，需要建立相应的制度，避免长城监测工作游离于保护管理之外，确保长城破坏事件发生后，监测部门能够迅速发现和做出反应，并及时与管理部门沟通，并由后者采取相应的措施进行处置。处置过程与结果，也应当作为监测数据，形成"预警——处置——存档——新预警"的完整预警处置机制。制度建设与生效并非一朝一夕可以完成，需要经过研究，在长期实践中稳步推进。但首先，我们要保证长城的保护管理与监测能够在同一语境下开展。

2.建立科学有效的长城监测指标体系

长城监测数据应当兼顾长城的整体性和构成复杂性。这就需要对监测数据指标进行层次划分。

首先，长城的整体保护管理情况，要有定期的总体评价。

第二，长城具有跨省区分布，本体与环境地区差异大的特点。根据不同地区长城遗存的具体情况，需要确立不同的监测重点，甚至对于同一项监测指标设立不同的监测预警值。比如，在中国西北地区的长城遗存，主要为土遗址，而华北地区的长城则多为砖石结构的建筑。以诸如动物踩踏、筑巢等生物侵害现象为例，对于土遗址而言，其威胁较大，而对于东部地区的砖石结构长城遗存，则影响很小。因此，对这一类长城破坏因素预警值设置就应当有东部地区与西部地区的差别。

此外，根据"属地管理"原则，保护管理机构不止一个，因此，对长城的保护管理机构，应设置适用于多管理机构的指标。对诸如"保护管理机构数量"、"是否存在管理权矛盾"等予以关注。

（二）"长城保护员"制度——长城监测的人力资源

大部分长城遗存地处偏僻，人烟稀少。部分长城段落位于荒漠戈壁地带，环境恶劣，交通困难，并不适合用固定仪器设备监测的方式进行全线实时监控。一方面，监测系统建设成本极高；另一方面，恶劣气候对于露天设备的破坏威胁也很大，无形中增加了监测设备运维的成本。

在这种情况下，采用传统的人工定期巡查的方式开展长城监测，具有成本低的优势，并且至少在短期内不可或缺。

2006 年国务院颁布的《长城保护条例》第十六条规定："地处偏远、没有利用单位的长城段落，所在地县级人民政府或者其文物主管部门可以聘请长城保护员对长城进行巡查、看护，并对长城保护员给予适当补助。"其所规定的长城保护员制度，从法律层面对长城的日常巡护工作给予了人员和经费的支持，扩大了长城监测工作的社会基础。

长城沿线部分县市已经根据《长城保护条例》的规定，通过与乡镇、村或个人签订责任书的方式，在地方财政资金支持下，根据各地长城资源的具体情况，聘请了数量不等的长城保护员。

为保证监测数据的及时更新，应当形成长城保护员的定期报告制度，对日常巡查过程中发现的问题随时记录。在每次巡查结束之后，提交日志或填写调查记录登记表格。

（三）监测成本控制——简易监测工具的使用

世界遗产监测"不仅要防止遗产遭破坏，还要考虑到利用低成本来达到遗产长期保护的目标"[14]。

一些不可见或不易观察到的变化数据，如本体裂缝、震动、风速等，需要借助一定的工具和技术手段。与使用专业监测仪器相比，借助一些简单测量工具和便携设备开展监测工作，成本较低，操作简单，对使用者要求较低，并且适用范围更加广泛。

例如裂缝监测。如采用裂缝监测仪器进行监测，一方面，需要将设备安装在长城本体上，必然对本体造成破坏；另一方面，据调查，裂缝监测仪器的市场价格约在人民币 2000~10000 元之间（见表 6）。长城本体产生的裂缝数以万计，从成本上考虑，不可能使用裂缝监测仪对每一条裂缝进行实时监测。

西安城墙景区管委会采用了安装"裂缝监测尺"的方法对城墙裂缝进行监测。每一组裂缝监测尺由两块 10 厘米长的带刻度铁片组成，通过定期读取裂缝宽度数据，即可获取裂缝变化数据，监测城墙稳定性。裂缝监测尺材料易获得，制作简单，成本低廉，可以为长城监测所借鉴。此外，还可以由巡查人员使用游标卡尺对本体裂缝进行定期现场测量。这两种方法完全能够达到监测目的（图 3）。

---

〔14〕　Sueli Ramas Schiffer《通过公众参与来监测历史遗产保护，世界遗产——共有的遗产》，共同的责任联合研讨会，意大利维琴察，2002 年，第 206~219 页。

图3　西安城墙上安装的裂
　　缝监测尺[15]

表6　　　　　　　　　固定监测设备与简易监测工具成本

监测内容	监测仪器	监测周期	价格区间[16]
本体裂缝	专业裂缝监测仪	实时监测	2000~10000
	裂缝监测尺	实时监测	约50~100
	游标卡尺	定期监测	10~50
震动	专业震动监测仪	实时监测	6000~20000
	简易震动记录仪	实时监测	500~1000
	中国地震台网app	实时发布信息	免费
风速	固定式风速风向仪	实时监测	5000~30000
	便携式风速仪	定期监测	50~500

（四）数据来源多样化与数据采集科学化相结合

1. 长城基础数据和管理资源的充分利用

长城资源调查与认定工作摸清了长城的"家底"，建立了完整的长城资源记录档案，包括墙体总长度、本体分布、保存状况、各类遗存数量、自然与人文环境、四有工作情况等数据，这些数据作为长城资源基本信息，是长城监测工作开展的基础。

此外，长城资源调查工作是国家文物部门与国家测绘部门通力合作开展的项目，形成了一批技术含量很高的成果。比如制作了基于arcGIS的长城资源分布图，并建立了长城资源数据库，以及集长城保护管理、资源应用与公众服务为一体的长城资源保护管理信息系统。该系统的建设根据中国文化遗产监测预警平台指标体系安排数据项，并为长城监测预警平台建设预留了接口，为长城监测工作的开展提供了方便。

[15]　图片来源：网易新闻 http://news.163.com/11/0224/15/6TLU9B7E00014AED.html.

[16]　数据来源：淘宝网 http://www.taobao.com.

2. 跨部门监测数据共享

长城监测所需要的数据，绝大部分都可以从其他行政管理部门或企事业单位获取。尤其是环境方面的数据，国家已经在很多领域建成了成熟的监测体系（图4）。如气象监测，可以经由国家气象局官方网站（http://www.cma.gov.cn/），或专业气象监测网站中国天气网（http://www.weather.com.cn/）获取数据；从专业气象监测部门购买服务的成本也十分低廉。如中国天气网面向社会提供数据有偿共享服务，费用仅为30元/年（见表7）。

表 7　　　　　　　　　部分可用于长城监测的公共信息数据发布网站

网站名称	网址	数据共享内容	发布机构
中国天气网	http://www.weather.com.cn/	全国气温、空气湿度、风俗、降水概率、气象灾害预警等	中国国家气象局
全国水雨情信息网	http://xxfb.hydroinfo.gov.cn/gjIndex.html	全国水情信息、洪旱预警等	中华人民共和国水利部
黑河网	http://www.yellowriver.gov.cn/	黑河流域水文信息	黄河水利委员会黑河流域管理局
中国地震台网	http://www.ceic.ac.cn/	全国地震监测数据	国家地震局

图 4　中国地震台网中心"地震速报"app 界面

3. 与长城沿线企事业单位开展监测合作——以甘肃省金塔县为例

金塔县西部地区分布有丰富的长城资源，与此同时地广人稀，交通不便。根据金塔县城市总体规划，县域西部长城沿线位于沙枣园子省级自然保护区范围内。从1983年至今，保护区已先后分别建立起了沙枣园子和解放村2个管护站，现有职工8人，架设高低压输电线路3千米，架设风力发电机1台，配备监控探头与风速仪各2台，配套三轮、四轮农用车2辆。多年来为加大管护力度，周边乡镇各乡村根据各自的实际情况，在风沙沿线设立管护点83个，固定管护人员162人[17]。据悉，金塔县博物馆已与沙枣园子自然保护区签订了合作协议，由保护区管护人员承担区内长城的巡查工作，有力支援了长城的保护管理，也为当地的长城监测奠定了良好的人力资源基础（图5、6）。

4. 公众参与

长城监测工作，仅靠文物部门甚至政府的力量都是不够的，需要全社会的广泛参与。与此同时，"遗产地居民与政府对于遗产地的历史和象征意义以及公众参与监测方案的互动越频繁，遗产地越能得到有效保护，也越能激起公民的意识"[18]。此外，舆情监测也是中国世界文化遗产监测的重要内容。

长城的一大特点是作为中国的国家象征，得到海内外各界的强烈关注。据不完全统计，自20世纪80年代以来，中国国内成立的以长城研究、保护为宗旨的民间

图 5　沙枣园子管护站与长城位置关系

〔17〕　数据来源：中国甘肃网 http://dili.gscn.com.cn/system/2013/12/10/010535811_01.shtml.

〔18〕　Sueli Ramas Schiffer《通过公众参与来监测历史遗产保护，世界遗产——共有的遗产》，共同的责任联合研讨会，意大利维琴察，2002年，第206~219页。

图 6　沙枣园子管护站附近架设的风力发电机、风速仪及监控探头

团体将近 30 个[19]。其中部分团体还直接参与了长城的保护管理工作。这成为长城监测工作的重要社会基础（见表 8）。

这些组织通过实地考察、记录长城影像、图书出版和网上的经验交流，积极参与长城保护工作，使长城成为中国公众参与度最高的一项文化遗产，也为长城的保护管理积累了重要的参考资料。

表 8　　　　　　　　2000 年以来成立的长城保护研究民间团体信息[20]

序号	团体名称	成立时间
1	中国长城博物馆学术研究委员会	2000.4
2	国际长城之友协会	2001
3	中国文物学会长城研究委员会	2001
4	南召县楚长城研究会	2001.6
5	中国长城博物馆长城研究委员会	2001.6
6	秦皇岛长城研究会	建立时间不详
7	河西学院大学生宣传与保护长城协会	2006
8	山西省长城保护研究会	2007.7
9	大同长城学会	2007.8.28

［19］　数据由中国长城学会、成大林先生提供的数据及笔者本人调研情况综合整理。
［20］　数据由中国长城学会、成大林先生提供的数据及笔者本人调研情况综合整理。

长城文化遗产监测方法初研

序号	团体名称	成立时间
10	南阳市楚长城文化研究会	2008
11	朔州市长城保护研究会	2009.6
12	忻州市长城保护研究会	2010.1.22
13	中国长城书画家协会	2010.9
14	右玉县长城保护研究会	2010.11.3
15	平顶山楚长城研究会	2011
16	嘉峪关市长城文化研究会	2012.4

（五）建立监测资源优化配置的制度保障

针对以长城为代表的线性文化遗产监测数据量庞大，内容庞杂，来源多样的特点，需要从制度层面对监测工作加以规范。具体来说，应当包括如下几个方面：

一是宏观调控资源，引导监测部门将工作重点放在亟须保护的长城段落，而不是最好看的部分。

二是规范数据采集。尽可能利用中国世界遗产监测预警总平台和通用平台，避免重复开发。一方面，通过对各专业领域监测工作的资源进行调查，选择符合文化遗产监测工作需要的数据来源，通过数据共享的方式购买最为专业的监测数据；同时保证同类数据来源的统一性，避免数据的重复采集和资源浪费。另一方面，对于需要文物部门自行采集的数据，做出详细的采集手段规定。

三是指导经费使用。为监测人员和简易设备的购置设置专项经费，鼓励节约成本。对监测系统的建设与使用进行限制。在传统手段和简易设备能够满足监测需要的情况下，禁止购买成本高昂的监测设备。

四　结语

长城监测工作，是一项独一无二的工作，一方面在于其规模的无比庞大，本体与环境特点具有明显的地域性；另一方面是长城监测工作开展的不平衡与资源浪费等问题。

针对上述问题，我们认为，长城及线性文化遗产监测工作应当本着因地制宜和充分利用社会资源的原则开展工作，做到监测与保护管理相结合，现代监测技术与传统监测手段相结合，充分利用社会资源，扩大监测工作的社会基础，制度上对监测数据来源、监测手段和经费支持等进行规范，保证实现资源配置合理、低成本、高效率的长城监测。

Integrating conservation and valorisation.
The Etruscan archaeological site of Sovana in Italy

Heleni Porfyriou

Institute for the Conservation and Enhancement of Cultural Heritage–ICVBC,
National Research Council of Italy-CNR, Rome, Italy

Abstract: The Italian conservation tradition and legislation is based on the cultural chain of scientific-historic knowledge, conservation, valorisation and fruition in order to promote a well balanced approach to heritage protection. However, increased academic specialisation, pressing tourist market demands and the fragmentation of administrative and management responsibilities have in recent decades produced unilateral projects and partial interventions.

Integrating conservation and valorisation processes and reinforcing their dialogue using new information technologies is now days considered the most appropriate way to intervene both in archaeological and urban historic sites in order to promote more sustainable results.

It is in this context that was elaborated the project financed by the Tuscan Region, with European funds, entitled "TeCon@BC: Technologies for the conservation and valorisation of cultural heritage" coordinated by the Institute for the Conservation and Enhancement of Cultural Heritage–ICVBC of the National Research Council of Italy-CNR, during 2010-2012.

The project identified in the Etruscan archaeological site of Sovana, a disadvantaged area, an appropriate case study to better conserve, enhance and re-qualify.

The project's outputs from the different research groups (comprising research institutes, University departments, public Institutions and private enterprises) that worked under our (ICVBC's) coordination regarded: innovative materials for the conservation of stone, pictorial, glass and metallic cultural heritage; innovative technologies for the evaluation of the conservation treatments and the monitoring of environmental factors; tools for the monitoring of the state of conservation of the case study area and digital tools for the valorisation of the archaeological site on three distinct territorial levels of intervention.

The interrelated and integrated approach between different levels of conservation and enhancement will be briefly presented and discussed showing the outcomes of the project, considered as best practices to be followed eventually worldwide.

Keywords: innovative materials, innovative diagnostic technologies, digital monitoring tools, integrated enhancement, Etruscan archaeological site

Introduction

The Italian conservation tradition and legislation is based on the cultural chain of scientific-historic knowledge, conservation, valorisation and fruition in order to promote a well balanced approach to heritage protection. However, increased academic specialisation, pressing tourist market demands and the fragmentation of administrative and management responsibilities have in recent decades produced unilateral projects and partial interventions.

Integrating conservation and valorisation processes and reinforcing their dialogue using new information technologies is now days considered the most appropriate way to intervene both in archaeological and urban historic sites in order to promote more sustainable results.

It is in this context that was elaborated the project financed by the Tuscan Region, with European funds, entitled "TeCon@BC: Technologies for the conservation and valorisation of cultural heritage" coordinated by the Institute for the Conservation and Enhancement of Cultural Heritage–ICVBC of the National Research Council of Italy-CNR, during 2010-2012 (TeCon@ BC, 2011).

The project identified in the Etruscan archaeological site of Sovana, a disadvantaged area, an appropriate case study to better conserve, enhance and re-qualify (Bianchi Bandinelli, 1929).

The project comprised different partners, such as research institutes, University departments, public Institutions and private enterprises, that worked under the coordination of ICVBC focusing on the following subjects: innovative materials for the conservation of stone, pictorial (Baglioni, Giorgi, 2006), glass (Bracci, Cantisani, Giusti,…2006) and metallic (Bernardi, Chiavari, Martini,… 2008) cultural heritage; innovative technologies for the evaluation of the conservation treatments and the monitoring of environmental factors; tools for the monitoring of the state of conservation of the case study area and digital tools for the valorisation of the archaeological site on three distinct territorial levels of intervention.

The interrelated and integrated approach promoted, between different levels of conservation and enhancement, will be briefly presented and discussed showing the outcomes of the project, considered as best practices to be followed eventually worldwide.

Project outline: Four distinct but interrelated steps

1.Development of innovative materials for the conservation of heritage assets made of stone, metal, glass and of pictorial heritage goods.

2. Development of innovative technologies for the evaluation of conservation treatments and for the monitoring of environmental conditions/parameters as well as of the state of conservation.

3. Development of ICT tools for the analysis and monitoring of the state of conservation of the Etruscan archaeological site of Sovana and of the durability of conservation treatments.

4. Development of comprehensive ICT tools for an integrated enhancement of the archaeological landscape of Sovana.

1a. New materials: polymers from renewable sources

The use of synthetic polymers is a common practice in the conservation of historical artefacts. However, commercial products often do not satisfy the scientific requirements for application in cultural heritage. In the last years polymers from renewable sources have attracted increasing attention as potential substitutes to petrochemical-based products in many fields. In particular poly(lactic acid) (PLA) has attracted attention. Our research focused on the synthesis and the characterisation of PLA-based polymers for a potential application to the conservation of stone, among other materials. In this respect, modified PLA such as fluorine-containing PLA and copolymers of lactic acid and mandelic acid were synthesised to improve protective behaviour of PLA. Products were characterised by conventional techniques (i.e. NMR, FTIR,,UV-vis,GPC,DSC) and tested as protective coating for stone. Performances in terms of water repellent and chromatic effects were comparatively evaluated on selected stone samples with respect to commercial products from fossil fuels. Furthermore the stability of polymers was investigated by accelerated ageing tests (Frediani, Rosi, Camaiti,...2010)

Interesting results in terms of solubility in usual organic solvent, protective efficacy, optical properties and ageing behaviour, beside the possibility of removing the coating film after treating with the aim of selective methods such as enzymes, make PLA-based polymers promising materials for application in cultural heritage (Cuzman, Camaiti, Sacchi,...2011).

1b. New materials: nanomaterials containing titanium dioxide; testing their photocatalytic and antibacterial characteristics

Furthermore, regarding new materials, a very active area, currently, in nanotechnology concerns the development of treatments based on photocatalytic titanium dioxide. This compound gives antibacterial, self-cleaning and de-pollution properties to materials on which it is applied. The titania treatments applied on marble or other stone may offer an innovative help for preventive conservation of cultural assets, minimising the cleaning operations and so decreasing the maintenance costs.

In this project, products containing TiO_2 as anatase were studied, which is the photocatalytic active form for accelerating the decompositions and oxidation reactions of organic and inorganic air pollutants; thanks to this mechanism, the deposition of dark substances can be reduced. Moereover its antibacterial properties can be useful in order to limit the biological attack on stone (Mecchi, Luvidi, Borrelli, 2010).

Titania also gives high hydrophilicity to surfaces. For this reason other solutions, were nanoparticles are associated with hydrophobic compounds, were studied. These formulations were applied on marble, travertine and Lecce stone speciments, and exposed outdoor in an urban area for eight months. On the treated surfaces the morphological distribution of the products, the photocatalytic efficiency of titania and the contact angle before and after their outdoor exposition were evaluated. Before the ageing test, every formulation gave good photocatalytic efficiency, and the formulations containing a water repellent gave hydrophobic properties to the surfaces. After ageing the concentration of titania on the surface and consequently its photocatalytic properties were decreased. In comparison to the other products, the TiO2 nanosuspension (PARNASOS series) preserves the better ability in the degradation of organic compounds (Luvidi, Laguzzi, Gallese,...2010).

2. Innovative diagnostic technologies

Throughout the project a number of new tools and evaluating systems have been developed.

Among these, the development: of a system for measuring in three orthogonal directions of the thermal and hygrometric expansion of stone materials; and of a Peeling Test Device system (Drdackt, Lesak, Rescic,...2011) aiming to measure the removed material through the use of a tape, and the necessary strength to remove it (FIG. 1).

Furthermore, infrared termography has been used to identify new instrumental methods able to evaluate water repellent treatments; and the relevance of two portable instruments, Raman and mid-FTIR (Colomban, Tournié, 2007), has been evaluated in monitoring the synthetic conservation treatments applied on plaster substrates (FIG. 2).

Many of the new tools and products have been tested in the case study area, which was chosen among the less enhanced archaeological sites of Tuscany. The Etruscan necropolis of Sovana (Preite, 2005). and more specifically the three major tombs, selected, dating back to 1st century BC have a complex structure (FIG. 3). The monumental structure is carved into the rock, while the sepulture area is in cubicula and caves. The tombs' material, red tuff with black wastes, is easily degraded due to environmental factors (temperature variations, water percolation, humidity, diffusion of salts with efflorescence) being a porous material, highly hygroscopic and easily eroded (Camaiti, Dei, Errico, 2007).

3. New ICT tools for monitoring

A survey which allows the most accurate documentation, in every detail, of the features of any architectural or archaeological artefact is, without any doubt, the one realised by 3d laser scanner technology. The use of this technology has offered us the opportunity to create a georeferentiated 3d model of the tombs, which can be easily updated and functions as a digital database, for monitoring the state of conservation, the reaction to the consolidation treatments (Tiano, Pardini, 2004), as well as the planning of conservation interventions or restoration of the tombs (FIG. 4).

In parallel an Information system has been developed able to manage heterogeneous data (such as climate data, parameters describing the conservation state of the cultural asset, properties of conservation/restoration products, kind of stone) with the aim to evaluate the durability of conservation treatments (Camaiti, Bugani, Bernardi, 2007). For this purpose two software were developed: the first (Conexp) manages information derived principally from literature relative to treatments carried out both in situ and in labs; the second (ArcheoSensing) links the climate data monitored on the artefact with the chemical-physical and mechanical properties of the materials which constitute the artefact (Camaiti, Borgioli, Rosi, 2011). From the correlation of the two software (Baracchini, 2010) it is possible to get information on the ageing resistance of specific treatments in relation to the surface on which they are applied, to the environmental conditions on which were exposed and to the methodologies with which were applied (FIG. 5).

4. Digital tools for integrated enhancement

The enhancement project of the archaeological area of Sovana focused on three distinct territorial levels of intervention (Porfyriou, Genovese, 2011): 1)the creation of a technological application (an App) which enhances one of the more spectacular aspects of the Etruscan necropolis of Sovana, that is the tuffaceous spoor where are situated the three monumental tombs, with an architecturally elaborated façade, of Ildebranda, of Demoni Alati and of Pola (FIG. 6); 2) the elaboration of a GIS interactive map, with data offered by the Sovrintendence (Regional Offices responsible for the protection of archaeological heritage) for dissemination purposes and for the creation of tourist itineraries (FIG. 7); 3) the development of the software "PlaceMaker" (Sepe 2012) for the promotion of the entire territory of Sovana, by identifying cultural resources and the contemporary identity of places (FIG. 8).

More specifically the creation for iphone/ipad of the App "Etruscan necropolis of Sovana" http://itunes.apple.com/it/app/necropoli-etrusca-di-sovana/id491343419?mt=8 allows to navigate in the "antique landscape" , the "contemporary landscape" and to consult the digital archive material. The 3d reconstruction of the "antique landscape" (which can be also consulted on site with GPS) offers the possibility to explore the funeral monuments visiting both the tombs and the funeral underground rooms (FIG. 9). A video constitutes, instead, the "contemporary landscape" alternating actual photographic sequences with 3d reconstructions of the tombs, thus offering a suggestive view of how the landscape could appear in antiquity (FIG. 10). Finally a digital archive (with photos, texts and 3d images) forms the data basis that supports all options of the App. The result obtained indicates a new possible way to undertake in order to overcome the logistic difficulties of field trips in similar archaeological sites (accessibility, security, understanding) and increase synergies among different regions with Etruscan sites, in order to enhance and promote an overall reconstruction of the Etruscan, pre-Roman antique world, which still attends to be unveiled to the large public.

Conclusions

The project, as it has been briefly shown, has elaborated products and technologies for the conservation and enhancement of cultural heritage with the aim to promote and improve the fruition of the cultural heritage of Tuscan Region, particularly of the heritage situated in "disadvantaged areas", thus supporting the re-qualification of the entire territory. Such a sustainable aim could have not been reached if not with an equally well balanced and integrated approach (Bracci, Cuzman, Ignesti,...2012), based on a multidisciplinary research team (of archaeologists, architects, ICT experts, conservators, chemists, biologists, urban historians, geologists and art historians) and on the close collaboration of research institutes, universities, public and private institutions -- all working for a common sustainable and integrated approach to conservation and valorisation.

In this sense the project developed both innovative products, environmentally friendly, for the conservation of different kind of materials and new tools able to evaluate on different materials the conservation efficacy of the products developed. During the project were also developed models and tools for managing and monitoring conservation interventions, through 3d modelling, and Information systems and were promoted integrated enhancement interventions on heritage assets, through multimedia digital Apps and innovative software, aiming to the valorisation and promotion of synergies in a broader territorial context.

This multitask and multidisciplinary approach integrating different levels of conservation and enhancement produced not only innovative results regarding new materials and technologies as well as ICT applications, but what's more it introduced an advanced methodology that can become a good practice worldwide, thus promoting sustainable protection interventions.

Bibliographical references

· Baglioni P., Giorgi R., (2006). "Soft and hard nanomaterials for restoration and conservation of cultural heritage", Soft Matter, 2, pp. 293-303

· Baracchini C., (2010). "Programmare, progettare e comunicare in rete la conservazione del patrimonio: SICaR e ARISTOS, due strumenti per più obiettivi", Arkos. Scienza e Restauro, 24, pp.22- 25

· Bernardi E., Chiavari C., Martini C., Morselli L., (2008). "The atmospheric corrosion of quaternary bronzes: an evaluation of the dissolution rate of the alloying elements", Appl Phys A, 92, pp. 83-89

· Bianchi Bandinelli R., (1929). Sovana. Topografia e Arte, Firenze

· Bracci S., Cantisani E., Giusti A., Raddi G., (2006). "Conservation treatments of altered glass. A case study: the glass mosaic of the Porta della Mandorla in Florence", in Heritage, Weathering and Conservation, Taylor & Francis/Balkema, pp. 975-980

· Bracci S., Cuzman O.A., Ignesti A., Manganelli Del Fa R., Olmi R., Pallecchi P., Riminesi C., Tiano P., (2012). "Multidisciplinary Approaches for the Conservation of an Etruscan Hypogean Monument – Tomba Della Scimmia, Chiusi, Italy", in IV European Symposium on Religious Art, Restoration and Conservation (ESRARC), May 3-5, , Iasi, Romania

· Camaiti M., Dei L., Errico V., (2007). "Consolidation of tuff: in situ polymerization of traditional methods?" in Proceedings of V International Conference on Structural Analysis of Historical Constructions (New Delhi-India, Nov. 6-8, 2006), edited by Paulo B. Lourenco, Pere Roca, Claudio Modena, Shailesh Agrwal, New Delhi, pp.1339-1346

· Camaiti M., Bugani S., Bernardi E., Morselli L., Matteini M., (2007). "Effects of atmospheric NOX on biocalcarenite coated with different conservation product", Applied Geochemistry, 22, pp. 1248-1254

· Camaiti M., Borgioli L., Rosi L., (2011). "Photostability of innovative formulations for artworks restoration", La Chimica e l'Industria, 9, pp. 100-105

· Colomban P., Tournié A., (2007). "On-site Raman identification and dating of ancient/modern stained glasses at the Sainte-Chapelle", Journal of Cultural Heritage, 8, pp. 242-256

· Cuzman O.A., Camaiti M., Sacchi B., Tiano P., (2011). "Natural antibiofouling agents as new control method for phototrophic biofilms dwelling on monumental stone surfaces", International Journal of Conservation Science, 2/1, pp. 3-16

· Drdackt M., Lesak J., Rescic S., Slizkova Z., Tiano P., Valach J., (2011). Standardization of Peeling Test for assessing the cohesion and consolidation characteristics of historic stone surfaces, Firenze

· Frediani M., Rosi L., Camaiti M., Berti D., Mariotti A., Comucci A., Vannucci C., Malesci O., (2010). "Polyaactide/perfluoropolyether block copolymers: potential candidates for protective and surface modifiers", Macromolecular Chemistry and Physics, 211/9, pp. 988-995

· Luvidi L., Laguzzi G. Gallese F., Mecchi A.M., Nicolini I., Sidoti G., (2010). "Application of TiO$_2$ based coatings on stone surface of interest in the field of Cultural Heritage", in Proceedings of 4th International Congress Science and Technology for the Safeguard of the Cultural Heritage of the Mediterranean Basin (Il Cairo 6-8 December 2009) Napoli, vol. 2, pp. 495-500

· Mecchi A.M., Luvidi L., Borrelli E., (2010). "Azione foto catalitica del biossido di titanio: applicazione nei materiali da costruzione e possibile impiego nei Beni Culturali", Arkos. Scienza e Restauro, 23, pp.30-38

· Porfyriou H., Genovese L., (2011). "Interventi integrati per la valorizzazione del paesaggio archeologico di Sovana", Arkos. Scienza e restauro, 28, pp. 78-85

· Preite M. (ed) (2005). "Il patrimonio archeologico di Pitigliano e Sorano. Censimento, monitoraggio, valorizzazione", Science and Technology for Cultural Heritage, 1

· Sepe M., (2012) Software di supporto al metodo Place-Maker per l'individuazione delle potenzialità/criticità del territorio della necropoli in rapporto con la città di Sovana ai fini di una valorizzazione integrata

· TeCon@BC (2011). Special issue dedicated to the project "Tecnologie innovative per la conservazione e la valorizzazione dei beni culturali", Arkos. Scienza e restauro, 28

· Tiano P., Pardini C., (2004). "Valutazione in situ dei trattamenti protettivi per il materiale lapideo. Proposta di una nuova semplice metodologia", Arkos 5, pp. 30-36

整合文物保护与利用
—— 以意大利索瓦纳伊特鲁里亚考古遗址为例

Heleni Porfyriou

意大利国家研究委员会（CNR）

文化遗产保护与利用研究中心（ICVBC）

摘　要：意大利文物保护的传统和法律是基于科学历史知识、文物保护、增值和取得成果的文化链，从而以更协调均衡的方式实现文物保护。然而，近10年来，日趋深入的学术专业化、日益迫切的旅游市场需求和碎片化的行政管理责任导致了单边项目和部分干预。

如今，整合文物保护和增值流程，运用新的信息技术加强两者间的对话被视作考古和城市历史遗址的最佳干预手段，力求取得更可持续的成果。

在这一背景下，2010~2012年期间，意大利国家研究委员会所属的文化遗产保护修复研究院（ICVBC）协调开展了"TeCon@BC：文化遗产保护和增值技术"项目，该项目由欧洲基金拨款并得到托斯卡纳地区的资助。

该项目将索瓦那伊特鲁里亚考古遗址，一个非常不发达的地区，确定为最合适的案例研究，以探索如何更好地保护、修复和获取文化遗址资格的。不同研究机构（包括研究所、大学科系、公共机构和私营企业）在我们（ICVBC）的协调下取得了丰硕的研究成果，包括：石材、绘画、玻璃和金属文化遗产保护的创新材料；文物保护处理评估和环境因素监测的创新评估技术；案例研究

图1　应用原位剥落系统

图2　现场便携式拉曼仪器应用

图3　采集站定位

区域保护状况的监控工具，以及三种不同地区干预水平的考古遗址增值的数字工具。

本文将简要叙述和讨论不同水平的文物保护和修复之间相互联系、相互结合的方法，从而展示项目所取得的成果，这也被视作值得全世界效仿的最佳示范案例。

关键词：创新材料　创新诊断技术　数字监控工具　综合性修复　伊特鲁里亚考古遗址

意大利文物保护的传统和法律是基于科学历史知识、文物保护、利用和成果的文化链，以此促进和实现文化遗产保护工作的均衡和协调发展。然而，在近几十年里，由于文保工作学术专业性不断增强，以及庞大的旅游市场需求的压力和行政管理职能的细分和交叉，导致了一些单边项目（未多维度考虑文物保护）和局部干预现象的出现。

如今，将文物保护和利用流程相结合，并使用新的信息技术加强两者的联系被视为干预和保护考古遗址和城市历史遗址的最佳手段，从而取得更加可持续的成果。

正是在此背景下，"TeCon@BC：文化遗产保护和利用技术"项目应运而生，该项目自2010年起至2012年结束，由托斯卡纳地区与欧洲基金共同注资，意大利国家研究委员会（CNR）文化遗产保护与利用研究中心（ICVBC）负责协调工作。

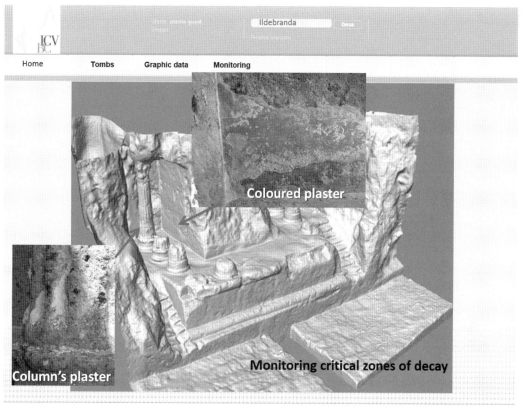

图 4　监测衰变临界区

图 5　信息评估

该项目的对象是索瓦纳伊特鲁里亚考古遗址，一个属于欠发达地区，需要妥善保护、改善和重新定位转型的文化遗产项目的研究案例。

与我们（ICVBC）合作的各个研究团队（包括研究机构、大学科系、公共研究机构和私人企业）在该项目上取得的研究成果有：研发出保护石质、绘画、玻璃和金属文物的创新材料；评估保护处理和监测环境因素的创新技术（图 1）；监测案例研究区域保护状况的工具（图 2），以及为考古遗址的利用而用于实现三种不同层次的地区文保干预的数字工具（图 3）。接下来，我们将简要地陈述和讨论针对不同等级的文物保护和强化的综合治理方法，并展示项目取得的成果。此项目可被视作是值得全世界效仿的最佳实践案例。

项目概述：四个不同且相互关联的步骤

1. 开发保护石质、金属和玻璃文物和绘画类文物的创新材料。

2. 开发评估保护处理和监测环境条件 / 参数和保护状况的创新技术（图 4）。

3. 开发分析和监测索瓦纳伊特鲁里亚考古遗址保护状况和保护处理耐久性的 ICT（信息通信技术）工具。

4. 开发全面强化索瓦纳遗址地貌的综合性 ICT 工具。

1a. 新材料：来自可再生能源的聚合物

高分子聚合物是保护历史文物的常用材料。然而，商用材料往往无法满足文化遗产应用领域的科学要求。在过去几年里，作为诸多领域中石化材料的潜在替代品，来自可再生能源的聚合物越来越受关注。尤其是备受关注的聚乳酸。我们研究聚焦聚乳酸聚合物的合成和特性，并将其视作保护石质文物的潜在材料之一（图 5）。就此而言，人工合成的改良版聚乳酸（例如：含氟聚乳酸和乳酸共聚物）和扁桃酸能够进一步改善聚乳酸的保护性能。产品由传统技术赋予特性（即核磁共振、傅里叶红外光谱、紫外线可见、凝胶渗透色谱法和差动热分析）并通过测试作为石材的保护涂层。来自化石燃料的商用材料，其防水和着色性能将分别通过选择的石头样本进行评估。此外，聚合物的稳定性将通过加速老化试验进一步研究。除了处理后运用酶等方式去除涂层膜的可能性，从一般染色剂的溶解性、保护效果、光学性质和老化性能得出的有趣结论证明了乳酸聚合物可成为文化遗产应用领域的潜在材料。

1b. 新材料：包含二氧化钛的纳米材料；测试其光催化和抗菌特性

此外，就新材料而言，目前纳米技术领域一个非常活跃的分支就是开发以光催化二氧化钛为基础的处理方式。这种化合物能够为应用材料赋予抗菌、自洁和抗污染的性能。对大理石或其他石材进行二氧化钛处理就是以创新手段来保护文物，最大程度减少清洁作业，降低维护成本。

该项目研究了锐钛矿等包含二氧化钛的材料，这类材料起到了加速有机和无机空气污染物分解和氧化反应的活跃的光催化的作用；通过这一途径，就可减少暗物质的分解。此外，其抗菌性能也可用于抑制细菌对石材的侵蚀。

二氧化钛赋予物体表面极高的亲水性。因此，我们研究了纳米粒子与疏水复合物有关的其他解决方案。我们将这种配方运用于大理石、石灰华和莱切石标本，并将标本在市区户外环境中放置八个月。然后，再针对经处理的表面，评估产品的形态分布、二氧化钛的光催化效率和室外暴晒前后的亲水角。在老化试验前，每一个配方都被赋予了极高的光催化效率，包含防水性能的配方使表面拥有了疏水性能。在老化处理后，表面二氧化钛的浓度及其光催化性能都有所降低。与其他产品相比，二氧化钛纳米悬浮剂（PARNASOS 系列）保留了降解有机化合物的卓越性能。

2. 创新诊断技术

通过该项目，我们开发了一系列新工具和评估系统。其中就包括开发从三个对角方向测量石材热膨胀和吸湿膨胀的系统；开发旨在于测量用胶带去除的材料和去除材料所需力量的剥离测试设备系统。

此外，红外线成像法将用于确认新的仪器分析法是否能够评估防水处理的效果；通过监测石膏基板的合成保护处理效果来评估两种便携设备（拉曼光谱和中红外光谱）的相关性。

案例研究区域从托斯卡纳地区尚未开发的诸多考古遗址中选出，许多新工具和材料都在该地区进行了实地测试。索瓦那伊特鲁里亚墓地，特别是所选的三大墓穴可追溯到公元前 1 世纪，其拥有复杂的建筑结构。纪念碑由岩石雕刻而成，而墓穴区域为墓室和山洞。鉴于当地环境因素（温度变化、水渗透、湿度和盐风化的扩散），周围多为吸湿、易腐蚀的多孔材料，墓穴材质（含有杂质的凝灰岩）易于风化变质。

3. 用于监测的新型 ICT 工具

毋庸置疑，精确记录所有建筑和考古文物特征细节的研究可通过 3D 激光扫描技术来实现。运用这种技术能够让我们有机会构建具有地理参考价值的 3D 墓室模型，这种模型易于更新，并可作为数据库，监测保护状况、处理的反应和保护干预或墓穴修复计划。

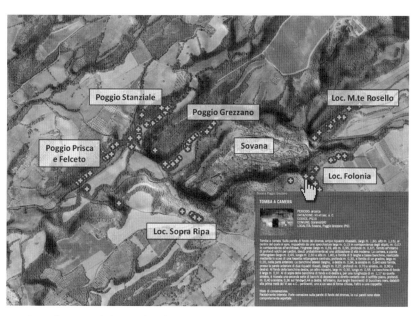

图 6　索瓦纳伊特鲁里亚遗址考古发现

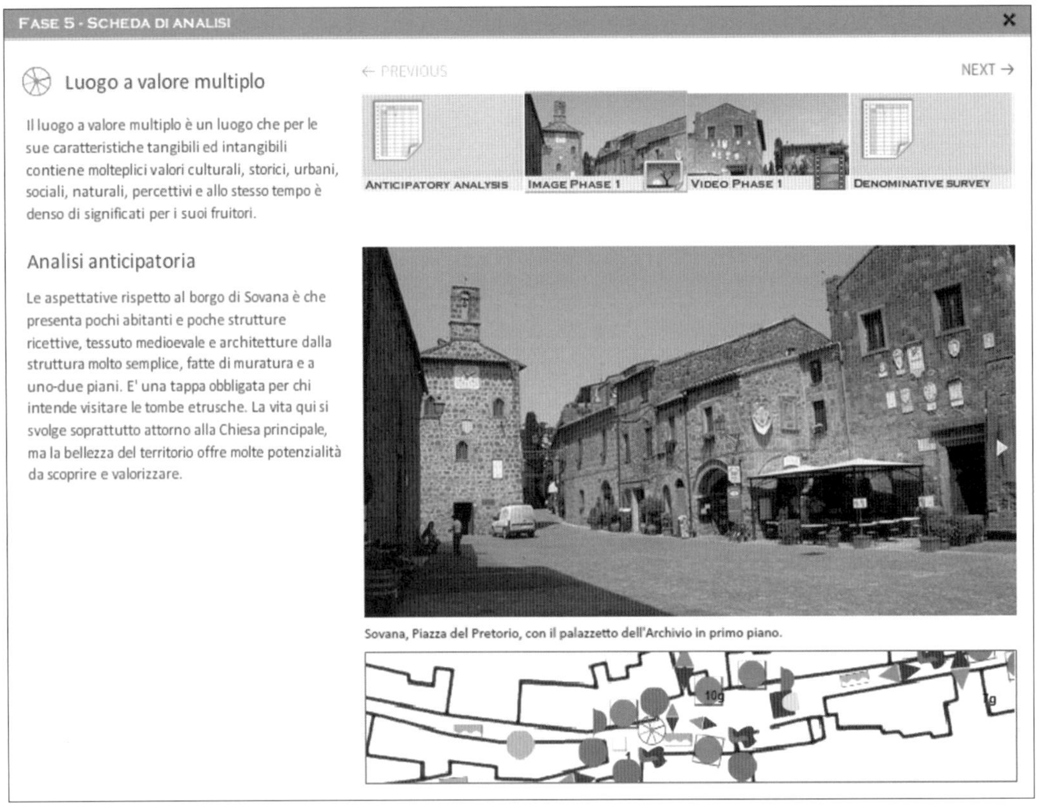

图7 软件制造商开发的索瓦纳全境的推广

图8 索瓦纳伊特鲁里亚墓地的手机及平板电脑的应用程序界面

　　同时，我们开发了一套信息系统，来管理异构数据（例如：气候数据、描述文物保护状况、保护/修复材料性能和石材种类的参数），目的是评估保护处理的耐久性（图6）。就此而言，我们开发了两种软件：第一种（Conexp）用于管理主要来自研究文献的信息，该类文献与原址和实验室开展的保护处理有关；第二种（ArcheoSensing）将监测文物获得的气候数据与文物构成材料的化学、物理和机械性能联系起来。通过共同运用两种软件，我们就可能根据经保护处理的表面、产品所暴露的环境条件和运用的方法论获取特定处理方式的抗老化信息（图7）。

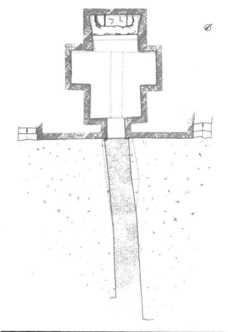

图 9 Lldebranda 墓的保护状况

4. 综合性强化的数字工具

索瓦那考古遗址的强化项目聚焦三种不同层次的地区干预手段：① 创造一种技术应用（App）（图 8），强化索瓦那伊特鲁里亚墓地较为引人注目的一部分，即附着凝灰质迹的三大纪念墓穴。墓穴内耸立着一面结构精美的幕墙，墓穴的主人分别是 Ildebranda, Demoni Alati 和 Pola（图 9）；② 出于宣传和创造旅游线路的目的，利用 Sovrintendence（负责保护考古遗址的地区办公室）提供的数据，构建 GIS 互动地图；③ 开发软件"PlaceMaker"，通过突出当地文化资源和地区的现代特征，宣传

图 10 　仿石景观的三维重建的视频

推广索瓦那整个地区。

　　更具体的是制作 iphone/ipad App"索瓦那伊特鲁里亚墓地"，实现"古代风貌"和"现代风貌"的导航，并可获取数字版档案资料。对"古代风貌"进行 3D 重建（同样可以通过 GPS 实地获取资讯）能够让游客有机会游览墓群和地下墓室，探索墓穴遗迹（图 10）。此外，由视频方式呈现的"现代风貌"交替使用实景照片和墓穴的3D 重建，并进一步描绘了这些地区在古时的原始面貌。最后，数字档案（包括照片、文字和 3D 图片）构成了支持 App 所有选项的数据基础。项目取得的成果开辟了一条新的道路，可以克服深入类似考古遗址实地考察所存在逻辑上的困难（进入问题、安全问题和认知问题），提高伊特鲁里亚遗址不同地区的协同效应，用以强化和促进伊特鲁里亚的整体重建，逐渐向大众揭开前罗马世界的真实面貌。

　　如简介所述，该项目详细研究了保护和加固文物的材料和技术，其目的是推广和改善托斯卡纳地区文化遗产的成果，特别是"欠发达地区"的文化遗产，从而支持整个地区的重新定位。如果不是由来自研究机构、大学、公共机构和私有企业组成的跨学科研究团队（包括考古学家、建筑师、ICT 专家、文物保护专家、化学家、生物学家、城市历史学家、地理学家和艺术历史学家）团结合作，并采用均衡协调的综合性治理方法，共同创造文物保护与利用的可持续综合性措施，这种可持续的目标就无法实现。

　　就此而言，该项目既针对不同材质文物的保护，开发了对环境无害的创新材料，又开发了一系列评估新工具，用于测试开发材料对不同材质文物产生的保护效果。项目开展期间也通过 3D 建模开发了管理和监测保护性干预的模型和工具与信息系统，并通过多媒体数字 App 和创新软件改善了针对文化遗产的综合性强化干预措施，目的是在更广阔的地区范围内保持和推动协同效应。

　　这种结合了不同等级的保护和加固的多任务、多学科的方法不仅取得了与新材料和新技术有关的创新成果，还研发了 ICT 应用，但最重要的是项目引入了一种先进的方法论，这是值得全世界效仿的优秀范例，可以进一步推广可持续的保护性干预方法。

库木吐喇石窟非平面形
揭取壁画的再次保护修复

张晓彤[1]　王　玉[1]　周智波[2]　王乐乐[1]　叶　梅[2]　余黎星[3]　戚雪娟[3]

（1.中国文化遗产研究院　2.龟兹研究院　3.洛阳古代艺术博物馆）

摘　要：石窟壁画在揭取后进行的抢救性保护修复，会受后期保存环境等因素的影响，面临再次保护修复，而非平面形揭取壁画的再次保护修复更是难上加难。本文通过库木吐喇石窟非平面形揭取壁画的再次保护修复，研究了旧有支撑体去除、旧有地仗与新过渡层结合、过渡层与支撑体结合等问题，探讨了相应的保护修复技术、使用材料、工艺流程等，为同类壁画的再次保护修复提供了借鉴。

关键词：非平面形　揭取壁画　保护修复　库木吐喇石窟

Abstract: In some cases, we have to remove murals from caves for the purpose of conservation. Subject to short validity of temporary measures, re-conservation must be considered, especially when the preservation environment changed. For now, it's very difficult for the re-conservation removed mural, especially for non-flat ones. In this article, we will introduce our re-conservation works of non-flat removed murals from Kumutula Caves, and summarize the experiences of conservation technologies, materials and operation flows for the problems of removal of old support, conglutination between old ground layer and new transit layer, conglutination between new transit layer and new support.

Key words: Non-flat, Removed Mural, Conservation, Kumutula Caves

一　前言

库木吐喇石窟开凿于5~11世纪，兴盛于唐代，延续至回鹘时期。现有洞窟114个，其中保存有壁画的洞窟40余个，是新疆境内第二大佛教石窟寺，是研究新疆地区佛教石窟及壁画艺术的珍贵资料。20世纪70年代，库木吐喇石窟保护区范围内修建水电站，由于大坝渗水等原因，导致窟区下层洞窟内的壁画遭受严重侵蚀。为了抢救这批珍贵壁画，1991年新疆维吾尔自治区文化厅委托敦煌研究院承担了近100平方米壁画的揭取工作，保护修复后保存于地势较高的库木吐喇第 42 和 43 窟内[1]。

由于风沙、干湿交替等环境因素的长期影响，这批已揭取的库木吐喇石窟壁画出现了支撑体松动、地仗层酥碱脱落、壁画颜料层起甲、粉化、画面裂隙等多种病害，威胁着这批壁画的长期保存。为了更好地保护和弘扬龟兹佛教艺术，新疆龟兹研究院于 2011 年 7 月委托中国文化遗产研究院编制了库木吐喇石窟已揭取壁画保护修复方案，经国家文物局批准后，于 2013 年，继续委托中国文化遗产研究院对这批壁画进行保护修复。该工程修复完成已揭取壁画 135 块，共 106 平方米，其中 34 幅非平面形揭取壁画的保护修复是本次施工的难点。

二 壁画保存现状

（一）病害类型及分布

34 幅非平面形壁画分别揭取自库木吐喇石窟第 10 号窟（3 幅）、第 38 号窟（28 幅）、第 61 号窟（2 幅），无编号 1 幅，壁画面积总计 26.4 平方米，病害面积 49.2 平方米，涉及病害 25 种（图 1）。其中画面层病害较为严重的类型有烟熏、龟裂、起甲、涂写、胶液残留等；地仗层病害较为严重的是地仗碎裂、脱落；支撑体的主要病害是变形。

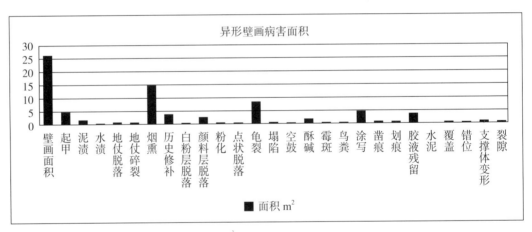

图 1　库木吐喇石窟非平面揭取壁画病害统计

（二）壁画制作材料

1. 颜料层

采集了具有代表性的红色（14 个）、绿色（11 个）、蓝色（4 个）、白色（3 个）、黑色颜料样品（8 个）和金色样品（1 个）。利用激光拉曼光谱、光学显微镜、扫描电子显微镜分析等方法，对石窟壁画颜料进行了分析研究。分析结果显示红色颜料为铁红、铅丹，蓝色颜料为青金石，绿色颜料为氯铜矿，金色为金箔，白色颜料为

〔1〕　新疆维吾尔自治区文物管理委员会等《中国石窟·库木吐喇石窟》，文物出版社，1992 年，第 1~10 页。

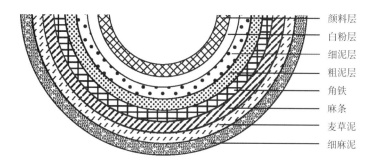

图2　揭取修复后示意图

右侧标注（从上到下）：颜料层、白粉层、细泥层、粗泥层、角铁、麻条、麦草泥、细麻泥

石膏，黑色颜料是炭黑和二氧化铅，结合显微观察，二氧化铅应为铅丹变色。

2. 白粉层

白粉层是位于颜料层下和细泥层之间的一层石膏层，厚度不均匀，约0.01~0.025厘米。白粉层由普通石膏水在地仗层上涂刷而成，经拉曼光谱分析，其成分是$CaSO_4 \cdot 2H_2O$。

3. 泥质地仗层

库木吐喇石窟壁画的泥质地仗由粗泥层和细泥层构成，粗泥层为麦草泥，附着于岩体之上，细泥层为麻（羊毛）泥，涂于粗泥层之上。拣取脱落的地仗层残片，对地仗层的黏土和沙的比例进行了分析，土沙比约为2：1，X射线荧光和X射线衍射分析结果表明，地仗层材料主要成分为石英、长石、方解石[2]。

（三）上一次揭取修复概述

1991年揭取时，除尘后采用了3%的聚醋酸乙烯乳液注射、喷涂加固表面；然后将精粉（小麦粉）制作的糨糊调制到适当浓度，将医用脱脂纱布贴于画面；按照设计的尺寸大小，将壁画分块、编号后揭取；壁画揭取后减薄地仗至1.5厘米左右，喷涂3%的聚醋酸乙烯乳液，待干燥后用澄板土（河床沉积黏土和长1.5厘米的短麻刀，加入适量聚醋酸乙烯乳液的细麻泥）修补地仗层残缺部分；然后用角钢做成连续方格（30厘米×30厘米），与壁画同样大小的框架做支撑体，再用麻布条抹上麻泥，粘连框架和地仗层，麻条要做十字交叉状逐格粘贴；之后用长草泥压抹麻条，使麻泥和麻条、框架及地仗粘接密实；最后再在草泥上面抹一遍麻刀细泥，将角钢框架完全埋在下面，快干时抹平、压实[3]（结构示意图见图2）。修复后仍能够看到角铁的轮廓及方格分布。

三　本次保护修复存在的难点

非平面形壁画在制作时，其材料、工艺与平面壁画并没有差别，其形状的特殊

---

〔2〕　中国文化遗产研究院《库木吐喇石窟已揭取壁画修复及其预防性保护方案》，2011年，第34~37页。
〔3〕　孙洪才《新疆库车库木吐喇石窟壁画揭取保护技术》，《敦煌研究》，2000年第1期。

来源于壁画的位置，多为石窟寺或墓室穹顶、甬道顶部位。由于形状特殊，无法采用平面壁画的修复方法，除了要解决画面的保护修复外，更多的是要解决支撑体的塑性、强度、稳定、轻便及与壁画吻合粘接等方面的问题。

库木吐喇石窟非平面形壁画修复面临的主要困难在于：非平面壁画无论怎样放置，都存在部分悬空的问题，稳定性差，操作困难；修复数量多，国内没有批量修复此类壁画的经验可借鉴；非平面形状复杂，支撑体制作无机械操作可能，需手工逐幅定制；由于属于二次修复，需要拆除旧有支撑体并解决第一次揭取修复时地仗层过厚等问题；最初建议用铝合金框架代替旧有角铁，并直接粘贴于过渡层上的方法，但存在粘接面积过小、整体性偏低的问题。

在修复过程中，参考了国内有关非平面形壁画的修复资料，西北大学张蜓关于弧形连砖壁画支撑体修复材料的筛选、评价、修复试验成果[4]，以及西北大学姚黎暄关于非平面类连砖壁画支撑体材料受力分析及修复试验的成果[5]，对于库木吐喇石窟非平面形揭取壁画的再修复具有借鉴意义。

四　保护修复过程

（一）信息采集

在实施保护修复之前，需对壁画信息进行详细调查与记录，除需采集、描述壁画本体基本信息外，还需测量、记录壁画病害种类、病害范围、病害发育程度等，并通过摄影留存壁画实施修复之前的图像资料。

（二）表面清理

34 幅非平面形壁画表面存在积尘、泥渍、烟熏、涂写、胶液残留等病害，需要进行清理。除烟熏外，均可用常规清洗方法予以去除。在本次修复中采用化学和激光两种方法对烟熏壁画进行了局部清洗试验，结果表明激光清洗方法效果较好（图3、4），但仍需进行全面试验与评估后才能确定其使用范围。

（三）画面加固与临时封护

在去除旧支撑体之前需要对画面进行临时封护，但封护前需要保证画面颜料层稳定。

1. 画面加固

对于起甲龟裂部分，需用吸耳球小心地将颜料翘起处背后尘土吹净，然后将3%Primal AC-33 水溶液滴渗到起甲壁画背部使之与地仗黏合，待黏结材料的水分被

〔4〕　张蜓《辽金时期弧形连砖揭取墓葬壁画的支撑保护体系研究》，西北大学考古学及博物馆学，2009 年。

〔5〕　姚黎暄《非平面类连砖揭取壁画的支撑病害与保护研究》，西北大学考古学及博物馆学，2013 年。

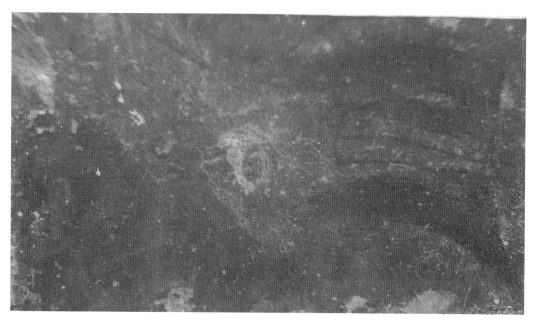

图 3 激光清洗前

图 4 激光清洗后

地仗吸收后，用垫有棉纸的木质修复刀轻轻压平裂口处，使裂缝闭合，再用木质修复刀均匀按压其他部位（壁画表面有裂缝时，先压裂缝处，将裂缝处压平使之闭合后再压底色层和颜料层），使起甲翘起部位的表面平整。颜料层回贴后，用绸拓包从颜料层未裂口处向开裂处轻轻滚压，避免产生气泡和皱褶（图5、6）。

对于粉化部位采用2%~5%Primal AC-33水溶液滴渗或喷雾加固（根据画面粉化情况决定所采用方式，一般粉化特严重采用喷雾，防止颜料颗粒流动，粉化较轻则采用滴渗，保证渗透加固效果）；待粘接材料被地仗吸收至半干时，使用绸拓包轻轻滚压壁画颜料层，压实颜料颗粒；用木质修复刀压平表面。

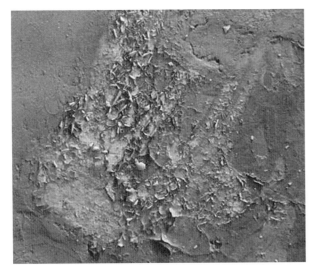
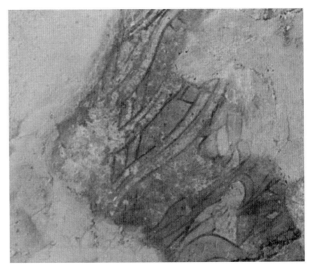

图 5　起甲加固前　　　　　　　　　　　　　　　　　图 6　起甲加固后

2. 临时封护

临时性防护既要考虑壁画翻转过程中的安全性，又要考虑揭取时的易操作性，经试验发现，用软毛刷蘸取 0.5% 羟甲基纤维素水溶液，将棉纸均匀刷在壁画表面，其上再刷一层宣纸的方法简单有效。但该方法较适合于地仗层与画面层结合较为稳定的壁画。

（四）非平面支撑体制作

非平面形壁画翻转后需要有稳定可靠的支撑体，国内修复实例中需要在壁画翻转前制作木龙骨架支撑。但由于本次修复的非平面形壁画文物数量多且形状各异，逐个定制木龙骨架耗时过长。经过现场试验，本次修复用蜂窝铝板作为支撑体，在壁画翻转前将其制作成型，用作壁画翻转后的支撑物。具体制作方法如下：

① 根据壁画体量、尺寸裁取相应大小蜂窝铝板，将粘接面用小型打磨机打毛，以利于稳定粘接；

② 根据异形弧度及形状规划蜂窝板的弯折位置及角度并标记；

③ 按照标记用较厚的切割片（2.5 毫米）将蜂窝板一面铝板及蜂窝裁开，保留另一面铝板完整；

④ 沿切割线，根据壁画画面弧度及形状将切割完成的蜂窝铝板折成跟画面吻合的形状，用丙酮擦拭粘接面，将两层交错的碳素纤维布用环氧树脂逐层粘接于粘接面上，之后用定型器将支撑体固定在垫有薄层海绵与塑料膜的经过封护的壁画表面，待环氧固化后取下定型所用工具；

⑤ 修整支撑体边缘，去掉多余环氧及碳素纤维，清理粘接面。

之后在贴有碳纤维布的一侧放置一层 2 厘米厚的海绵，然后用 3 毫米厚书画毡铺设海绵表面；将新背板轻放在壁画上，使用金属夹与壁画固定，翻转背板，使壁画旧支撑体朝上。

（五）旧支撑体的去除与地仗处理

在壁画背部喷洒蒸馏水润湿黏土泥质支撑体，用壁纸刀沿角铁边缘垂直切割约1厘米深，剔除覆盖在角铁上方的泥层与麻条，使角铁框架完全显露。交错排列的麻条，有的深入地仗层下部，要逐次少量切断，不可撕扯，以防损伤壁画；之后将壁纸刀插入角铁与壁画地仗结合处，水平移动，直到角铁与壁画地仗完全分离后，轻抬角铁，整体去除旧支撑体。

然后用铲刀等工具清除剩余的泥质支撑体层，直至露出壁画原地仗层。用美工刀逐步将地仗减薄至1厘米左右，用吸尘器吸取地仗上的浮土。用3%~5%的Primal AC-33溶液对地仗层进行渗透加固，浓度与渗透加固次数视地仗层强度而定。

（六）过渡层制作

过渡层的制作需遵循文物修复可再处理原则，一方面用以补强原有地仗使其具有整体性，另一方面将其作为与支撑体粘接的结合层，在未来需要重新修复壁画时，可以作为切割界面分离壁画本体与支撑体。本次修复过渡层制作材料是在前期检测结果的基础上，经过现场试验，选用脱盐澄板土：沙＝6.5：3.5比例混合，加入2%洗后晾干的清洁麻刀，用2%的Primal AC-33乳液配制而成。具体做法为：将加固后的壁画地仗用刀划出网状，用蒸馏水润湿壁画地仗层，将配置好的麻泥逐层抹在地仗层上，涂抹过程需充分压实，少量多次。为防止干燥过程中收缩变形，在过渡层边缘及中间部位用熟砖压实，直至完全干燥。

（七）支撑体的粘接

因粘接支撑体采用点状粘接，考虑黏结剂、蜂窝板材与过渡材料的强度差，为使粘接面均一受力，在过渡层表面用环氧树脂粘接两层纹理交错的玻璃纤维布予以补强；干燥后将垫于下部的支撑体取出，用掺有滑石粉的环氧树脂点状涂于玻璃纤维布表面，将支撑体粘于壁画背面，并立刻用金属夹子将支撑体与壁画固定后翻转壁画，使壁画画面朝上并尽快调整画面与支撑体的位置，之后再次用定型器固定壁画与支撑体，待环氧树脂固化后完成粘接。

（八）画面修复与边缘加固

完成粘接后，须在支撑体与壁画边缘预留区域制作保护性地仗。首先在支撑体边缘，涂抹用Primal AC-33乳液与粗砂配置成的砂浆；之后少量多次用麻泥填贴，填贴高度到细泥层即可。

保护性地仗制作完成后，即可用软毛刷蘸去离子水轻刷贴纸表面，揭取宣纸和棉纸，并用棉签蘸去离子水清除壁画表面残余纤维素。去除画面临时性贴纸后，需对画面进行修整，对之前修复遗留的问题进行再处理，包括对失效历史填补材料的去除、空鼓的处理、缺失地仗层的填补、裂缝修补、塌陷抬升等。由于多数壁画表

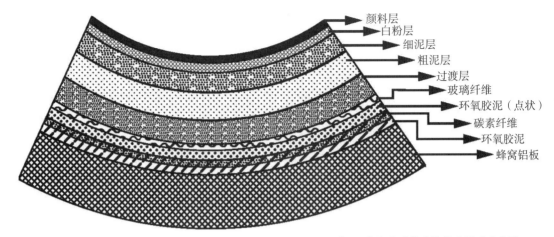

颜料层
白粉层
细泥层
粗泥层
过渡层
玻璃纤维
环氧胶泥（点状）
碳素纤维
环氧胶泥
蜂窝铝板

图 7　非平面形壁画修复后剖面示意图

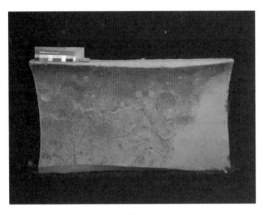

图 8　非平面形壁画修复前

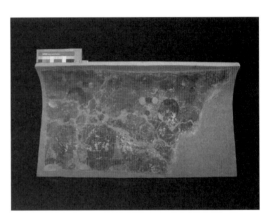

图 9　非平面形壁画修复后

面颜料层缺失面积较大及烟熏等现象的存在，补绘依据不充分，故本次修复并未进行补色，而是在挑选填补材料及边缘保护性地仗材料时进行了协调处理，根据原地仗色调，选用与其色调相一致的填补材料进行填补，使画面整体协调，最大限度保留壁画的历史原真性。

为防止之后搬运或展陈过程中会对壁画边缘产生损害，且使支撑体边缘与地仗层相协调，将一定比例的脱盐澄板土、滑石粉和粗沙粒混合，用 Primal AC-33 乳液混合液调制成泥浆抹于支撑体四周边沿，使支撑体和壁画呈现浑然一体的效果。

五　结论

非平面形揭取壁画的再次保护修复，不仅需要开展新的修复，同时需要处理旧有修复遗留的问题，最复杂的过程是旧支撑体的去除和新支撑体的制作定型及相关工艺流程。本次修复首次采用蜂窝铝板、碳纤维材料、玻璃纤维布共同构成的复合支撑材料作为非平面形壁画的支撑体（示意图见图 7），这种方法在国内同类壁画修复中首次使用。不仅解决了修复前支撑体与地仗层分离、变形的严重病害，同时减轻了壁画重量，美化了壁画外形，便于搬运和展陈，效果良好（图 8、9）。

山东定陶王墓地（王陵）M2 汉墓土遗址
加固材料筛选研究

王乐乐 [1][1]　徐树强 [2]　王菊琳 [2][2]　张秋艳 [1]　孙延忠 [1]

（1. 中国文化遗产研究院

2. 材料电化学过程与技术北京市重点实验室，北京化工大学）

摘　要：本论文针对山东定陶王墓地（王陵）M2 汉墓土遗址风化剥落与酥碱掏蚀病害开展加固材料筛选实验。利用渗透速度、收缩膨胀性、色差值、接触角、透气性、力学强度与耐环境性等指标，比较了高模数硅酸钾（PS）、正硅酸乙酯（TEOS）与丙烯酸树脂 B-72 溶液渗透加固效果，以及糯米浆石灰类材料砌补加固效果。结果表明，经以上材料加固后试样的强度与耐环境性均增大，其中糯米浆石灰类材料加固试样耐环境性提高很大。采用渗透方式加固时，试样的透气性均略有下降。PS 渗透速度较 TEOS 与 B-72 小，并且其耐水崩解性小于后两者，TEOS 加固试样耐环境性最好。采用砌补方式加固时，试样的透气性增加约一倍。基于以上结果，建议大面积砌补加固采用糯米浆石灰类材料，表面渗透加固采用 TEOS 溶液。

关键词：夯土遗址保护　渗透加固　砌补加固　强度　耐环境性

Abstract: This paper carried out material screening test for the consolidation of weathering and efflorescent erosion disease existed in earthen site of the king of Dingtao M2 tomb. Penetration velocity, shrinkage and expansion, chromatism, contact angle, gas permeability, mechanical strength and environment resistance properties were employed, to evaluate the penetration consolidation effect of PS, TEOS and B-72, and as well as the tamp consolidation effect of sticky rice paste with lime. The results showed that mechanical strength and environment resistance properties of samples were improved. It is worthy to notice that environment resistance properties of samples consolidated with sticky rice paste and lime were greatly improved. When penetration consolidation

---

[1]　作者简介：王乐乐，历史学博士，中国文化遗产研究院副研究馆员。中国文化遗产研究院 2014 年"财政部中央级公益性科研院所基本科研业务费专项资金"课题"山东定陶汉墓（M2）黄肠题凑外围遗存保护与展示研究"负责人。

[2]　通讯作者：王菊琳，理学博士，教授，E-mail:julinwang@126.com。

method was adopted, gas permeability of samples decreased with a small degree. Penetration velocity of PS was smaller than that of TEOS and B-72, and its water resistance property was also worst among these three samples. Sample consolidated with TEOS had the best environment resistance property. When tamp consolidation method was adopted, gas permeability of consolidated sample doubled. Based on above results, sticky rice paste with lime was suggested in the tamp consolidation with a large scale, and TEOS was proposed in surface penetration consolidation.

Keywords: Earthen site conservation, Penetration consolidation, Tamp consolidation, Strength, Environment resistance properties

一 引言

山东定陶王墓地（王陵）M2 汉墓是我国已发掘的黄肠题凑墓葬中规模最大和保存最完整的一座，具有很高的科学研究、保护与展示价值，为研究汉代"黄肠题凑"

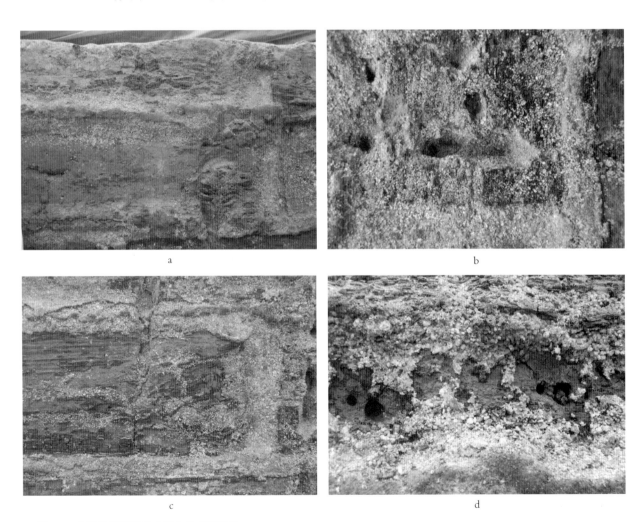

图 1 M2 汉墓墓圹及夯土区主要病害形式
（a. 风化剥落 b. 酥碱掏蚀 c. 裂隙 d. 盐结晶）

的形制与结构提供了实物资料，同时对研究汉代葬制与埋葬习俗具有重要的科学价值和历史价值。M2 汉墓砌筑于人工夯填土内，形成深埋于地下的大型墓室，墓室后期受黄河冲积堆积掩埋，发掘前仅部分凸出地面。墓葬发掘后 M2 汉墓墓圹壁及夯土区出现不同形式的病害如风化剥落、酥碱掏蚀、裂隙与盐害（图 1）等。若不积极采取有效措施，这些病害将进一步加剧，对 M2 汉墓的保存产生很大的危害，因此加固保护工作极为迫切。

本研究主要针对 M2 汉墓风化剥落与酥碱掏蚀病害开展加固材料筛选实验。人们对土遗址加固材料已做了大量的实验室研究与现场实验研究，并取得了很多有指导意义的成果。李最雄等采用高模数硅酸钾（PS）溶液加固丝绸之路土遗址，经加固后土遗址的强度提高，抗风蚀、雨蚀能力增强[3~6]。还有学者采用 PS 与遗址土体制备灌浆材料加固裂隙，同样取得了较好的加固效果[7~9]。杨隽永等采用正硅酸乙酯（TEOS）加固印山越国王陵墓坑边坡，加固后边坡的强度提高，吸水率降低，耐盐侵蚀及耐冻融性能大大提高[10]。张金凤等比较了 PS 与 TEOS 加固土体的效果，均取得了很好的加固效果，且 PS 加固试样性能优于 TEOS 加固试样[11]。周环等对比分析了 PS 与有机硅、硅酸乙酯等材料应用于潮湿土遗址的加固效果，认为 PS 在潮湿环境下加固效果不佳，而有机硅与硅酸乙酯复合加固效果最佳[12]。王有为等开展了潮湿环境下土遗址加固保护材料筛选实验研究，得出基本成分为长链烷基、烷氧基硅氧烷小分子和主要成分为含有乙氧基团的聚硅酸乙酯混合物具有很好的加固效果[13]。楼卫等在对萧山跨湖桥遗址潮湿环境土体加固保护过程中，发现经环氧树脂加固后土体紧实度与强度均增加，耐水性大大提高，土壤外观颜色基本没有变化，保持了遗址原貌。此外采用了电化学成桩加固方法，遗址土体的强度与耐久性得到提高[14]。周双林等采用丙烯酸树脂系列加固土遗址，加固后试样颜色、孔隙率变化

〔3〕 李最雄、王旭东、田琳《交河故城土建筑遗址的加固试验》，《敦煌研究》，1997 年第 3 期。

〔4〕 李最雄、王旭东、郝利民《室内土建筑遗址的加固试验——半坡土建筑遗址的加固试验》，《敦煌研究》，1998 年第 4 期。

〔5〕 李最雄、王旭东、张志军等《秦俑坑土遗址的加固试验》，《敦煌研究》，1998 年第 4 期。

〔6〕 李最雄、赵林毅、孙满利《中国丝绸之路土遗址的病害及 PS 加固》，《岩石力学与工程学报》，2009 年第 5 期。

〔7〕 和法国、谌文武、张景科等《交河故城 41~3 亚区崖体裂隙注浆研究》，《敦煌研究》，2008 年第 6 期。

〔8〕 杨璐、孙满利、黄建华等《交河故城 PS~C 灌浆加固材料可灌性的实验室研究》，《岩土工程学报》，2010 年第 3 期。

〔9〕 孙满利、李最雄、王旭东《交河故城垛泥墙体裂隙注浆工艺研究》，《文物保护与考古科学》，2013 年第 1 期。

〔10〕 杨隽永、万俐、陈步荣等《印山越国王陵墓坑边坡化学加固试验研究》，《岩石力学与工程学报》，2010 年第 11 期。

〔11〕 张金凤、闫晗、佘希寿等《硅酸钾和正硅酸乙酯在土遗址加固中作用的研究》，《湖北工业大学学报》，2011 年第 5 期。

〔12〕 周环、张秉坚、陈港泉等《潮湿环境下古代土遗址的原位保护加固研究》，《岩土力学》，2008 年第 4 期。

〔13〕 王有为、李国庆《潮湿环境下的土遗址加固保护材料筛选试验研究——以福建昙石山遗址为例》，《文物保护与考古科学》，2014 年第 1 期。

〔14〕 楼卫、吴健、杨隽永等《潮湿环境下土遗址加固的实践与研究——以萧山跨湖桥遗址土体加固保护为例》，《杭州文博》，2013 年第 1 期。

很小，强度与安定性等提高，并且其在合适的条件下对潮湿试样具有加固效果[15~17]。王赟指出硅丙乳液显著提高了遗址土体的耐盐腐蚀能力[18]。此外，研究发现糯米灰浆耐久性好、自身强度和粘接强度高、韧性强、防渗性好[19]、[20]。曾余瑶等采用糯米灰浆加固土体，使得土体的粘接强度、耐水崩解性大幅度提高[21]。彭红涛等发现糯米浆三合土的抗渗性能大幅度提高，颜色变化较小[22]。

本研究选取无机材料 PS、有机材料 TEOS 与 B-72、糯米浆石灰材料开展土遗址加固材料筛选实验，旨在筛选出适于 M2 汉墓土遗址加固且加固效果优异的材料，为 M2 汉墓土遗址加固提供理论支持。

二　实验材料

M2 汉墓遗址土体（C），其基本土工性质见表 1，其粒级分布见图 2。本研究采取表面渗透与砌补加固方式。渗透加固剂包括：质量分数 5% 的高模数硅酸钾溶液（PS）、正硅酸乙酯（TEOS）与质量分数 2% 的 B-72 丙酮溶液（B-72），它们的基本性能见表 2。砌补加固剂包括：糯米浆（SR）、生石灰（CaO）与天然水硬性石灰（NHL）等。

表 1　　　　　　　　　　M2 汉墓夯土区土体基本土工性质数据

样品　　指标	密度 (g/cm³)	比重	液限	塑限	塑性指数
M2 汉墓遗址	2.65	2.7	24.7	16.4	8.3

三　试样制备

取过 4 毫米筛子的风干遗址土，按照 16.4% 的含水率制备圆柱状（80 毫米 × 39.1 毫米）与圆饼状空白试样（61.8 毫米 × 20 毫米）。待试样室内自然干燥 3d 后，以滴渗的方式加固，加固剂完全润湿试样的反面停止加固。第一次加固完成后，将试

〔15〕周双林《土遗址防风化保护概况》，《中原文物》，2003 年第 6 期。

〔16〕周双林、原思训、杨宪伟等《丙烯酸非水分散体等几种土遗址防风化加固剂的效果比较》，《文物保护与考古科学》，2003 年第 2 期。

〔17〕周双林、杨颖亮、原思训《潮湿土遗址加固保护材料的初步筛选》，《文物科技研究》，2004 年。

〔18〕王赟《土遗址加固材料比选及试验研究》，《陕西理工学院学报（自然科学版）》，2010 年第 2 期。

〔19〕杨富巍、张秉坚、潘昌初等《以糯米灰浆为代表的传统灰浆——中国古代的重大发明之一》，《中国科学 E 辑：技术科学》，2009 年第 1 期。

〔20〕Fuwei Yang, Bingjian Zhang, Qinglin Ma. Study of sticky rice-lime mortar technology for the restoration of historical masonry construction, Accounts of Chemical Research, 2010, 43 (6) 936-944.

〔21〕曾余瑶、张秉坚、梁晓林《传统建筑泥灰类加固材料的性能研究与机理探讨》，《文物保护与考古科学》，2008 年第 2 期。

〔22〕彭红涛、张琪、李乃胜等《糯米浆对土遗址修复用三合土性能的影响》，《建筑材料学报》，2011 年第 5 期。

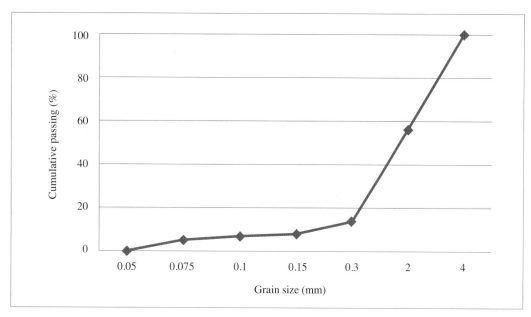

图 2 M2 汉墓遗址土体粒级分布

表 2   三种加固材料的基本性能

参数 \ 试样	PS	TEOS	B-72
固含量	29.76%	3.85%	1.05%
pH	11.36	7.68	7.43
密度	1.14	0.91	0.86
外观颜色	无色透明	无色透明	无色透明
气味	无味	刺激性	刺激性

注：上表中 PS 为原液，浓度为 24%，实验中需将其稀释成 5% 的溶液，TEOS 与 B-72 均可直接使用。

表 3   制备试样所需物料配比（g）

试样 \ 物料	PS	TEOS	B-72	C	SR	CaO	NHL
PS+C	128	/	/	800	/	/	/
TEOS+C	/	128	/	800	/	/	/
B-72+C	/	/	128	800	/	/	/
SR+CaO+C	/	/	/	560	255	240	/
SR+NHL+C	/	/	/	560	226	/	240
PS+NHL+C	216	/	/	560	/	/	240
NHL+C	/	/	/	/	/	/	/

注：/– 无此项。

样自然风干 1d，按照上述方法进行第二次加固。记录加固过程中现象，并测试试样加固前后色差值、接触角、收缩膨胀性、透气性、渗透系数、耐水崩解性、耐盐性、耐冻融性、强度等指标。

采用砌补加固方式时，按照表 3 称取加固材料与遗址土。制样过程中先将土样与相应固体加固剂混合均匀，再向上述混合物中添加液体加固剂拌和均匀，其余制备操作同制备空白试样。部分试样在 20℃、70% 相对湿度下养护，部分试样在 20℃、25% 相对湿度条件下养护。同样测试试样加固前后上述性能指标，并且测试特定养护龄期时试样的强度。

四 测试方法及分析仪器

采用 JZ-300 型便携式色差仪测试加固前后试样表面的 L*、a*、b* 值并记录，具体方法参见[23]。

参照《玻璃表面疏水污染物检测：接触角测量法》（GB/T24368-2009）[24]，采用 JGW-360A 型接触角测试仪测试不同试样接触角。

采用游标卡尺测量试样加固前后尺寸，计算收缩膨胀率。

参照《建筑材料水蒸气透过性能试验方法》（GB/T 17146-1997）[25]评定试样加固前后透气性的变化。

参照森林土壤渗滤率的测定标准 LY T 1218-1999[26]测试加固前后试样的渗透系数变化。

将加固前后的试样放入高出试件上表面 30 毫米盛水容器中，定期检查试样有无开裂、剥落等现象以评估试样的耐水崩解性。

将加固前后的试样放入 5%NaCl 与 Na_2SO_4 的混合溶液中，并且每两周更换一次溶液，整个容器密封以减少蒸发，在实验期间定期观察试样情况。

测试加固前后试样耐冻融性能，实验中先将试样用水浸泡使其饱和，然后在冷冻期间将试样放入 -20℃的冷冻器中 8 小时，在溶化阶段将其放入室温的水中 4 小时，在一天内完成一个冻融循环，实验期间观察并记录试样破坏时间及破坏状态。

采用 WDW-300 型微机电子万能试验机测试圆柱状试样抗压强度，其最大载荷为 200KN，夹具头移动速度为 0.7 毫米 / 分；采用 YAW7506 型微机控制电液伺服压剪试验机测试试样的直接剪切强度。

〔23〕 黄四平、李玉虎、张慧《土遗址加固保护中色差和透气性测试之评价研究》，《咸阳师范学院学报》，2008 年第 2 期。
〔24〕 中华人民共和国国家标准，玻璃表面疏水污染物检测：接触角测量法 GB/T24368~2009 页。
〔25〕 中华人民共和国国家标准，建筑材料水蒸气透过性能试验方法 GB/T17146~1997 页。
〔26〕 森林土壤渗滤率测定标准 LYT1218~1999 页。

五　结果与讨论

（一）基本加固信息

表4为采用滴渗方法加固试样过程中的实验现象及相应数据。分析此表可知，PS渗透速度最慢，TEOS渗透速度最快。相对于第一次渗透加固，第二次渗透加固三种加固剂渗透速度均有所减慢，但TEOS和B-72减小的不是很大。三种加固剂中PS用量最小。采用三种加固剂加固前后试样收缩率很小，可以忽略。

表4　　　　　　　　　试样渗透加固过程现象及数据

指标 ＼ 试样名称	空白	PS	TEOS	B-72
第一遍加固时间及现象	/	70min，加到10ml后渗透慢	24min，一直渗透很快	47min，渗透较快
第一遍加固用量（ml）	/	12	16	28
第二遍加固时间及现象	/	100min，加到6ml渗透很慢	27min	57min
第二遍加固用量（ml）	/	10	14	24
第二遍加固收缩率(%)	0.26	0.09	0.09	0.07

注：/－无此项。

（二）试样加固前后色差值、接触角、透气性及渗透系数测试

表5为试样加固前后相关指标的变化情况。从表中数据看出，经PS滴渗加固后试样颜色变化最小，但出现局部泛白现象。经TEOS与B-72加固后颜色变化较大（图3）。以色差值=1.5为色差宽容度，大部分加固试样的色差值超出宽容度范围[27]，加固试样与空白试样间颜色存在较大的差异，实际应用中应当对加固后土样进行做旧处理。接触角测试结果表明，PS加固后试样依然有很好的润湿性能，TEOS与B-72加固后润湿性能变差，防水效果提高。三种加固材料维持了试样一定的透气性。加固试样的渗透系数均减小，TEOS加固试样防水性能最好。

经PS加固的试样接触角仍为0，说明PS材料的耐水性能较差。经TEOS与B-72加固后试样接触角较滴渗加固时增大，说明砌补加固方法提高了试样的疏水性。经SR与CaO、SR与NHL加固后试样具有一定的疏水性，并且试样颜色变化较小，透气性增加约2倍，渗透性略有降低。

---

〔27〕　孙秀茹《中国人肉眼对表色色差鉴别的实验研究》，《心理学报》，1996年第1期。

表5 试样加固前后相关指标变化

指标＼试样名称	色差值	接触角（水）	接触角（加固剂）	透气性（g·cm⁻²·d⁻¹）	渗透系数（cm/s）
空白	0	0	0	0.0057	4.02×10^{-4}
DS-PS	2.47	0	0	0.0054	2.13×10^{-5}
DS-TEOS	10.89	96.2	0	0.0052	未渗水
DS-B-72	11.22	48	0	0.005	1.27×10^{-5}
Q-PS	9.21	0	0	0.011	9.52×10^{-5}
Q-TEOS	2.83	149	0	0.009	未渗水
Q-B-72	1.58	81.24	0	0.013	4.53×10^{-5}
Q-SR+CaO	9.25	42	/	0.01	8.23×10^{-5}
Q-SR+NHL	2.07	78	/	0.011	1.48×10^{-4}
Q-PS+NHL	2.52	0	/	0.016	1.67×10^{-5}
Q-NHL	0.87	0	/	0.011	8.52×10^{-5}

注：表中 DS– 渗透加固，Q– 砌补加固，/– 无此项。

图 3 滴渗加固试样的颜色变化

（三）试样加固前后力学强度分析

由表6可见，采用PS、TEOS与B-72加固试样时，砌补加固试样强度小于空白试样，所以此方法不可行。以糯米浆为主体材料加固试样干养护条件下强度普遍大于湿养护条件下强度，以天然水硬性石灰为主体材料加固试样湿养护条件下强度高于干养护条件下强度。说明干养护条件有利于糯米浆基加固土材料强度的发展，而湿养护条件对天然水硬性石灰基加固土材料强度发展有利。由表中剪切强度数据看出，经不同方法加固后试样的内摩擦角普遍增大，说明加固改变了试样内部摩擦情况使得土体间内在摩擦力增大，土体相对移动更为困难。试样加固前后黏聚力也发生了较大变化，原因为加固材料改变了试样的内部胶结情况[28]。

表6　　　　　　　　　不同加固方法试样的力学强度

实验组	加固材料及养护方式		抗压强度（MPa）		剪切强度（MPa）	
			7d	28d	内摩擦角（o）	黏聚力（KPa）
空白	无		0.28		34	342
滴渗加固	PS		0.55		50	443
	TEOS		0.36		52	72
	B-72		0.527		30.3	377
砌补加固	PS		0.111		/	/
	TEOS		0.124		/	/
	B-72		0.158		/	/
	SR +CaO	干养护	0.197		39	168
		湿养护	0.098			
	SR +NHL	干养护	0.172		38	77
		湿养护	0.205			
	PS+NHL	干养护	0.156		41.3	120
		湿养护	0.184			
	NHL	干养护	0.135		40.8	241.8
		湿养护	0.167			

注：/- 无此项。

---

[28]　李保恒、李维昌、张炜《对土的强度参数C、φ值的认识和探讨》，《工程勘察》，2009年增刊第2期。

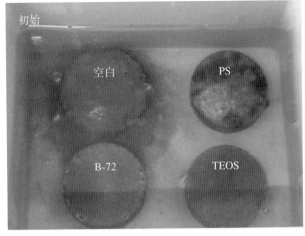

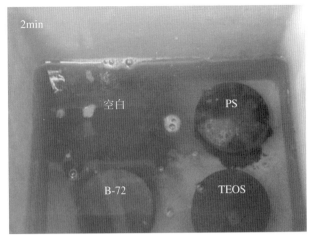

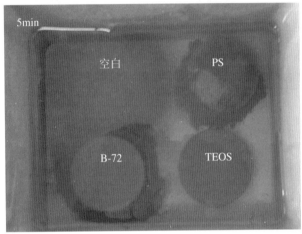

图 4 滴渗加固试样耐水崩解性测试

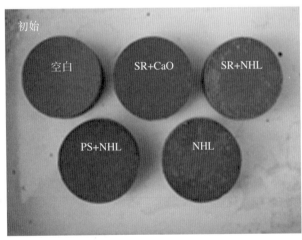

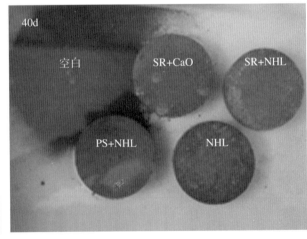

图 5 糯米浆石灰类加固材料加固试样耐水循环实验

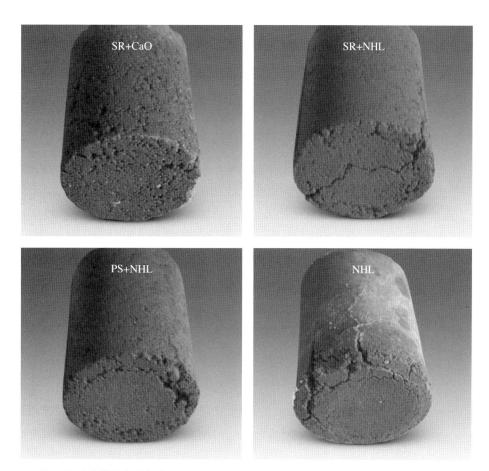

图 6　加固试样盐溶液中浸泡 40d 后

（四）试样加固前后耐环境作用分析

1. 耐水崩解性

对滴渗加固试样，在水中浸泡一段时间后均散裂破坏。如图 4 所示，空白试样刚放入水中即松散坍塌，2 分钟后 PS 加固试样也发生松散脱落，5 分钟后 B–72 加固试样松散坍塌，并且空白样及经 PS 加固的试样破坏程度加深。TEOS 加固试样在浸泡 40 分钟后在底部出现松散现象，TEOS 加固试样耐水性较好。

对砌补加固试样，在经历 40 个循环周期后均未出现粉化、开裂、剥落、起泡等现象。加固试样具有很强的耐水崩解性（图 5）。

2. 耐盐性

如图 6 所示，经糯米浆石灰材料砌补加固试样浸泡 40d 后未发生大的破坏，但在某些试样的底部出现微小裂缝，局部有盐析现象。其中经 SR 与 CaO 加固的试样保存最为完好，未出现裂缝。

3. 耐冻融循环

糯米浆石灰材料加固试样耐冻融循环实验现象记录于表 7。通过表中现象与数据得出，试样发生破坏的前后排序为：SR+CaO> NHL> PS+NHL> SR+NHL，天然水硬性石灰基加固土材料耐冻融性更好。

表7 加固土样冻融实验过程中现象

试样名称	实验现象
SR+CaO	2天后塌落取出
SR+NHL	6天后塌落取出
PS+NHL	3天后表面层状脱落，6天后塌落取出
NHL	2天后出现裂缝，3天后裂缝更大，表层有脱落，4天后塌落取出

六　结　论

三种液体加固剂中TEOS渗透速度最快，PS渗透速度最慢，加固试样的收缩率很低，密度基本不变。

采用PS、TEOS与B-72三种液体加固剂，糯米浆石灰类材料加固M2汉墓遗址土体均产生了一定颜色变化，实际应用中应当对加固后土样进行做旧处理。PS、TEOS与B-72加固维持了试样一定的透气性。

采用PS、TEOS、B-72与遗址土体混合砌补加固遗址土体时，加固试样的强度低于空白试样，此种加固方法不可行。

干养护条件有利于糯米浆基加固土材料强度的发展，而湿养护条件对天然水硬性石灰基加固土材料强度发展有利。

经以上材料加固后，试样的耐水崩解性、耐盐性与耐冻融性均有一定程度提高，经糯米浆石灰类材料加固的试样耐环境作用性能提高幅度很大。

致谢：本研究工作得到中国文化遗产研究院马清林研究员、定陶县文物局王江峰局长等同志的指导帮助。在此表示感谢。

山东定陶王墓地（王陵）M2汉墓黄肠题凑墙体木材保存现状及腐蚀探析

成　倩[1〔1〕]　罗　敏[2]　沈大娲[1]　王江峰[3]

（1.中国文化遗产研究院；2.北京科技大学；3.山东省菏泽市定陶区文物局）

提　要：山东菏泽定陶县于2010年发掘出土了西汉王陵，该墓葬目前是已经发现的"黄肠题凑"形制中规模最大的一座。由于历经2000余年的地下埋藏，黄肠题凑出土后受到环境变化的波动和人为影响，在原有糟朽基础上，不断出现木材开裂、盐析、微生物反复滋生等病害。本文介绍了汉墓保存现状，包括结构和材质，并利用木材针测仪、红外光谱分析、X-射线衍射等手段，分析了题凑墙体木材样品的物理性能、化学成分、腐蚀特点，初步剖析木材腐蚀原因。并在"原址保护"的基本方针指导下，提出了后期保护措施的研究和实施方向。

关键词：定陶王陵　黄肠题凑　保存现状　饱水木材腐蚀

Abstract: In 2010, the Mausoleum of the Dingtao King dated by the Western Han Dynasty (206 BC-24 AD) was excavated within the Dingtao County, Shandong Province. This site is the largest tomb within the ten of the "Huang Chang Ti Cou" architectural tombs which have been discovered in China. After buried underneath for nearly 2000 years, the mausoleum that consists of ten thousands pilces of corroded cypress heartwood has been affected by environmental fluctuations and human behaviors. New deteriorations like cracks, salting and microorganism are developing continuously.

This paper demonstrated the characteristics and present conditions of the waterlogged wood architecture such as structure and species identification of wood. Furthermore, by applying with the modern analytical methods like Resistograph, FTIR and XRD, the physical properties, chemical compositions and deteriorations have been analyzed and better understood. After discussed the deteriorations mechanism, the further conservation suggestions have been put forward.

Keywords: Ding Tao Mausoleum, Huang Chang Ti Cou, Present Condition, Waterlogged Wood Deterioration

〔1〕　成倩，女，1977-5-3，文学理学硕士，中国文化遗产研究院副研究馆员，文化遗产保护管理。gzcq503@163.com.

一　引言

2010 年 10 月，山东省文物考古研究所、菏泽市文物管理处和定陶县文管处联合组队开始对位于菏泽市定陶县马集镇西北约 2000 米的定陶王墓地（王陵）M2 汉墓进行抢救性考古发掘。该墓葬的"黄肠题凑"形制保存完整，整体用材量约为 2300 立方米，是目前已经发掘出土的规模最大的一座"黄肠题凑"墓葬[2]，被评为"2012 年度全国十大考古新发现"。

汉墓发掘后，由于原始封闭恒定的环境被打破，原有朽木迅速地受到自然环境波动的影响，进一步遭受不同形式的腐蚀损害。2012 年，中国文化遗产研究院作为技术总牵头单位，承担以"黄肠题凑"为核心的定陶汉墓原址保护工程。墓室内部空间主要由墓室顶板、底板和墙体木材有机组成，但墙体裸露面积最大、腐蚀严重。本文对"黄肠题凑"木材进行现状调查，并着重阐述墙体木材的腐蚀原因。在此基础上，为后续的保护工程提供了基础信息和明确的工作目标。

二　定陶汉墓的结构与材质

为了探讨汉墓的保存现状，需要对墓室整体结构、材质进行初步调查认知。

（一）汉墓的结构

该墓葬平面呈"甲"字形，墓矿整体系夯筑形成，近似正方形，南北长 28.46 米，东西宽 27.84 米，墓葬东部接斜坡状墓道。墓椁位于墓圹中部，呈边长为 23 米正方形。木椁周围砌砖墙，墙外与墓矿之间形成积沙槽。

平面：定陶汉墓的黄肠题凑的结构并非形式，而是起着真正的承重、连接及加强作用。墓室内部为相互联通的复杂结构，由内至外依次为：前、中、后 3 个墓室沿东西方向贯通，8 个内层小室、回廊和 12 个外层墓室（图 1）。最外围的题凑墙厚达 1.15 米，由规格统一的木条整齐堆叠而成，端头清晰可见。

剖面：自上而下依次为：上方共五层仿木，厚约 1.6 米。五层仿木下叠压"黄肠题凑墙体"的过梁木，厚约 26 厘米。根据考古人员对西北角发掘清理，"题凑墙"黄肠木共八层，高 1.54 米。过梁木下，"题凑墙"上部第 1 层东西铺设两根一组的木材，其余下方 7 层均以三条薄仿木以榫卯串成一组。第 8 层为墙体下部的垫木，厚约 16 厘米。垫木之下即为木椁墓室内底板。内底板之下，共有 4 层垒砌仿木，总厚度约 1.28 米。墓室下第 4 层仿木底板下，铺垫厚 5 厘米的积沙和两层子母扣青砖，青砖下存约 60 厘米厚积沙，之下有一层青砖。整个汉墓采用榫卯结构，未见使用任何铁质固定物（图 2）。

---

〔2〕　崔圣宽《定陶县灵圣湖汉墓西北角积沙槽清理工作汇报》，2014 年（内部资料）。

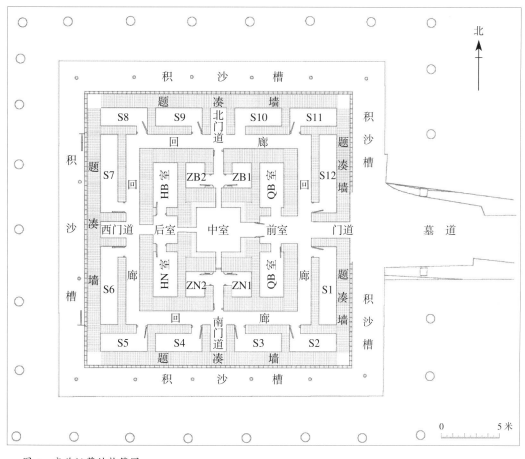

图1 定陶汉墓结构简图

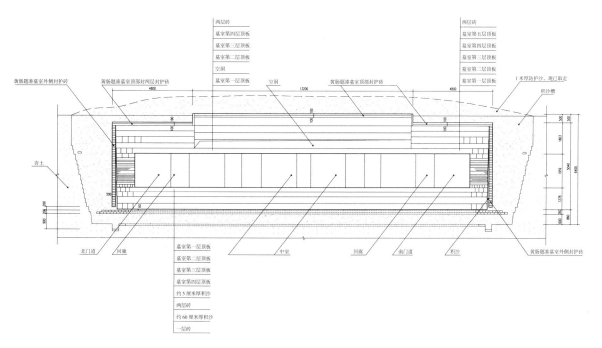

图2 定陶汉墓剖面图[3]（中国文化遗产研究院张秋艳绘制）

〔3〕 中国文化遗产研究院《山东定陶王墓地（王陵）M2汉墓保护工程方案（一期）——总说明》，2014年（内部资料）。

定陶汉墓的黄肠题凑从葬制结构、随葬品和出土青砖的大量楷书及隶书特征，判断该墓制作时代约为西汉晚期[4]。

（二）黄肠题凑的材质

"黄肠题凑"葬制是西汉时期盛行的帝、后和同制的诸侯王、后使用的一套葬制，是西汉最高等级的葬制之一。苏林释"黄肠题凑"曰："以柏木黄心至累棺外，故曰黄肠；木头皆向内，故曰题凑。"[5]黄肠题凑必须用黄心柏木枋构成，否则便不成其制。

定陶汉墓规模硕大，是否也是采用柏木作为题凑墙体？我们分别将墓室内的不同部位的7个样品经中国林科院木材工业所的材种鉴定（见表1和图3、4）。

表1　　　　　　　　　　定陶汉墓木材材种鉴定结果

序号	取样位置	鉴定结果
1	顶部盗洞木材	硬木松
2	QB室西墙过梁木	硬木松
3	墓室外顶部东北角仿木	软木松
4	主室北侧墙体	柏木
5	题凑墙木材	香樟
6	题凑残木	柏木

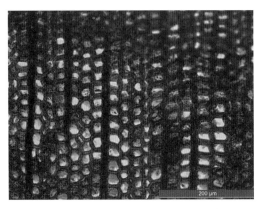 

图3　定陶题凑木 柏木 横向切面显微照片　　　图4　定陶题凑木 柏木 径向切片显微照片

可以看出题凑墙采用柏木及樟木，这亦与传统黄肠题凑柏木用材较为符合。题凑墙以三薄仿木一组、榫卯连接的形式垒砌而成，推测当时大体量的柏木已经难以寻觅，只能将薄小的柏木统一规格加工后组合而成。顶板的覆盖拼接需要大体量木材才能实现，因此，墓内顶板选用了硬木松，材质致密宽厚。

〔4〕　山东省文物考古研究所、菏泽市文物管理处、定陶县文管处《山东定陶县灵圣湖汉墓》,《考古》,2012年第7期。
〔5〕　刘德增《也谈"黄肠题凑"葬制》,《考古》,1987年第4期。

二　保存现状及主要问题

根据前期对汉墓黄肠题凑木材的持续调查记录，由于当地工作人员不断进出，墓室积水高度反复变化，导致原本密封的墓室环境平衡状态被打破，原本饱水的木材不断适应新的保存环境。题凑下部反复浸泡，上部长期失水，呈现松软、开裂、变色、结晶盐析、微生物等病害现象（图5）。

三　题凑木材腐蚀特征分析

墓道口编号为S-12小室堆放了一批遗留题凑仿木条，与墙体木材规格一致，因此选用其中一条为实验样块，进行检测分析。

图5　墓室内黄肠题凑木材病害局部照片

（a.题凑墙上部表面龟裂严重　b.题凑墙体变色发黑　c.题凑墙端头木材糟朽严重　d.蚯蚓滋生　e.题凑墙上部水分挥发后析出白色结晶盐　f.题凑墙微生物滋生严重）

（一）题凑木材物理性质

表 2 显示了定陶柏木与新鲜柏木的气干密度与干缩性对比结果。定陶题凑样块的气干密度为 0.626g/cm³，按照《木材材性分级规定》属于中等密度，略大于现代新鲜柏木，这反映出题凑木的特殊选材要求。为了追求黄色效果，使用淡黄色柏木心材，与边材相比，心材密度较大、孔隙率较小。

表 2　　　　山东定陶王墓地（王陵）M2 汉墓题凑样块物理性质指标

项目		定陶柏木平均值	新鲜柏木平均值[6]
气干密度（g/cm³）		0.626	0.600
干缩性 （含水率至 12%）	径向干缩系数（%）	0.141	0.127
	弦向干缩系数（%）	0.196	0.180
	体积干缩系数（%）	0.358	0.320

（二）木材含水率分布

含水率是表征木材腐蚀程度的重要参数。采用木材生长锥沿遗留的仿木纵向钻取，样品绝对含水率随题凑木深度变化见图 6，结果显示：木材表面 0~8 毫米处含水率最高为 180%，为腐朽最严重区域；8~12 毫米处含水率逐渐降低，12 毫米后逐渐稳定，介于 125~136% 之间。

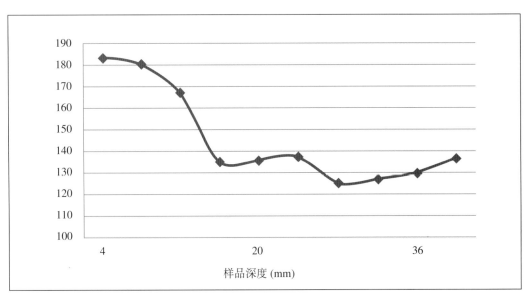

图 6　木材由外至内含水率的变化情况

---

[6] 中国林业科学院木材工业研究所《中国主要树种的木材物理力学性质》，中国林业出版社，1982 年，第 106 页。

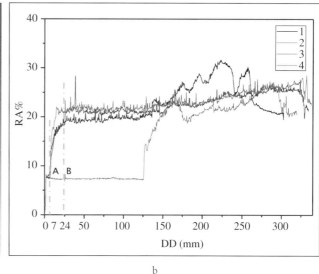

a   b

图 7　样块左部截面阻抗仪检测结果

（a.黄肠题凑样块的端面试验点，左部仿木 4 点　b.检测点木材阻力变化曲线）

（三）木材阻力仪分析

木材内部的密度分布、早晚材变化及内部因腐蚀引起的密度变化等表征了木材特征。使用木材阻力仪中一根直径 1.5 毫米的探针匀速刺入，过程中收到的阻力数据直观地表现出木材密度变化[7]。试验用 Rinntech 公司 Resistograph 4452 阻力仪，探针长度为 40 厘米。

此样块经过了多次纵向与切向的木材阻力仪检测，篇幅所限，此处仅以一条仿木截面实验结果进行讨论（图 7）。我们发现，在横截面方向，点 1、3、4 存在 A、B 两个临界点。检测从木材表面开始，阻力较小；当探针刺入深度到达 A 点直至 B 点，阻力上升速度缓慢。阻力在从表面至 B 点变化主要是由于木材腐蚀程度发生的。可以判断样品由表面至中心区域的腐蚀程度存在三个明显界限：① 最糟朽区域，表层 ~A 点，深度 0~7 毫米；② 中度糟朽，A 点 ~B 点，深度 7~20 毫米；③ 致密，B 点 ~ 核心区，深度 20~250 毫米。

点 2 由于处于木材髓心，其腐蚀深度高达 15 厘米。这是由于髓心是第一年生长出，由质地疏松、脆弱的细胞组成的结构，最易腐蚀、虫蛀[8]。

墙体木材的腐蚀呈现出非常不均匀、不规律的分布，在一处腐蚀严重的区域，旁边的木材仍很致密。这可能与木材的糖分含量不同和微生物的自然选择关系密切。总体上，以 1 米为界线，墙体下半部分较上半部分严重腐蚀区域面积更大。这也可能与墓室积水反复抽取，水位多变有关。

〔7〕　C, Calderoni, G, De Matteis, C, Giubileo, Experimental correlations between destructive and non-destructive tests on ancient timber elements, Engineering Structures, 2010 (32): 442-448.

〔8〕　徐有明《木材学》，中国林业出版社，2006 年，第 24 页。

（四）木材化学成分变化

利用傅里叶变换红外光谱分析比较了汉墓柏木与新鲜柏木的红外特征峰，随着腐蚀深度的变化，其有机物的组成变化见图3和表8。

通过对比分析后发现，新鲜柏木的半纤维素中木聚糖的特征峰位于1730/厘米和1600/厘米附近。在样块的各深度取样，在1730/厘米附近均无峰；题凑木0~12毫米深度在1600/厘米附近无特征峰，在16毫米深度之后出现弱小峰，说明定陶题凑柏木0~12毫米区域半纤维素中的木聚糖已经水解或含量极少，而16毫米深度之后还有少量存在。因此，在深度为0~12毫米的区域，半纤维素的木聚糖水解流失比较严重。纤维素和木质素则保存形态较好，葡甘聚露糖水解情况稍好。

表3　　　　　木材细胞壁聚合物傅里叶变换红外光谱特征峰及其归属

	波数（cm⁻¹）	谱峰归属
木质素	1510,1423	苯环伸缩振动
木聚糖	1730,1600	C=O 伸缩振动
葡甘聚露糖	805	甘露糖骨架振动
纤维素	895	C-H 变形
	1160	C-O-C 非对称伸缩振动

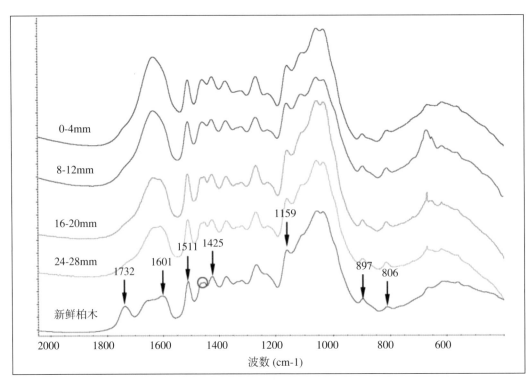

图8　新鲜柏木和定陶汉墓黄肠题凑柏木红外光谱谱图

四　题凑木病害原因分析

（一）自身组织结构不稳定

对定陶题凑样块进行含水率检测发现，沿纵向由表及里，含水率也由高走低。由于表层木材比较糟朽，而内部质地坚硬，所以呈现出腐蚀程度变化的规律性，由外至内的非均匀性腐蚀会造成木材在失水过程中产生巨大的收缩差异，导致木材表面大范围开裂。

细胞壁是木材的实质承载结构。纤维素、半纤维素和木质素在细胞壁中的分布、结合方式及各组分性能对木材细胞壁和宏观力学性能具有重要影响。纤维素是细胞壁的主要结构成分，在细胞壁中充当骨架物质，是细胞强度来源。半纤维素充当细胞壁的基质，是一种界面高分子，在细胞壁中作为连接纤维素和木质素的界面偶联剂[9]。根据上述的红外光谱分析结果，定陶汉墓木材的半纤维素中的木聚糖水解流失严重，因而导致整个结构的坍塌和腐蚀层力学强度的下降。

半纤维素流失与微生物滋生存在密切联系，但不是本文讨论重点，将有另文阐述。

（二）盐分作用

根据汉墓水文地质勘查结果[10]，发现汉墓的埋藏环境中，浅层岩土体含盐量较高。将浅层土取样后烘干，按土、水质量比 1：10 溶解，测量样品的电导率（图 9）。

从测试结果可以看出，场地土体浅层样品含盐量较高，在深度 4 米左右有一层富盐层，该富盐层应该受地表灌溉下渗与地下毛细水上升共同作用形成。在 6 米以后，含盐量呈增加趋势，特别是在 12 米左右位置（约为墓室底部）土体含盐量最高。

通过收集封土表面析出的白色盐霜（图 10-a），利用 XRD 和显微激光拉曼光谱分析方法，得出土壤中富含的 $CaCO_3$ 和 $CaSO_4 \cdot 2H_2O$ 混合物（图 11）。这一混合物与题凑墙曾经过度失水干燥导致析出大量白色结晶盐（图 10-b）的成分一致。

这说明墓室内的结晶盐是通过水的迁移流动，源源不断地把外界土壤中的可溶盐和微溶盐引入糟朽木材内部。当木材中水分挥发后，结晶盐不断富集析出。$CaSO_4 \cdot 2H_2O$ 结晶时会迅速膨胀，体积增大。这种强大的内部机械应力足以破坏脆弱的木质细胞组织结构。

经过对实验室木材酸碱度检测，糟朽木材的 pH 值为 4.23~4.92。然而墓室内积水的 pH 值为 7.38~8.38，墓室区域地下水的也高达 8.33。这说明弱碱性的地下水与酸性的木材不断地发生中和反应。弱酸环境能够水解半纤维素，而弱碱性的水环境

---

〔9〕　张双燕《化学成分对木材细胞壁力学性能影响的研究》，中国林业科学研究院，2011 年，第 24 页。

〔10〕　中国文化遗产研究院、中国地质大学（武汉）《山东定陶王墓地 M2 汉墓水文地质与工程地质勘查报告》，2013 年。

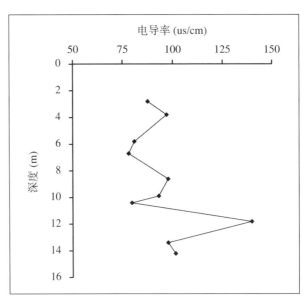

图9　钻孔 ZK1 土壤电导率与深度（自然地面起算）关系

可以溶解、萃取半纤维素分子[11]。所以长期在弱碱性的水溶液中浸泡，会不断加速木材的水解糟朽。

（三）保存环境波动

木质类文物能够在大量饱水的环境中保存下来，表明它们已与所处的饱水、缺氧、稳定的环境相适应并达到了平衡。然而，当他们被发掘出来，暴露与于光照、氧气、温湿度不断变化的环境中时，这种平衡被打破，腐变迅猛展开。因此，饱水木材在出土后如不进行合理的保护，往往在数周甚至是数日内迅速失水、变形、扭曲。而且，保存环境的变化往往促进生物、微生物的繁殖生长。

保存环境的主要因素有水、温湿度和光照。定陶属于暖温带季风性大陆气候，

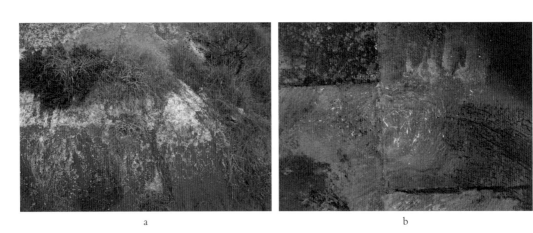

a　　　　　　　　　　　　　　　　　b

图10　墓室内外发现的白色结晶物
（a. 北侧探沟北壁土壤表层白色泛碱　b. 墓室题凑表面白色针状结晶盐）

〔11〕　郭梦麟《木材腐朽与维护》，中国计量出版社，2009年，第32页。

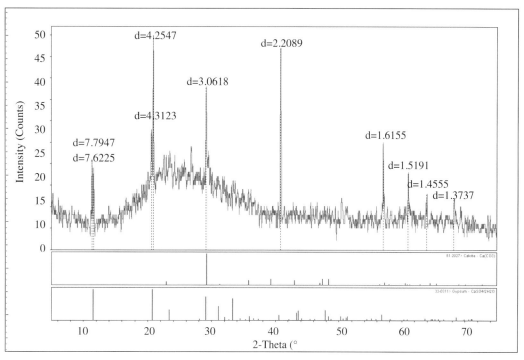

图 11 木材表面结晶盐 CaSO₄·2H₂O 和 CaCO₃ 的 XRD 谱图

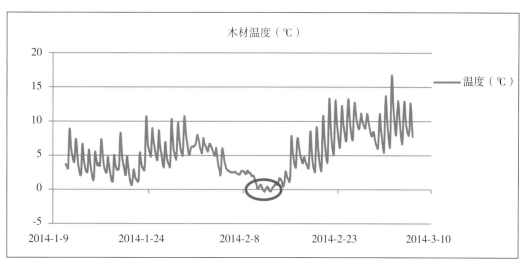

图 12 冬季墓室顶部木材温度监测

四季分明，冬冷夏热。根据定陶气象局的数据，年平均降雨量 664.5 毫米，平均日照高达 6.9 小时／日。夏季气温最高达 40.7℃，冬季最低至 -17.9℃，相对湿度介于 50%~90% 波动，反映出定陶的年气候变化剧烈。

受定陶县文物局委托，我们与 2014 年 1 月开始对汉墓室内和外顶部含水木材温度进行监测。图 12 是 2014 年 1 月 11 日 ~3 月 6 日期间木材温度变化结果。在 2 月 11 日和 12 日较长时间内木材低于 0℃ 以下。而同期，室外气温为 -8℃。这说明汉墓顶部覆盖的毛毡棉被难以达到"保暖御寒"效果。外界温度剧变引发汉墓顶部出土木材及四周文字砖的反复"冻融"现象，这对汉墓破坏影响难以估量，应对极端天气的保温措施亟待改善。

因此，可以看出木材病害的产生蔓延是由内因与外因综合作用的结果。后期保护措施将以逐渐排除外因干扰，加强木材强度和抗腐蚀性为主。

五　未来保护措施方向

① 维持木材水分。在定陶汉墓"原址"保护主导思路的指引下，首要任务是维持黄肠题凑的饱水状态，避免水分快速挥发导致木材变形开裂。目前设计实施的自动控制喷淋系统，不仅可维持木材饱水现状，而且为后期木材脱盐、加固、抑菌等保护措施提供基础条件。

② 建立墓室环境监控系统。墓室内环境温湿度情况不明，不同区域小环境变化以及大气环境对墓室环境影响等问题尚不清楚。在采集分析墓室内外环境指标数据的基础上，根据施工进度及出土木材保护要求，拟建设黄肠题凑密封棚的环境控制系统。

③ 极端天气的保温措施。每年11月至次年3月，定陶地区大气环境温度达到冰点以下，应监测并维持黄肠题凑裸露外表面的温度，尽量减少自然环境剧烈波动产生之冻融现象。

④ 跟踪检测木材保存情况。定期监测木材保存强度、含水率、含盐量、色度变化等，逐渐改善题凑墙体已经出现的裂隙和盐结晶现象。

⑤ 研究适用于墙体木材腐蚀特点的原址脱水及加固技术，为汉墓黄肠题凑长久保存提供安全适宜的技术支撑。

六　结论

本文阐述了定陶汉墓黄肠题凑结构、材质及保存现状，并利用木材针测仪、红外光谱分析和X射线衍射等手段，分析了题凑墙木材样块的物理性能、化学成分及腐蚀特点。墙体木材主要由柏木和樟木组成，腐蚀过程是由表及里缓慢发生，根据取样仿木的端面，深度为0~8毫米腐蚀最严重，8~20毫米中度腐蚀。但墙体木材整体呈现极为不均匀、不规律的分布，在一处腐蚀严重的区域，旁边的木材仍然很致密。腐蚀木材的组织结构中，半纤维素的木聚糖水解流失比较严重，纤维素和木质素则保存形态较好。

初步剖析木材的病害原因，主要由于木材组织结构不完整，并在地下埋藏环境频繁波动的协同作用下，引发盐分析出、木材冻融、反复开裂等综合破坏。其根本原因是水的存在和流动直接或间接加速古老木材的腐蚀速度。

综上，定陶汉墓黄肠题凑以其体量大、结构复杂、腐蚀不规律、高度动态变化、易受环境影响等特点，使得原址保护面临巨大风险与挑战。喷淋系统及环境监测系统等现场保护实施工作，在多学科专家共同探索合作研究的基础上，已经陆续进入实施应用性阶段。

后　记

　　2015 年 7 月 9 日，由中国文化遗产研究院主办的文化遗产保护理念与技术国际研讨会（纪念旧都文物整理委员会成立 80 周年）在北京举行。会议的举办得到了国家文物局和直属单位、以及北京市、山东省、山西省、广东省等省级文物行政管理部门的大力支持，国家文物局领导、我院老中青专家代表、国际文化遗产保护修复中心、法国国家遗产学院、意大利国家研究委员会、日本国立文化财研究所、故宫博物院、中国社会科学院考古研究所、北京大学文化遗产保护研究中心、敦煌研究院等国内外科研机构代表演讲了主题报告。国内文物保护各界专家、我院合作单位、复旦大学、重庆大足石刻研究院、山西古建研究所、新疆维吾尔自治区文物古迹保护中心等单位 60 余位代表参会，我院 30 余位研究人员列席。会议共收录文稿 20 余篇，会议围绕历程与启示、理念与思考、技术与实践等议题进行了充分的交流与探讨。

　　我院刘曙光、侯卫东、马清林、詹长法、黄克忠、乔梁、李黎以及复旦大学杜晓帆等研究人员帮助审阅了稿件，英文审校工作得到中央编译局翻译服务部及中国日报社王慧女士的帮助，我院科研与综合业务处丁燕、党志刚、李雅君、刘意鸥、袁濛茜和我院文物保护修复所张亦弛等同仁为此次会议做了大量的筹备服务工作，在此一并致谢。

编　者

2016 年 5 月 5 日